U0846342

国家级职业教育规划教材

人力资源和社会保障部职业能力建设司推荐

高等职业技术院校机电一体化技术专业任务驱动型教材

机械制造技术

主编 张泉

中国劳动社会保障出版社

简介

本书主要内容包括：机械制造基础、机械加工工艺基础、普通机械加工（车削加工、铣削加工、刨削加工、磨削加工、钻削加工）知识与技能、数控加工（数控车削加工、数控铣削加工）知识与技能。

本书由张泉主编，王坤、张宇、冯英宇副主编，董月红、赵慧、祝溪明、顾园、乔楠楠、程鹏、田学兰参加编写；张小亮主审。

图书在版编目(CIP)数据

机械制造技术/张泉主编. —北京：中国劳动社会保障出版社，2012
高等职业技术院校机电一体化技术专业任务驱动型教材
ISBN 978-7-5167-0018-1

Ⅰ.①机… Ⅱ.①张… Ⅲ.①机械制造工艺-高等职业教育-教材 Ⅳ.①TH16

中国版本图书馆 CIP 数据核字(2012)第 245173 号

中国劳动社会保障出版社出版发行
（北京市惠新东街1号 邮政编码：100029）
出版人：张梦欣
*
北京市艺辉印刷有限公司印刷装订 新华书店经销
787毫米×1092毫米 16开本 14.25印张 311千字
2012年10月第1版 2021年5月第5次印刷
定价：27.00元

读者服务部电话：(010) 64929211/84209101/64921644
营销中心电话：(010) 64962347
出版社网址：http://www.class.com.cn
http://jg.class.com.cn

版权专有 侵权必究

如有印装差错，请与本社联系调换：(010) 81211666

我社将与版权执法机关配合，大力打击盗印、销售和使用盗版图书活动，敬请广大读者协助举报，经查实将给予举报者奖励。

举报电话：(010) 64954652

前言

为了更好地满足企业对机电一体化技术专业高技能人才的需求，全面提升教学质量，人力资源和社会保障部教材办公室组织全国有关院校的一线教学专家、企业技术专家，在充分调研企业生产实际和学校教学需求的基础上，精心编写了高等职业技术院校机电一体化技术专业教材。本套教材紧紧围绕机电产品装调、机电产品维护、机电产品技改等岗位的要求，参照《国家职业标准·维修电工》《国家职业标准·装配钳工》《国家职业标准·数控机床装调维修工》等国家职业标准，以及企业机电一体化设备装调、维护、技改的基本工作流程，确定以机电产品装调能力、机电产品维护能力、机电产品技改能力培养为主要教学目标。

本套教材选用数控机床设备及自动化生产线设备这两类常用的机电一体化设备作为主要教学载体，并通过三个阶段实现对机电一体化产品的装调、维护、技改能力的培养。

第一阶段为基础通用能力培养。主要通过《机械制图与 AutoCAD 绘图》《机电电路制图与 CAD 绘图》《机械基础》《装配钳工技术》《电工电子技术》《机械制造技术》的教学，使学生能读懂机电一体化设备的机械机构图样、电气与电子电路图样并具备一定的图样绘制能力，能进行常用机械机构、电气与电子电路的装调、维护、技改工作，以及掌握检验机床设备加工精度的基本机械加工技术。

第二阶段为分系统装调、维护、技改能力培养。主要通过《气动液压传动技术》（机械运动系统），《电机控制技术》（伺服拖动系统），《传感器应用技术》（信号检测系统），《PLC 应用技术》《单片机应用技术》（电气控制系统）的教学，使学生能够熟练地进行对应分系统的装调、维护、技改工作。

第三阶段为全系统装调、维护、技改能力培养。在具备基础通用能力以及分系统装调、维护、技改能力的基础上，主要通过《数控设备装调诊断技术》《自动化生产线设备装调诊断技术》的教学，使学生能熟练地进行机电一体化设备的全系统装调、维护、技改工作。

在教材内容的组织上，采用任务驱动的编写思路。在教材的每一单元，首先提出具体的学习任务，使学生明确目标，产生学习的积极性；然后结合具体实例，讲解完成任务所需要的相关知识，使学生的认识由感性上升到理性；在任务实施环节，详细介绍完成任务的步骤和注意事项，使学生能够顺利完成任务，增强学习的成就感。

为方便教学，本套教材均配有免费电子课件，可在中国人力资源和社会保障出版集团网站（www.class.com.cn）下载。其中《机械制图与 AutoCAD 绘图》《机械基础》《电工电子技术》《机械制造技术》《气动液压传动技术》等专业基础课还配有习题册。

在本套教材的编写过程中，得到了有关省市人力资源和社会保障部门、高等职业技术院校和相关企业的大力支持，教材的编审人员做了大量的工作，在此表示衷心的感谢！同时，恳切希望广大读者对教材提出宝贵的意见和建议。

人力资源和社会保障部教材办公室

2012 年 6 月

目录

1 模块一 绪论

本模块主要介绍切削加工的基本概念、术语和机械加工工艺相关基本知识，为后续课题的展开做铺垫。

课题一　机械制造基础

◆ **教学目标**

◎ 掌握切削加工的特点

◎ 了解切削运动和各切削加工表面的概念

◎ 了解切屑的类型和切削层参数的概念

◎ 理解切削力的产生原因及影响因素

◎ 理解切削热的产生原因及影响切削温度的因素

◎ 了解切削液的作用和选用方法

一、切削加工的特点

1. 可获得较复杂的工件形状。
2. 可获得较小的表面粗糙度值。
3. 可获得较高的尺寸精度、形状精度和位置精度。

典型切削加工如图 1—1—1 所示。

二、切削运动

在机床上为了切除工件上多余的金属，以获得尺寸精度、形状精度、位置精度和表面质量都符合要求的工件，刀具与工件之间必须做相对运动——切削运动。根据切削运动在切削加工过程中所起作用的不同，可将切削运动分为主运动和进给运动。

1. 主运动

主运动是指切除工件上多余金属层，形成工件新表面所必需的运动。主运动的特点是速度最高，消耗功率最多。切削加工中只有一个主运动，它可由工件完成，也可由刀具完成。

a) 车削

b) 铣削

c) 刨削

d) 磨削

e) 钻削

f) 插削

图 1—1—1　典型切削加工

2. 进给运动

进给运动是指把被切削金属层间断或连续投入切削的一种运动。与主运动相配合即可不断地切除金属层，获得所需的表面。进给运动的特点是速度低，消耗功率少。

典型切削加工的切削运动见表 1—1—1。

表 1—1—1　　**典型切削加工的切削运动**

切削加工种类	主运动	进给运动
车削加工	车床主轴的旋转运动	刀具的直线运动
铣削加工	铣床主轴的旋转运动	工作台的运动或主轴的直线运动

续表

切削加工种类	主运动	进给运动
刨削加工	滑枕的直线往复运动	工作台间歇移动
磨削加工	砂轮的旋转运动	工作台往复直线运动
钻削加工	主轴的旋转运动	钻头的直线运动

3. 合成切削运动

合成切削运动是主运动与进给运动的合成。切削运动与切削表面如图 1—1—2 所示。

三、工件的表面

在切削过程中，工件上的金属层不断地被刀具切除而变为切屑，同时在工件上形成新的表面，如图 1—1—2 所示。

1. 待加工表面

工件上有待切除的表面称为待加工表面。

2. 已加工表面

工件上经刀具切削后产生的新表面称为已加工表面。

3. 过渡表面（加工表面）

切削刃正在切削的表面称为过渡表面，也称为加工表面。

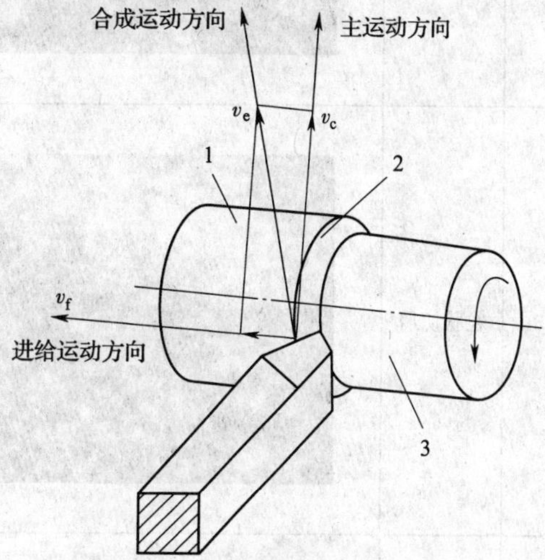

图 1—1—2　切削运动与切削表面

1—待加工表面　2—过渡表面　3—已加工表面

四、切屑的类型

根据变形后形成的切屑的外形不同，将切屑分为四种类型，见表 1—1—2。

表 1—1—2　　**切屑的类型**

序号	切屑类型	简图	说明
1	带状切屑		用较高的切削速度和较薄的切削厚度切削碳钢、合金钢、铜、铝等塑性金属时获得的切屑

续表

序号	切屑类型	简图	说明
2	节状切屑		用较低的切削速度和较大的切削厚度加工中等硬度塑性材料时获得的切屑
3	粒状切屑		用很低的切削速度和较大的切削厚度加工铅等材料时获得的切屑
4	崩碎切屑	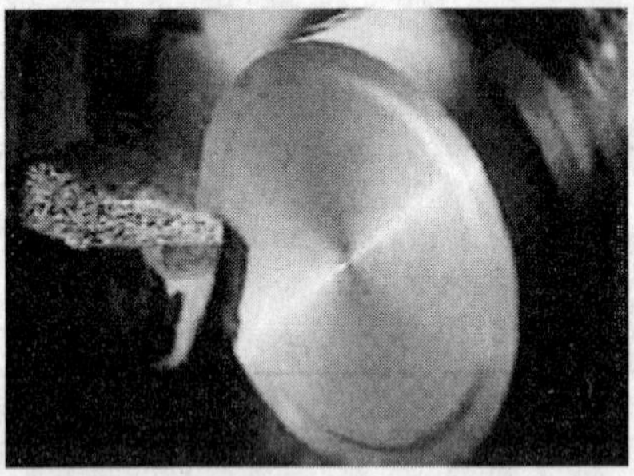	用较小的刀具前角和较低的切削速度加工脆性材料时获得的切屑

五、切削层参数

切削层尺寸可用以下三个参数表示：

1. 切削层公称厚度 h_D

切削层公称厚度是指切削刃两瞬时位置过渡表面间的距离。

2. 切削层公称宽度 b_D

切削层公称宽度是指沿过渡表面测量的切削层尺寸。

3. 切削层公称横截面积 A_D

切削层公称横截面积是指切削层横截面的面积大小。

六、切削力

金属切削加工过程中，刀具切入工件，使被加工材料发生变形并成为切屑所需的力称为切削力。切削力来源于以下三个方面：

克服被加工材料对弹性变形的抗力；

克服被加工材料对塑性变形的抗力；

克服切屑对前面的摩擦力和刀具后面对过渡表面与已加工表面之间的摩擦力。

切削力可分解为主切削力、切深抗力和进给抗力，如图 1—1—3 所示。

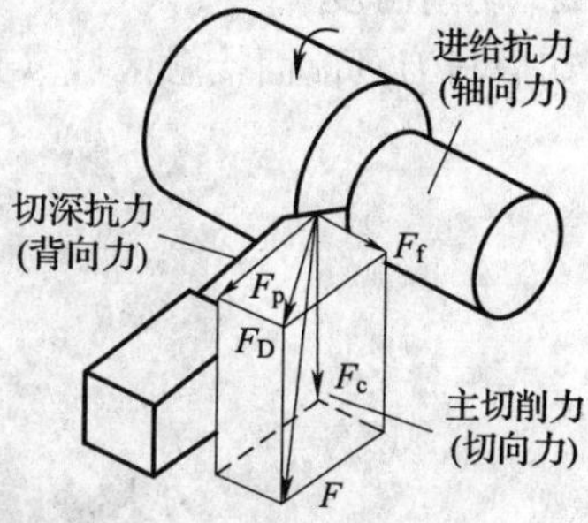

图 1—1—3　切削力的分解

切削力的影响因素很多，主要有工件材料、切削用量、刀具几何角度、刀具材料、刀具磨损状态和切削液等。

1. 工件材料

（1）硬度或强度提高，切削力增大。

（2）塑性或韧性提高，切屑不易折断，切屑与前面摩擦力增大，切削力增大。

2. 切削用量

（1）背吃刀量（切削深度）a_p 和进给量

背吃刀量和进给量增大，切削层面积增大，变形抗力和摩擦力增大，切削力增大。

由于背吃刀量对切削力的影响比进给量对切削力的影响大（通常背吃刀量提高一倍，切削力提高一倍；进给量增大一倍时，切削力增大 70%～80%），所以在实践中，当需切除一定量的金属层时，为了提高生产效率，采用大进给量切削比大背吃刀量切削省力且省功率。

（2）切削速度 v_c

1）加工塑性金属时，切削速度 v_c 对切削力的影响规律如同对切削变形的影响一样，它们都是通过积屑瘤与摩擦的作用造成的。

2）切削脆性金属时，因为变形和摩擦均较小，故切削速度 v_c 改变时切削力变化不大。

3. 刀具几何角度

（1）前角

前角增大，变形减小，切削力减小。

（2）主偏角

主偏角 κ_r 在 30°～60°范围内增大，由切削厚度 h_D 的影响起主要作用，使主切削力 F_c 减小；主偏角 κ_r 在 60°～90°范围内增大，刀尖处圆弧和副前角的影响更为突出，故主切削力 F_c 增大。一般来说，κ_r＝60°～75°，所以主偏角 κ_r 增大，主切削力 F_c 增大。

实践应用中，在车削轴类零件，尤其是细长轴时，为了减小切深抗力 F_p 的作用，往往采用较大的主偏角（κ_r＞60°）的车刀切削。

（3）刃倾角 λ_s

λ_s 对 F_c 影响较小，但对 F_f、F_p 影响较大。λ_s 由正向负转变，则 F_f 减小、F_p 增大。

4. 其他因素

（1）刀具棱面应选较小宽度，使 F_p 减小。

（2）刀尖圆弧半径增大，切削变形、摩擦力增大，切削力增大。

（3）刀具后面磨损增大，刀具变钝，与工件挤压、摩擦增大，切削力增大。

七、切削热与切削温度

1. 切削热

切削层金属在刀具的作用下产生弹性变形和塑性变形所做的功，切屑与前面、工件与后面之间的摩擦所做的功都转变为切削热。

2. 切削温度

切屑与刀具前面接触区域（见图 1—1—4）的平均温度称为切削温度。

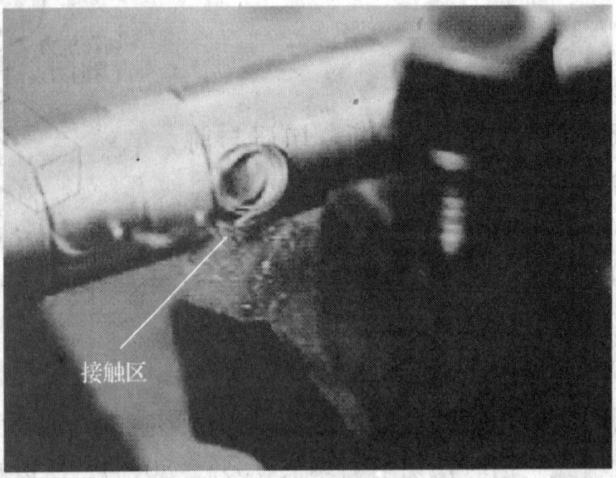

图 1—1—4 切削区

3. 影响切削温度的因素

切削速度对切削温度的影响最大，切削速度增大，切削温度随之升高；进给量影响较小；背吃刀量影响更小。前角增大，切削温度下降，但前角不宜太大，前角太大，切削温度反而升高。主偏角增大，切削温度升高。

八、切削液

1. 切削液的作用

（1）冷却作用。

（2）润滑作用。

（3）清洗与防锈作用。

2. 切削液的种类

（1）水溶性切削液

水溶性切削液主要有水溶液、乳化液和化学合成液三种。

（2）油溶性切削液

油溶性切削液主要有切削油和极压切削油两种。

（3）固体润滑剂

其他常用的固体润滑剂是二硫化钼。

各种切削液的组成及主要用途见表1—1—3。

表1—1—3　　各种切削液的组成及主要用途

序号	名称	组成	主要用途
1	水溶液	以硝酸钠、碳酸盐等溶于水的溶液，用100～200倍的水稀释而成	磨削
2	乳化液	（1）矿物油很少，主要为表面活性剂的乳化液，用40～80倍的水稀释而成，冷却和清洗性能好	车削、钻孔
		（2）以矿物油为主，含少量表面活性剂的乳化油，用10～20倍的水稀释而成，冷却和清洗性能好	车削、攻螺纹
		（3）在乳化液中加入添加剂	高速车削、钻削
3	切削油	（1）单独使用矿物油	滚齿、插齿
		（2）矿物油加植物油或动物油形成混合油，润滑性能好	车削精密螺纹
		（3）矿物油或混合油中加入添加剂形成切削油	高速滚齿、插齿、车螺纹等
4	其他	液态的CO_2	主要用于冷却
		二硫化钼＋硬脂酸＋石蜡做成蜡笔，涂于刀具表面	攻螺纹

3. 选用切削液的注意事项

硬质合金刀具：一般不用切削液，要用就必须连续浇淋。

切削铸铁：一般不用切削液，但以降尘为目的时可加煤油；铰孔、攻螺纹时可加煤油。

切削铝合金：不用切削液。

切削铜合金、有色金属：不能用含硫的切削液。

切削镁合金：严禁使用乳化液，可用煤油或4%的氟化钠作为切削液。

课题二　机械加工工艺基础

◆ **教学目标**

◎ 了解机械产品的生产过程

◎ 掌握机械加工工艺过程的组成

◎ 理解机械加工工艺规程的编制流程

一、生产过程

机械产品的生产过程如图 1—2—1 所示。

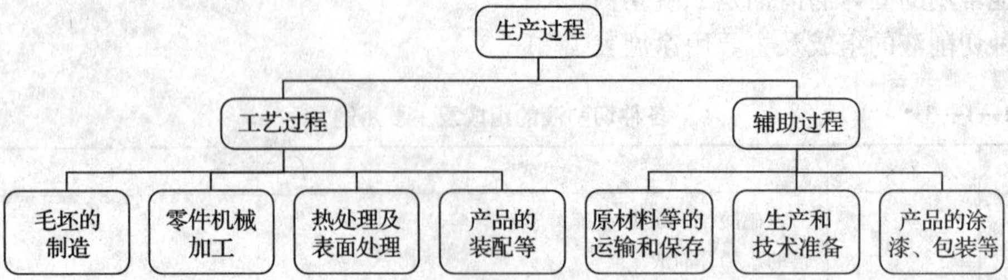

图 1—2—1　生产过程

生产过程是指产品由原材料到成品之间的各个相互联系的劳动过程的总和。主要包括原材料的运输和保存，生产的准备工作，毛坯的制造，零件的加工，部件和产品的装配、检验、涂漆和包装等。

在生产过程中，按一定顺序逐渐改变生产对象的形状（如铸造、锻造等）、尺寸（机械加工）、位置（装配）和性质（热处理），使其成为预期产品的主要过程；或者与原材料变为成品直接有关的过程称为工艺过程。可具体地分为铸造、锻造、冲压、焊接、机械加工、热处理、电镀、装配等工艺过程，如图 1—2—2 所示。

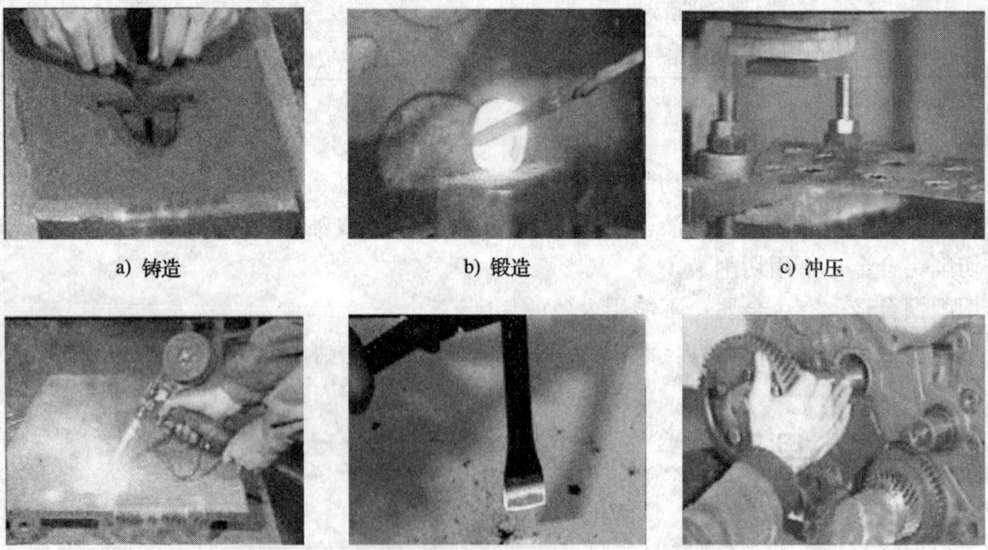

a) 铸造　b) 锻造　c) 冲压

d) 焊接　e) 热处理　f) 装配

图 1—2—2　典型工艺过程

二、机械加工工艺过程的组成

机械加工工艺过程可划分为不同层次的单元，分别是工序、安装、工位、工步和走刀。

其中工序是划分工艺过程的基本单元，零件的机械加工工艺过程由若干工序组成。

1. 工序

工序是指一个或一组工人，在一个工作地对同一个或同时对几个工件所连续完成的那一部分工艺过程。维系一个工序的四个要素是工作地、工人、工件和连续作业，其中任一个要素的变化即构成新的工序。

2. 安装

为完成一个工序的工序内容，有时需要多次装夹工件，工件（或装配单元）经一次装夹后所完成的那一部分工序内容称为安装。

3. 工位

在带有转位（或移位）夹具（或工作台）的机床上进行加工时，在一次装夹中，工件（或刀具）相对于机床要经过几个位置依次进行加工，此时，为完成一定的工序部分，一次装夹工件后，工件（或装配单元）与夹具或设备的可动部分一起相对于刀具或设备的固定部分所占据的每一个位置称为工位。一次安装可以包括一个或几工位。工件在加工中应尽量减少装夹次数，因为多一次装夹就会增加装夹的时间，还会增加装夹误差。减少装夹次数的有效方法是采用多工位夹具。如图 1—2—3 所示为多工位加工。

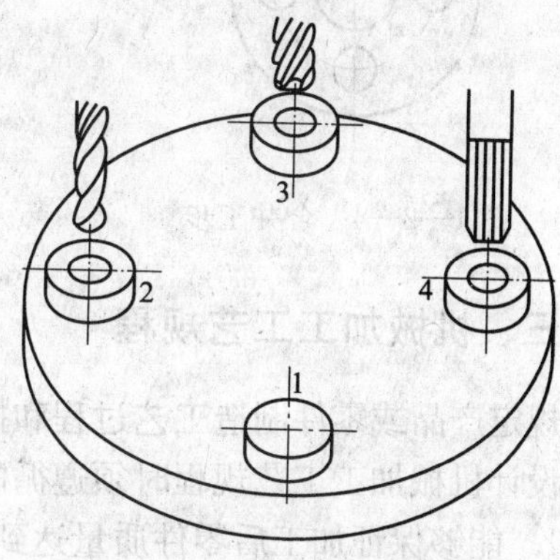

图 1—2—3　多工位加工

工序 1—装卸工件　工序 2—钻孔

工序 3—扩孔　工序 4—铰孔

多工位加工的优点如下：

（1）减少工件的装夹次数。

（2）减少辅助时间，缩短工时，提高效率。

（3）可实现加工时间与辅助时间的重叠。

4. 工步

工步是划分工序的单元，在一个工序中，工步是在加工表面（或装配时的连接表面）和加工（或装配）工具不变的情况下所连续完成的那一部分工序。加工表面和加工工具两个要素中有一个发生变化就是另一个工步。对于在一次装夹中连续加工的若干相同工步，可写成一个工步。

为简化工艺文件，对于那些连续进行的若干个相同的工步通常都看做一个工步。如图 1—2—4 所示的零件，在同一工序中，连续钻四个 $\phi 20$ mm 的孔就可看做一个工步（合并工步）。为了提高生产效率，用几把刀具同时参与切削几个表面也可看做一个工步，称为复合工步，如图 1—2—5 所示。

5. 走刀

在一个工步内，如果要切除的金属层很厚，需要对同一表面进行几次切削，这时刀具以加工时的进给速度相对于工件所完成的一次进给运动的工步部分称为走刀。

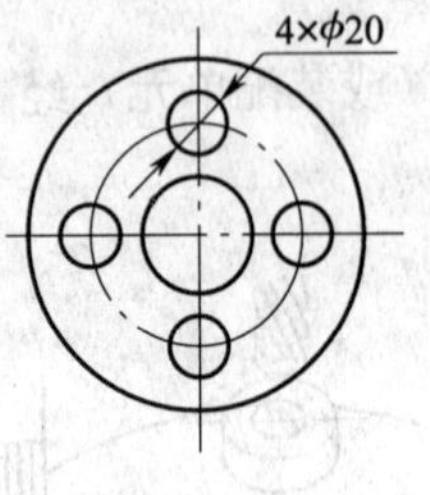

图 1—2—4　合并工步

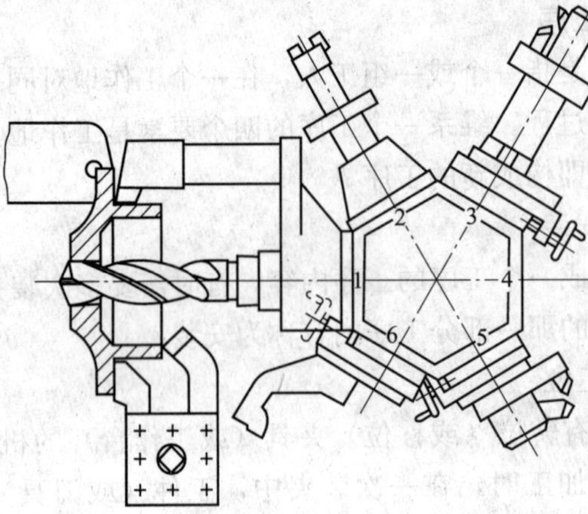

图 1—2—5　复合工步

三、机械加工工艺规程

规定产品或零件制造工艺过程和操作方法等的工艺文件称为机械加工工艺规程。

设计机械加工工艺规程时须遵循的原则如下：

1. 能够保证加工后零件质量达到设计图样上规定的各项技术要求。
2. 设法降低生产成本。
3. 使工艺过程具有较高的生产效率。
4. 减少工人的劳动强度，提供安全的劳动条件。

零件机械加工工艺规程的编制步骤见表 1—2—1。

表 1—2—1　　**机械加工工艺规程的编制步骤**

序号	工艺步骤	说明
1	熟知和分析制定工艺规程的技术要求，确定生产纲领，确定生产类型	生产纲领：计划期内企业应当生产的产品产量和进度计划 生产类型：单件生产、成批生产（小批量、中批量、大批量）、大量生产
2	审查零件图和装配图，分析零件结构的工艺性	零件结构的工艺性是指所设计的零件在满足使用要求的前提下制造的方便性、可行性和经济性，即零件的结构应方便加工时工件的装夹、对刀、测量，可以提高生产效率。具体可从以下几个方面进行分析： （1）从零件方便装夹方面进行分析 （2）从零件加工方面进行分析 （3）要考虑生产类型和加工方法 （4）从装配和维修方面对零件结构工艺性进行分析
3	确定毛坯种类、形状、尺寸及其制造方法	根据生产类型的不同，确定毛坯的相关参数。毛坯种类包括铸件、锻件、型材、焊接件、冲压件和粉末冶金件

续表

序号	工艺步骤	说明
4	拟定工艺过程，选择定位基准，确定加工表面的加工方法	选择加工方法应考虑每种加工方法的加工经济精度，零件材料的可加工性，工件的结构、形状和尺寸，生产类型及企业现有生产条件。加工表面的技术要求是决定表面加工方法的最重要因素，具体见表 1—2—2～表 1—2—5） 定位基准是指机械加工中，工件在机床或夹具上定位时所依据的点、线、面的统称。包括粗基准和精基准。粗基准是指以毛坯上未经加工的表面作为定位基准；精基准是指利用工件上已加工过的表面作为定位基准
5	选择机床和工艺装备	在机械加工中，通常将夹具、刀具、量具及各种刀具间的辅助工具统称为工艺装备
6	确定工艺路线中每一道工序的工序内容，并提供主要工序的检验方法	（1）先加工基准表面，再加工其他表面 （2）先加工主要表面（指装配基面、工作表面等），后加工次要表面（指键槽、螺孔等） （3）先安排粗加工工序，后安排精加工工序
7	确定加工余量、工序尺寸及其公差	加工余量是指零件加工前后从加工表面切除的材料层厚度
8	确定切削用量，计算工时定额	时间定额是指在一定的生产条件下，规定生产一件产品或完成一道工序所需消耗的时间。主要包括基本时间、辅助时间、休息和生理需要时间、布置工作地时间和准备与终止时间
9	进行技术经济分析，选择最优工艺方案，填写工艺文件	经济精度是指在正常加工条件下（采用符合质量标准的设备、工艺装备和标准技术等级的工人，不延长加工时间）所能保证的加工精度

表 1—2—2　　外圆表面加工方案的适用范围

加工方法	经济精度	表面粗糙度 Ra（μm）	适用范围
粗车	IT11 以下	50～12.5	适用于淬火钢以外的各种金属
粗车—半精车	IT10～IT8	6.3～3.2	
粗车—半精车—精车	IT8～IT7	1.6～0.8	
粗车—半精车—精车—滚压（或抛光）	IT8～IT7	0.2～0.025	
粗车—半精车—磨削	IT8～IT7	0.8～0.4	主要用于淬火钢，也可用于未淬火钢，但不适用于加工有色金属
粗车—半精车—粗磨—精磨	IT7～IT6	0.4～0.1	
粗车—半精车—粗磨—精磨—超精加工（或轮式超精磨）	IT5	0.1～Rz0.1	

续表

加工方法	经济精度	表面粗糙度 Ra（μm）	适用范围
粗车—半精车—粗磨—精磨—超精磨或镜面磨削	IT5	0.025～Rz0.05	主要用于淬火钢，也可用于未淬火钢，但不适用于加工有色金属
粗车—半精车—粗磨—精磨—研磨	IT5	0.1～Rz0.05	
粗车—半精车—精车—金刚石车	IT7～IT6	0.4～0.025	主要用于加工要求较高的有色金属

表 1—2—3　**孔加工方案的适用范围**

加工方案	经济精度	表面粗糙度 Ra（μm）	适用范围
钻	IT12～IT11	12.5	加工未淬火钢及铸铁的实心毛坯，也可用于加工孔径小于 20 mm 的有色金属（但表面粗糙度值稍大）
钻—铰	IT9	3.2～1.6	
钻—铰—精铰	IT8～IT7	1.6～0.8	
钻—扩	IT11～IT10	12.5～6.3	加工未淬火钢及铸铁的实心毛坯，也可用于加工孔径大于 15 mm 的有色金属
钻—扩—铰	IT9～IT8	3.2～1.6	
钻—扩—粗铰—精铰	IT7	1.6～0.8	
钻—扩—机铰—手铰	IT7～IT6	0.4～0.1	
钻—扩—拉	IT9～IT7	1.6～0.1	大批大量生产（精度由拉刀的精度决定）
粗镗（或扩孔）	IT12～IT11	12.5～6.3	除淬火钢外的各种材料，毛坯有铸出孔或锻出孔
粗镗（粗扩）—半精扩（精扩）	IT9～IT8	3.2～1.6	
粗镗（粗扩）—半精镗（精扩）—精镗（铰）	IT8～IT7	1.6～0.8	
粗镗（粗扩）—半精镗（精扩）—精镗—浮动镗刀精镗	IT7～IT6	0.8～0.4	
粗镗（扩孔）—半精镗—磨孔	IT8～IT7	0.8～0.2	主要用于加工淬火钢，也可用于加工未淬火钢，但不宜用于加工有色金属
粗镗（扩孔）—半精镗—粗磨—精镗	IT7～IT6	0.2～0.1	
粗镗—半精镗—精镗—金刚镗	IT7～IT6	0.4～0.05	主要用于加工精度要求高的有色金属

续表

加工方案	经济精度	表面粗糙度 Ra（μm）	适用范围
钻—（扩孔）—粗铰—精铰—珩磨 钻—（扩孔）—拉削—珩磨 半精镗—精镗—珩磨	IT7～IT6	0.2～0.025	加工黑色金属
以研磨代替上述方案中的珩磨	IT6 级以上	<0.1	

表 1—2—4　平面加工方案的适用范围

加工方案	经济精度	表面粗糙度 Ra（μm）	适用范围
粗车—半精车	IT9	6.3～3.2	未淬硬钢、铸铁、有色金属工件
粗车—半精车—精车	IT8～IT7	1.6～0.8	
粗车—半精车—磨削	IT9～IT8	0.8～0.2	钢、铸铁
粗刨（粗铣）—精刨（精铣）	IT9～IT8	6.3～1.6	未淬硬钢、铸铁、有色金属工件。批量较大时宜采用宽刃精刨方案
粗刨（粗铣）—精刨（精铣）—刮研	IT7～IT6	0.8～0.1	
以宽刃刨削代替上述方案中的刮研	IT7	0.8～0.2	
粗刨（粗铣）—精刨（精铣）—磨削	IT7	0.8～0.2	淬硬或未淬硬黑色金属工件
粗刨（粗铣）—精刨（精铣）—粗磨—精磨	IT7～IT6	0.4～0.02	
粗铣—拉削	IT9～IT7	0.8～0.2	大量生产未淬硬较小的平面（精度视拉刀精度而定）
粗铣—精铣—磨削—研磨	IT6 级以上	0.1～Rz0.05	淬硬或未淬硬黑色金属工件

表 1—2—5　热处理工序的安排

热处理种类和名称	预备热处理	时效处理	最终热处理		表面处理
	退火、正火、调质等	人工时效、自然时效	淬火、回火、渗碳、冰冷处理	氧化	电镀、涂层、发蓝处理、氧化等
热处理目的	改善材料加工性能	消除内应力	提高材料硬度和耐磨性		提高表面耐磨性、耐腐蚀性，使其美观
热处理工序安排	机械加工之前	粗加工前或后	半精加工之后，精加工之前	精加工之后	工艺过程最后

工艺文件的形式多种多样，区别很大，主要取决于生产类型。在单件、小批量生产中一般只编制综合工艺过程卡；在成批生产中多采用机械加工工艺卡；大批大量生产中则要求有完整和详细的文件，一般需要工艺过程卡、机械加工工序卡（见表 1—2—6），有时甚至包括操作卡、调整卡以及检验卡。数控加工工艺文件主要包括数控加工工序卡、数控刀具卡、数控加工程序单、走刀路线卡等。

表 1—2—6　　　　　　　　**机械加工工序卡**

<table>
<tr><td rowspan="2">机械加工工序卡</td><td>产品型号</td><td></td><td>零件图号</td><td colspan="2"></td></tr>
<tr><td>产品名称</td><td></td><td>零件名称</td><td colspan="2"></td></tr>
<tr><td colspan="2" rowspan="8">工序简图</td><td>车间</td><td>工序号</td><td>工序名称</td><td>材料牌号</td></tr>
<tr><td></td><td></td><td></td><td></td></tr>
<tr><td>毛坯种类</td><td>毛坯外形尺寸</td><td>每件毛坯可制件数</td><td>每台件数</td></tr>
<tr><td></td><td></td><td></td><td></td></tr>
<tr><td>设备名称</td><td>设备型号</td><td>设备编号</td><td>同时加工件数</td></tr>
<tr><td></td><td></td><td></td><td></td></tr>
<tr><td>夹具编号</td><td>夹具名称</td><td colspan="2">切削液</td></tr>
<tr><td></td><td></td><td colspan="2"></td></tr>
</table>

<table>
<tr><td rowspan="2">工步号</td><td rowspan="2">工步内容</td><td rowspan="2">工艺装备</td><td>主轴转速</td><td>切削速度</td><td>进给量</td><td>背吃刀量</td><td rowspan="2">进给次数</td><td colspan="2">工步工时</td></tr>
<tr><td>r/min</td><td>m/min</td><td>mm/r</td><td>mm</td><td>机动</td><td>辅助</td></tr>
<tr><td></td><td></td><td></td><td></td><td></td><td></td><td></td><td></td><td></td><td></td></tr>
<tr><td></td><td></td><td></td><td></td><td></td><td></td><td></td><td></td><td></td><td></td></tr>
</table>

<table>
<tr><td>设计（日期）</td><td>校对（日期）</td><td>审核（日期）</td><td>标准化（日期）</td><td>会签（日期）</td></tr>
<tr><td></td><td></td><td></td><td></td><td></td></tr>
</table>

2 模块二

普通机械加工

本模块包括车削加工、铣削加工、刨削加工、磨削加工、钻削加工五个课题，通过本模块的学习，学生能够对普通机械加工有一个初步的了解，能够掌握各种机床的结构和组成，刀具、夹具、切削用量相关知识和机床的操作方法。

课题一　车 削 加 工

◆ **教学目标**

◎ 能够简单操纵CA6140型车床
◎ 能够正确选择与安装车刀
◎ 掌握工件的装夹和测量方法
◎ 能够准确车削台阶轴
◎ 初步了解机床的分类
◎ 正确选择与计算车削加工的切削用量
◎ 识别CA6140型车床的结构和组成

车削知识思维导图如图2—1—1所示。

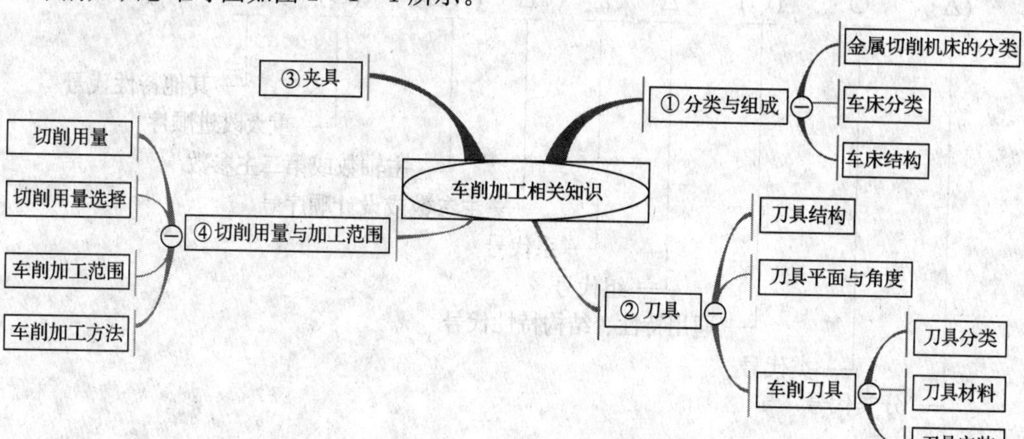

图2—1—1　车削知识思维导图

一、金属切削机床分类与组成

1. 金属切削机床的分类

金属切削机床的分类如图 2—1—2 所示。

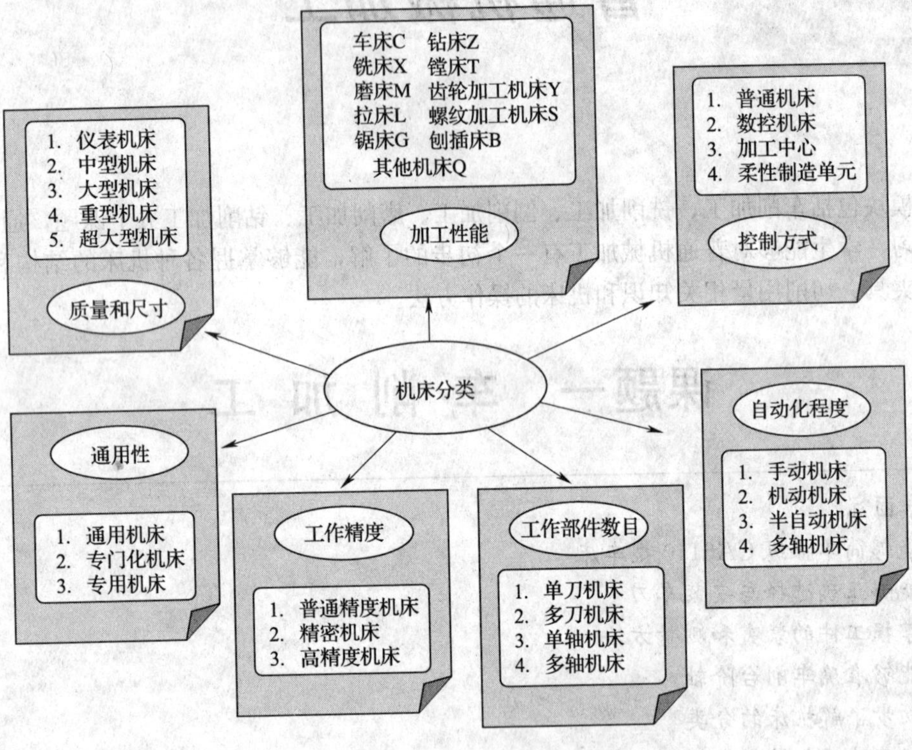

图 2—1—2 金属切削机床的分类

机床型号的含义如下：

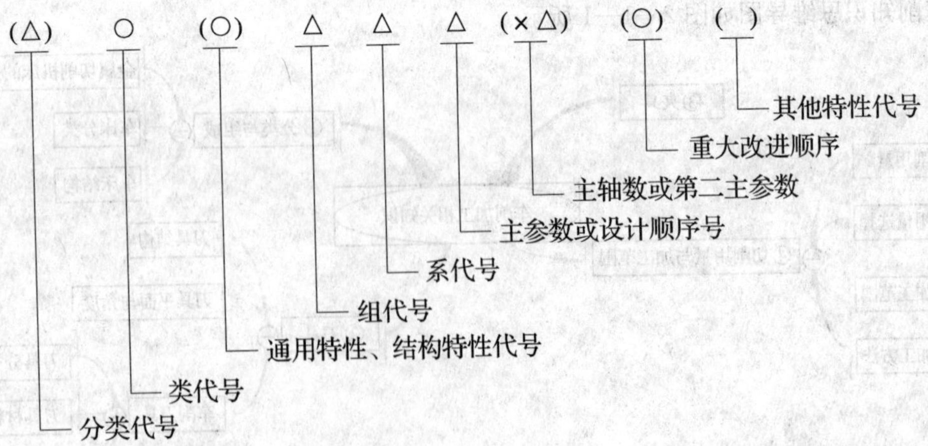

机床型号含义的规定见表 2—1—1。

表 2—1—1　　机床型号含义的规定

机床的类代号

类别	车床	钻床	镗床	磨床			齿轮加工机床	螺纹加工机床	铣床	刨插床	拉床	锯床	其他机床
代号	C	Z	T	M	2M	3M	Y	S	X	B	L	G	Q
读音	车	钻	镗	磨	二磨	三磨	牙	丝	铣	刨	拉	割	其

通用特性代号

通用特性	代号	通用特性	代号
高精度	G	仿形	F
精密	M	轻型	Q
自动	Z	加重型	C
半自动	B	万能	W
数控	K	简式或经济型	J
加工中心（自动换刀）	H	柔性加工单元	R

结构特性代号

用于区别主参数相同而结构、性能不同的机床，在型号中用汉语拼音字母表示，通用特性代号已用的字母和“I”“O”两个字母不能用。当单个字母不够用时，可将两个字母组合起来使用

机床的组代号和系代号

每类机床分为 10 个组（从 0～9 组），每组又分为 10 个系（从 0～9 系）

主参数代号

机床的主参数代表机床规格的大小并反映机床最大工作能力，用阿拉伯数字表示，常用主参数的折算值（1/10 或 1/100 或 1/1）来表示

机床重大改进序号

用字母 A、B、C 等表示，附在机床型号末尾，以示区别

2. 常见车床分类

常见各类车床及其外观图见表 2—1—2。

表 2—1—2　　常见各类车床及其外观图

序号	车床名称	外观图
1	落地及卧式车床	

续表

序号	车床名称	外观图
2	立式车床	
3	转塔式六角车床	
4	仪表车床	
5	曲轴及凸轮轴车床	

续表

序号	车床名称	外观图
6	仿形及多刀车床	
7	马鞍车床	
8	单轴自动车床	
9	半自动车床	
10	数控车床	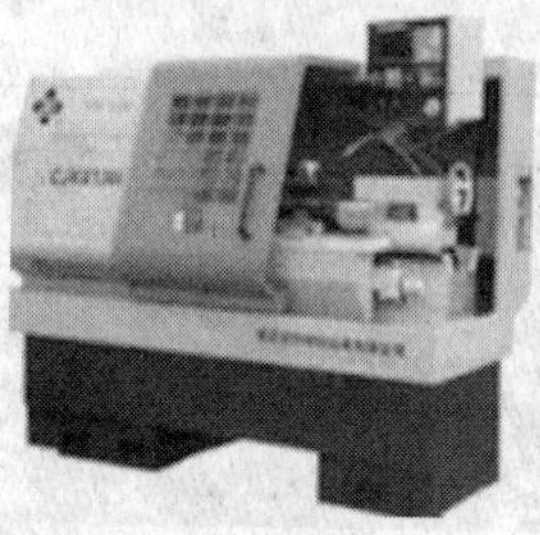

3. 车床结构

普通车床的结构如图 2—1—3 所示，CA6140 型车床的主要功能部件见表 2—1—3。

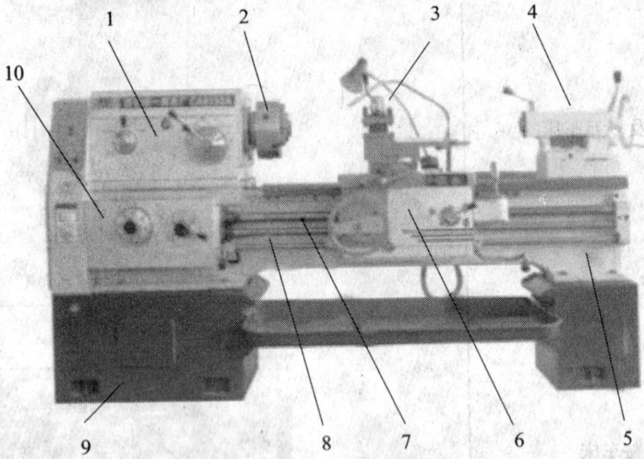

图 2—1—3　普通车床的结构

1—主轴箱　2—卡盘　3—刀架　4—尾座　5—床身　6—溜板箱
7—丝杠　8—光杠　9—床腿　10—进给箱

表 2—1—3　　CA6140 型车床的主要功能部件

序号	名称	简图	说明	主要操作方法
1	床身与底座	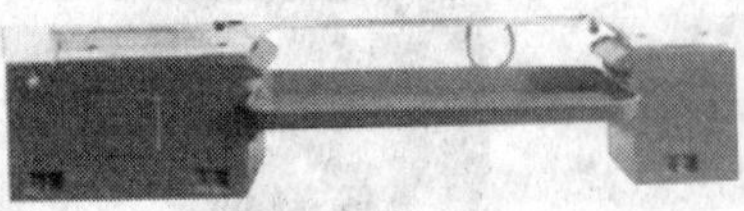	主要用于支撑。上有两个 V 形导轨。用于支撑和连接车床各部件并保证各自相对的位置。床身上有供床鞍和尾座移动用的导轨。CA6140 型车床床身内还装有变速箱和电动机等	
2	主轴箱	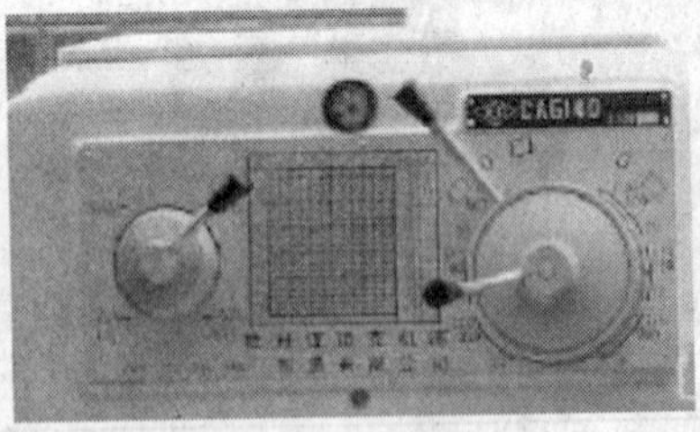	又称床头箱，内装主轴和主轴变速机构。它用于支撑主轴并使其得到不同的转速。车床主轴为空心结构，可通过小于主轴孔径的毛坯棒料。主轴的前端安装卡盘或其他装夹工件的夹具。其前端内锥为莫氏锥度，用于安装顶尖或其他带锥柄的夹具或量棒。主轴箱还把运动传递给进给箱，以便使刀具实现进给运动	将手柄外侧抬起，然后旋转到所选择的位置即可
3	进给箱	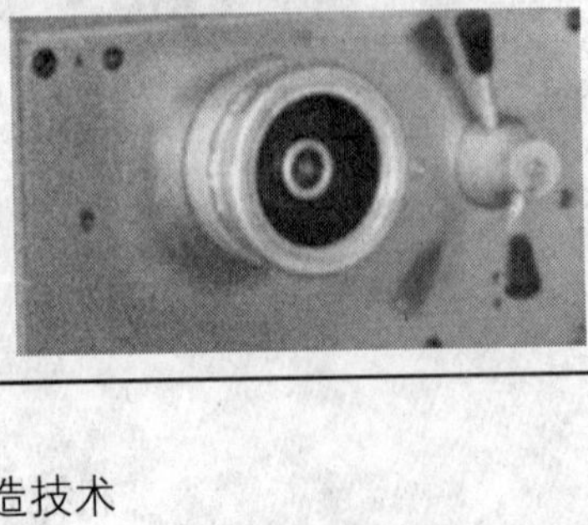	进给系统的变速机构。它把交换齿轮箱传递来的运动经变速后传递给丝杠，可车削螺纹；若传递给光杠，可实现机动进给	将手柄外侧抬起，然后旋转到所选择的位置即可

续表

序号	名称	简图	说明	主要操作方法
4	溜板箱与刀架	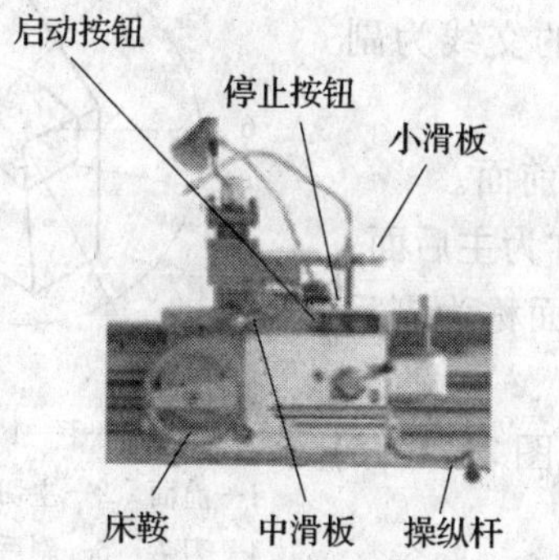	在溜板箱上面有床鞍、中滑板和小滑板，床鞍直接放在床身导轨上，在溜板箱的带动下，床鞍、中滑板、小滑板和刀架沿导轨做纵向移动。床鞍上垂直于床身导轨的燕尾形导轨为中滑板，在小滑板与中滑板间有转盘，小滑板上方是刀架。它可以完成横向进给运动。在中滑板与小滑板间的转盘上有刻度，转盘用螺栓紧固在中滑板上，松开螺母，转盘可以在水平面一定范围内扳转一定角度，以改变小滑板的进给方向，小滑板可以沿转盘上的导轨做短距离移动。刀架用于装夹和转换刀具	将刀架手柄逆时针旋转，松开刀架，旋转到刀具正确位置，然后顺时针旋转刀架手柄锁紧，完成换刀工作。床鞍用于沿轴向移动，中滑板用于沿径向移动，小滑板用于轴向微调 按下启动按钮（绿色），电动机启动；按下停止按钮（红色），电动机停止 提起操纵杆，主轴正转；按下操纵杆，主轴反转；手柄处于中间位置主轴停止
5	尾座	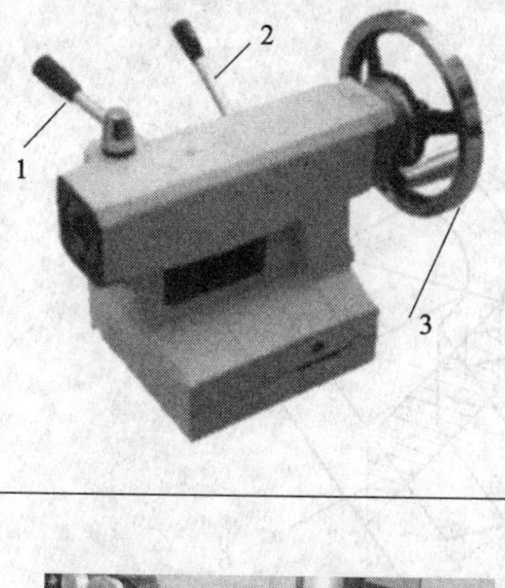	尾座的位置可以沿床身导轨调节。尾座莫氏锥度套筒内可以安装顶尖、中心钻、麻花钻、扩孔钻和铰刀，分别用于支撑长工件、钻中心孔、钻圆柱孔、扩孔和铰孔	1是夹持顶尖或刀具的锁紧手柄；2是尾座锁紧手柄；3是进给手柄，转动该手柄可使尾座主轴前后移动
6	光杠和丝杠		通过光杠或丝杠将进给箱的运动传递给溜板箱。光杠转动使刀具做机动进给运动，用于车削各内、外表面。丝杠转动则用于车削螺纹	通过按下开合螺母操纵手柄1，控制丝杠传动而车削螺纹

二、车削加工刀具

1. 刀具结构

刀具由刀头和刀柄两部分组成，其结构如图 2—1—4 所示。刀头主要用于切削，刀柄主要用于夹持。刀头部分由前面、主后面和副后面组成。前面与主后面的交线为主切削刃，主要用来切削；前面与副后面的交线为副切削刃；三面、两刃交于刀尖一点。

(1) 前面 A。切屑流出时经过的刀面称为前面。

(2) 主后面 A_α。与过渡表面相对的刀面称为主后面。

(3) 副后面 A'_α。与已加工表面相对的刀面称为副后面。

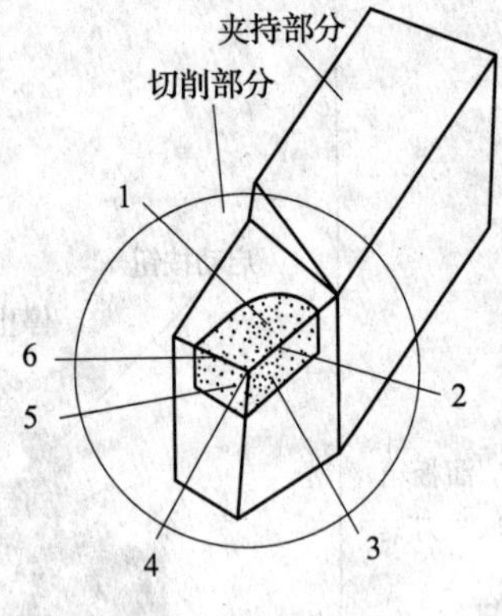

图 2—1—4　刀具结构

1—前面　2—主切削刃　3—主后面
4—刀尖　5—副后面　6—副切削刃

2. 测量车刀角度的三个基准坐标平面（见图 **2—1—5**）

(1) 基面 p_r

基面是指通过切削刃选定点，垂直于假定主运动方向的平面。

(2) 切削平面 p_s

切削平面是指通过切削刃选定点，与主切削刃相切，并垂直于基面的平面。也就是主切削刃与切削速度方向构成的平面。

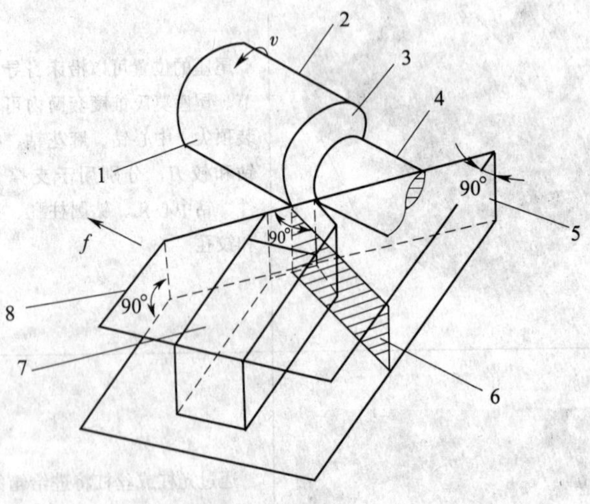

图 2—1—5　测量车刀角度的三个基准坐标平面

1—工件　2—待加工表面　3—过渡表面　4—已加工表面
5—切削平面　6—正交平面　7—车刀　8—基面

(3) 正交平面 p_o

正交平面是指通过切削刃选定点，同时垂直于基面和切削平面的平面。

3. 刀具角度

刀具角度如图 2—1—6 所示，具体包括以下几种：

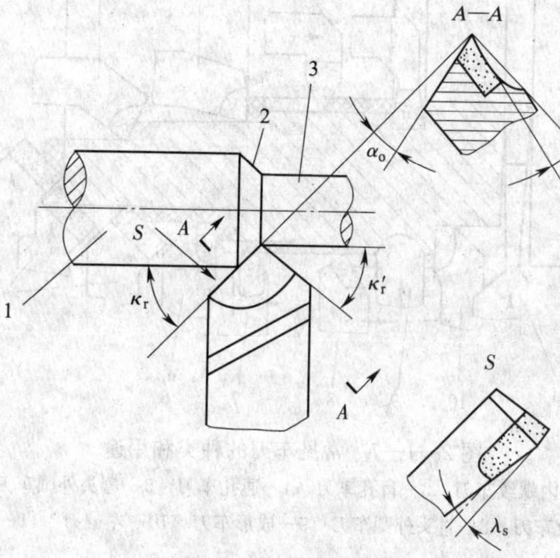

图 2—1—6　刀具角度

1—待加工表面　2—过渡表面　3—已加工表面

(1) 前角 γ_o

前角是指正交平面中测量的前面与基面之间的夹角。

(2) 主后角 α_o

主后角是指主正交平面中测量的主后面与切削平面之间的夹角。主要影响摩擦和刀具强度。

(3) 副后角 α_o'

副后角是指在副正交平面内测量的副后面和副切削平面之间的夹角。

(4) 主偏角 κ_r

主偏角是指在基面中测量的主切削刃与假定进给运动方向的夹角。它影响刀具的强度和背向力，主偏角越小，背向力越大，机床消耗的功率也越大，并且主偏角还会影响表面粗糙度。

(5) 副偏角 κ_r'

副偏角是指在基面中测量的副切削刃与背离进给运动方向之间的夹角。它影响强度、摩擦以及表面粗糙度。

(6) 刃倾角 λ_s

刃倾角是指在切削平面中测量的主切削刃与过刀尖所作基面之间的夹角。它用于控制流屑的方向。

4. 车削刀具

常见车刀的种类和用途如图 2—1—7 所示。

(1) 常用车刀分类

各种常用车刀的用途见表 2—1—4。

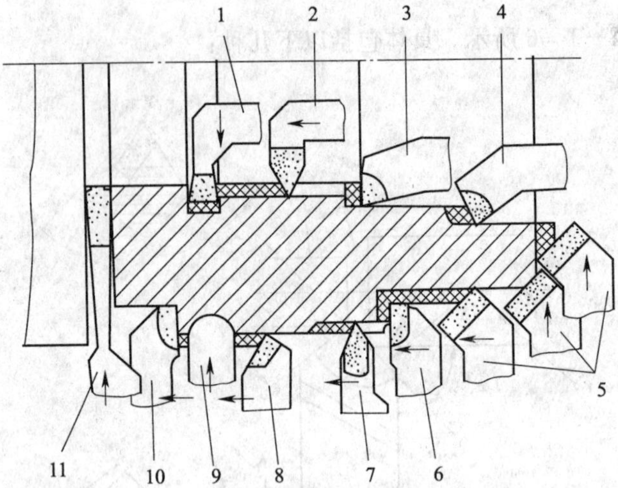

图 2—1—7 常见车刀的种类和用途

1—车槽刀 2—内螺纹车刀 3—盲孔车刀 4—通孔车刀 5—弯头外圆车刀 6—右偏刀 7—外螺纹车刀 8—直头外圆车刀 9—成形车刀 10—左偏刀 11—切断刀

表 2—1—4 **车削加工刀具**

名称	图解	用途
外圆车刀与端面车刀	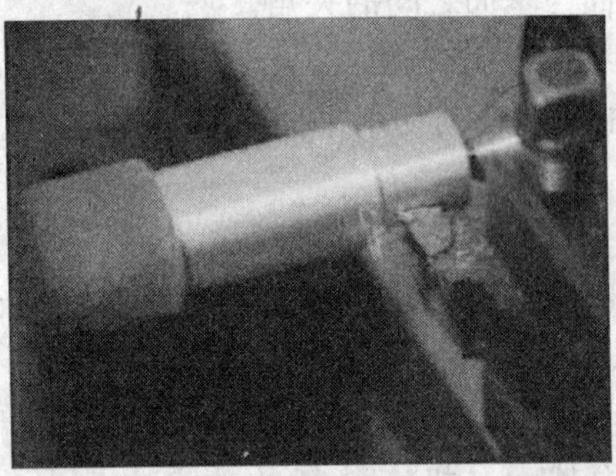 90°车刀	用于加工外圆，加工后可以清根
	 45°车刀	用于加工端面和外圆。加工外圆后不能清根，内有 45°倒角

续表

名称	图解	用途
切断刀（车槽刀）		用于切断工件和车槽
内孔车刀		刀具后方有加长杆，用于加工内孔
螺纹车刀		用于加工外螺纹
成形车刀		用于加工曲面等特形面

续表

名称	图解	用途
左偏刀	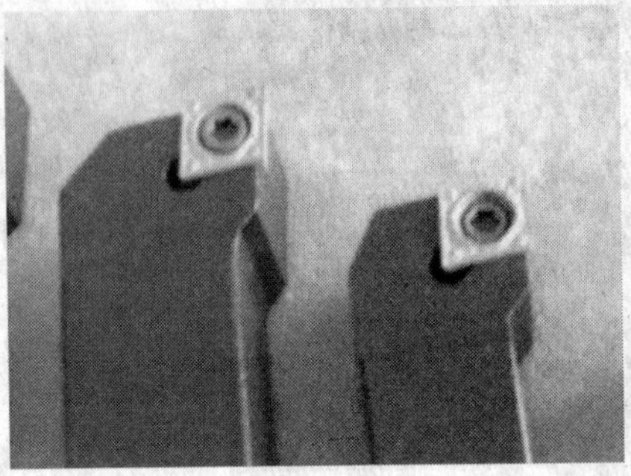	用于加工外圆，从左至右进给

(2) 刀具材料

常用的刀具材料有工具钢、高速钢、硬质合金、陶瓷、金刚石、立方氮化硼等，目前生产中使用最多的刀具材料是高速钢和硬质合金。

1) 刀具材料应具备的性能

- ➢ 高硬度。
- ➢ 高耐磨性。
- ➢ 足够的强度和韧性。
- ➢ 高的耐热性。
- ➢ 良好的热物理性能和耐热冲击性能。
- ➢ 良好的工艺性和经济性。

常用刀具材料的主要性能和适用范围见表 2—1—5。

表 2—1—5　　常用刀具材料的主要性能和适用范围

材料种类	分类	牌号	主要性能和适用范围
工具钢	碳素工具钢	T7～T13	有一定的硬度和耐磨性，但红硬性和韧性较差，用于制造低速切削工具（如錾子、木工工具、剪刀、冲头、丝锥、锉刀、刮刀、冷冲模具等）
	合金工具钢	9CrSi 等	量具、刃具钢，可制造丝锥、钻头、铣刀、手术刀、量规、冷冲模具等
高速钢	普通高速钢	W18Cr4V	综合性能好，通用性强，适用于制造加工轻合金、碳素钢、合金钢、普通铸铁的精加工刀具，如螺纹车刀、成形车刀等
		W6Mo5Cr4V2	强度和韧度略高于 W18Cr4V，红硬性略低于 W18Cr4V。适用于制造加工轻合金、碳素钢、合金钢的热成形刀具
		W14Cr4VMnRe	切削性能与 W18Cr4V 相当，热塑性好，适用于制作热轧刀具

续表

材料种类	分类	牌号	主要性能和适用范围
高速钢	高性能高速钢	95W18Cr4V	高碳高速钢，提高钢的硬度、耐磨性和耐热性，但其强度和韧度略有下降，可制作钻头、铰刀、丝锥、铣刀和车刀等
		W6Mo5Cr4V3	高钒高速钢，提高了钢的耐磨性。其刃磨比普通高速钢困难。可加工不锈钢、高强度钢和高温合金
		W2Mo9Cr4VCo8	钴高速钢，具有良好的综合性能，用于切削高温合金、不锈钢等难加工材料效果很好。不宜在冲击切削条件下工作
		W6Mo5Cr4V2Al	铝高速钢，具有良好的综合性能。它达到了钴高速钢的切削性能，可加工性好，价格低廉，与普通高速钢的价格接近。但刃磨性差，热处理工艺要求较严格
硬质合金	钨钴类	K01、K20、K30	含钴量多者适用于粗加工，含钴量少者用于精加工。K 类硬质合金不适合加工钢料，因其切削温度达 640℃时刀具与钢会产生黏结，使刀具发生黏结磨损
	钨钛钴类	P30、P20、P10、P01	硬度和耐磨性提高，但抗弯强度有所下降。它不适合加工含 Ti 元素的不锈钢，Ti 元素亲和作用较强，会发生严重的黏结，使刀具磨损加剧。TiC 的含量多适用于精加工，少则适用于粗加工
	钨钽（铌）钴类	YA6	有较高的常温硬度、耐磨性、高温强度和抗氧化能力。适用于对冷硬铸铁、有色金属及其合金进行半精加工，也可对高锰钢、淬火钢等材料进行半精加工和精加工
	钨钛钽（铌）钴类	M10、M20	其抗弯强度、疲劳强度、耐热性、高温硬度和抗氧化能力都有很大的提高。既能加工钢材，又能加工铸铁、有色金属及其合金，是通用性较好的刀具材料
	碳化钛基类	P01、P05	其抗氧化能力、耐磨性、耐热性较高。主要用于对碳钢、合金钢、淬火钢、铸铁等进行粗加工、半精加工及精加工

2）其他刀具材料。陶瓷刀具材料中的陶瓷是以人造的化合物为原料，在高压下成形和高温下烧结而形成的，硬度为 91～95HRA，耐热性高达 1 200℃，化学稳定性好，与金属的亲和能力小，与硬质合金相比切削速度可提高 3～5 倍。其最大的缺点是抗弯强度低，冲击韧度低。主要用于对钢、铸铁、高硬度材料（如淬火钢等）进行连续切削时的半精加工和精加工。

金刚石分为天然和人造两种，天然金刚石由于价格昂贵而用得很少。人造金刚石是在高温、高压条件下由石墨转化而成的，硬度为 10 000HV。金刚石刀具能精密切削有色金属及其合金、陶瓷等高硬度、高耐磨材料。它对铁的化学稳定性较差，不适合加工铁族材料，热稳定性也较差，当温度达到 800℃时，在空气中金刚石刀具即发生碳化，会产生急剧磨损。

立方氮化硼的硬度为 8 000～9 000HV，耐热性为 1 400℃，主要用于对高温合金、淬硬钢、冷硬铸铁进行半精加工和精加工。

（3）车刀安装注意事项

1）车刀不能伸出刀架太长，应尽可能伸出得短些。若车刀伸出过长，刀柄刚度相对降低，切削时在切削力的作用下容易产生振动，使车出的工件表面不光洁。一般车刀伸出的长度不超过刀柄厚度的两倍。

2）车刀刀尖的高低应对准工件的中心。车刀安装得过高或过低都会引起车刀角度的变化，从而影响切削。根据经验，粗车外圆时，可将车刀装得比工件中心稍高一些；精车外圆时，可将车刀装得比工件中心稍低一些，这要根据工件直径的大小来决定，无论装高或装低，一般不能超过工件直径的 1%。

3）装车刀用的垫片要平整，尽可能地减少片数，一般只用 2～3 片。如果垫片的片数太多或不平整，会使车刀产生振动，影响切削。

4）车刀装上后要紧固刀架螺钉，一般要紧固两个螺钉。紧固时，应轮换逐个拧紧。同时要注意，一定要使用专用扳手，不允许再加套管等，以免使螺钉受力过大而损伤。

车刀的安装如图 2—1—8 所示。

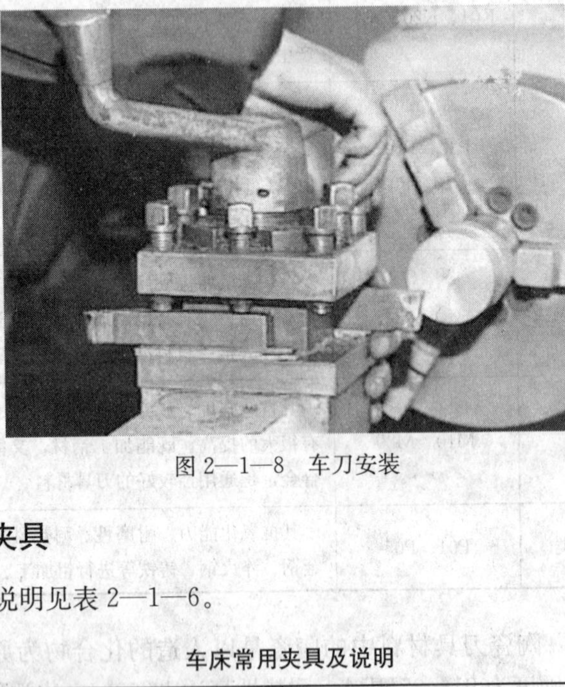

图 2—1—8　车刀安装

三、车削加工夹具

车床常用夹具及说明见表 2—1—6。

表 2—1—6　　车床常用夹具及说明

名称	简图	说明
三爪自定心卡盘		三爪自定心卡盘是车床最常用的附件，三个卡爪同时动作，可以达到自动定心兼夹紧的目的。装夹工件方便，但定心精度不高（卡爪遭磨损所致），工件上同轴度要求较高的表面应尽可能在一次装夹中车出。传递的转矩也不大，故三爪自定心卡盘适用于夹持圆柱形、正三角形、正六边形等中、小型工件

续表

名称	简图	说明
四爪单动卡盘		四爪单动卡盘上的四个卡爪分别通过转动螺杆实现单动。根据加工要求，利用划线盘校正后，其装夹精度比三爪自定心卡盘高，四爪单动卡盘的夹紧力大，适用于夹持较大的圆柱形工件或形状不规则的工件
顶尖		常用的顶尖有固定顶尖和回转顶尖两种
中心架	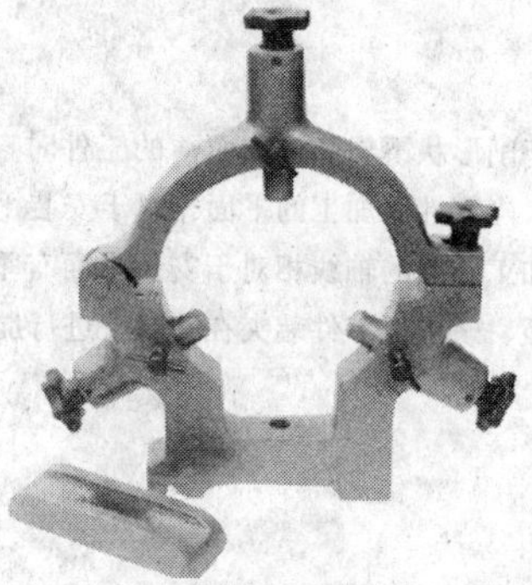	中心架主要用于加工有台阶或需要掉头车削的细长轴，以及细长轴端面和内孔（钻中心孔）。中心架固定在床身导轨上，车削前调整其三个支撑爪与工件轻轻接触，并加上润滑油
跟刀架	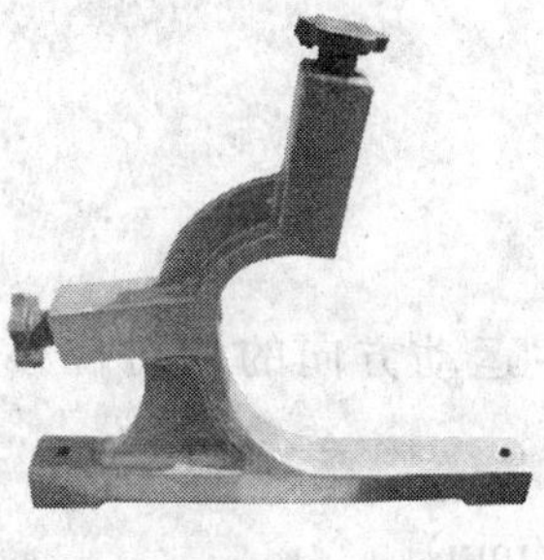	对不适宜掉头车削的细长轴不能用中心架支撑，而要用跟刀架支撑进行车削，以提高工件的刚度，跟刀架固定在床鞍上，一般有两个支撑爪，它可以跟随车刀移动，抵消径向切削力，提高车削细长轴的形状精度，减小表面粗糙度值。车刀给工件的切削抗力使工件贴在跟刀架的两个支撑爪上，但由于工件本身的重力以及偶然的弯曲，车削时工件会瞬时离开和接触支撑爪，因而产生振动。由两个支撑爪和车刀抵住工件，使工件上下、左右都不能移动，车削时工件就比较稳定，不易产生振动

续表

名称	简图	说明
鸡心夹头		用两顶尖支撑工件进行加工时，可用鸡心夹头拨动工件随主轴一起转动
心轴	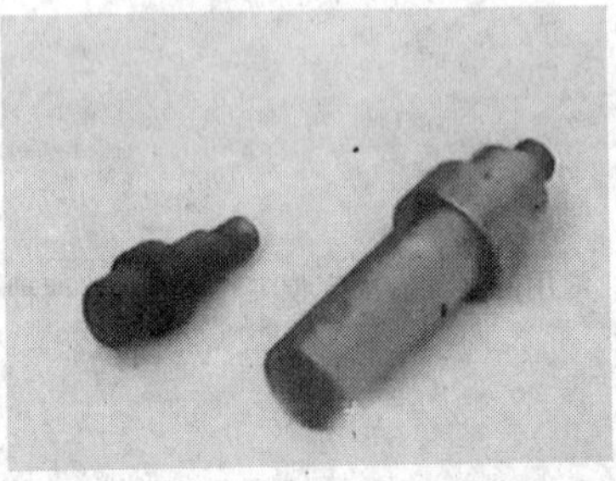	对于需要用内孔进行定位的工件，可用心轴进行装夹
花盘		车削形状不规则或大而薄的工件时，可用花盘装夹。例如，当零件待加工的平面相对于安装平面有平行度要求或待加工外圆的轴线相对于安装平面有垂直度要求时，可用压板、螺栓把工件装夹在花盘上进行加工

四、切削用量与加工范围

1. 切削用量

(1) 切削速度 v_c

切削速度是指在单位时间内工件和刀具沿主运动方向的相对位移，单位为 m/s 或 m/min。当主运动为旋转运动时，则切削速度为：

$$v_c = \frac{\pi dn}{1\,000}(\mathrm{m/min})$$

式中　d——待加工表面的直径或刀具直径，mm；

n——工件或刀具的转速，r/min。

（2）进给量 f

进给量是指在单位时间内或主运动的一个工作循环内，刀具与工件沿进给运动方向相对移动的距离。车削的主运动是旋转运动，工件每转一转为一个工作循环，进给量的单位为 mm/r。

（3）背吃刀量 a_p

背吃刀量又称切削深度，一般指工件待加工表面与已加工表面间的垂直距离，如图 2—1—9 所示。车削外圆时，背吃刀量为：

$$a_p = \frac{d_w - d_m}{2}\ (\text{mm})$$

式中　d_w——待加工表面直径，mm；

d_m——已加工表面直径，mm。

图 2—1—9　背吃刀量

2. 切削用量选择原则

确定切削用量三要素的基本原则是：根据加工要求先确定背吃刀量，再查表得到进给量，然后经过查表，通过公式计算出切削速度。在许多场合可以通过经验数据来确定这三要素的值。

3. 切削用量选取方法

实践证明，合理地选择切削用量与机床、刀具、工件及工艺等多种因素有关。合理选择切削用量的方法如下：

粗加工时，主要应保证较高的生产效率，故应选择较大的背吃刀量 a_p，较大的进给量，切削速度选择中低速度。

精加工时，主要保证零件的尺寸精度和表面质量的要求，故选择较小的背吃刀量，较小的进给量，切削速度选择较高速度。

粗加工时，一般要充分发挥机床潜力和刀具的切削能力。半精加工和精加工时，应重点考虑如何保证加工质量，并在此基础上尽量提高生产效率。在选择切削用量时，应保证刀具能加工完成一个零件或保证刀具的耐用度不低于一个工作班，最少也不低于半个工作班的工作时间。具体数值应根据机床说明书中的规定、刀具耐用度及实践经验选取。

（1）背吃刀量的选择

背吃刀量的选择要根据机床、夹具、量具和工件的刚度以及机床的功率来确定。在工艺系统允许的情况下，应尽可能选取较大的背吃刀量。除留给以后工序的余量外，其余的粗加工余量尽可能一次切除，以使进给次数最少。

通常在中等功率机床上，粗加工的背吃刀量为 8～10 mm（单边）；半精加工的背吃刀量为 0.5～5 mm；精加工时背吃刀量为 0.2～1.5 mm。

（2）进给量的确定

进给量是指在单位时间内刀具在进给方向的位移。确定进给量的原则是：当工件的质量要求能够保证时，为提高生产效率，可选择较高的进给量。切断、车削深孔或精车时宜选择较低的进给量。进给量应与主轴转速和背吃刀量相适应。粗加工时，进给量的选择受切削力的限制。

粗车时进给量 f 一般取为 0.3～0.8 mm/r，精车时常取 0.1～0.3 mm/r，切断时常取 0.05～0.2 mm/r。

(3) 主轴转速 n（切削速度 v_c）的确定

主轴转速的确定应根据被加工部位的直径，并按零件和刀具材料及加工性质等条件所允许的切削速度来确定。切削速度可通过计算、查表和实践经验获取。

一般情况下在背吃刀量和进给量选定后，再根据规定达到的合理的刀具寿命 T（min），就可以确定切削速度。一般用硬质合金刀片切削中碳钢的切削速度为 100 m/min 左右，用涂层硬质合金刀片切削中碳钢的切削速度为 300 m/min 左右。

车削加工方式及加工精度见表 2—1—7，用高速钢及硬质合金车刀粗车外圆及端面时进给量的选择见表 2—1—8，车削外圆背吃刀量参考值见表 2—1—9，车削时切削速度参考值见表 2—1—10，高速车削细长轴的切削用量见表 2—1—11。

表 2—1—7　　车削加工方式及加工精度

车削种类	尺寸公差等级	表面粗糙度 Ra（μm）
粗车	IT13～IT11	50～12.5
半精车	IT10～IT8	6.3～3.2
精车	IT8～IT7	1.6～0.8

表 2—1—8　　用高速钢及硬质合金车刀粗车外圆及端面时进给量的选择

工件材料	车刀刀柄尺寸（mm）	工件直径（mm）	背吃刀量（mm）			
			≤3	3～5	5～8	8～12
			进给量 f（mm/r）			
碳素结构钢、合金结构钢、耐热钢	16×25	20	0.3～0.4	—	—	—
		40	0.4～0.5	0.3～0.4	—	—
		60	0.5～0.7	0.4～0.6	0.3～0.5	—
		100	0.6～0.9	0.5～0.7	0.5～0.6	0.4～0.5
		400	0.8～1.2	0.7～1	0.6～0.8	0.5～0.6
	20×30 25×25	20	0.3～0.4	—	—	—
		40	0.4～0.5	0.3～0.4	—	—
		60	0.6～0.7	0.5～0.7	0.4～0.6	—
		100	0.8～1	0.7～0.9	0.5～0.7	0.4～0.7
		400	1.2～1.4	1～1.2	0.8～1	0.6～0.9

表 2—1—9　　车削外圆背吃刀量参考值（车削端面时背吃刀量减半）　　mm

轴径	长度									
	≤100		>100～250		>250～500		>500～800		>800～1200	
	半精车	精车	半精车	精车	半精车	精车	半精车	精车	半精车	精车
≤10	0.8	0.2	0.9	0.2	1	0.3	—	—	—	—
>10～18	0.9	0.2	0.9	0.3	1	0.3	1.1	0.3	—	—
>18～30	1	0.3	1	0.3	1.1	0.3	1.3	0.4	1.4	0.4
>30～50	1.1	0.3	1	0.3	1.1	0.4	1.3	0.5	1.5	0.6
>50～80	1.1	0.3	1.1	0.4	1.2	0.4	1.4	0.5	1.6	0.6
>80～120	1.1	0.4	1.2	0.4	1.2	0.5	1.4	0.5	1.6	0.6
>120～180	1.2	0.5	1.2	0.5	1.3	0.6	1.5	0.6	1.7	0.7
>180～260	1.3	0.5	1.3	0.6	1.4	0.6	1.6	0.7	1.8	0.8
>260～360	1.3	0.6	1.4	0.6	1.5	0.7	1.7	0.7	1.9	0.8
>360～500	1.4	0.7	1.5	0.7	1.5	0.8	1.7	0.8	1.9	0.9

表 2—1—10　　车削时切削速度参考值

工件材料		硬度 HBW	背吃刀量 a_p (mm)	高速钢刀具		硬质合金刀具					
						未涂层			涂层		
				v (m/min)	f (mm/r)	v (m/min)		f (mm/r)	材料	v (m/min)	f (mm/r)
						焊接式	可转位				
碳钢	低碳	100～200	1	43～46	0.18	140～150	170～195	0.18	P10	260～290	0.18
			4	33～34	0.4	115～125	135～150	0.5	P20	170～190	0.4
			8	27～30	0.5	88～100	105～120	0.75	P30	135～150	0.5
	中碳	175～225	1	34～40	0.18	115～130	150～160	0.18	P10	220～240	0.18
			4	23～30	0.4	90～100	115～125	0.5	P20	145～160	0.4
			8	20～26	0.5	70～78	90～100	0.75	P30	115～125	0.5
	高碳	175～225	1	30～37	0.18	115～130	140～155	0.18	P10	215～230	0.18
			4	24～27	0.4	88～95	105～120	0.5	P20	145～150	0.4
			8	18～21	0.5	69～76	84～95	0.75	P30	115～120	0.5

表 2—1—11　　高速车削细长轴的切削用量

加工方法	长径比为 20～25			长径比>25		
	背吃刀量 a_p (mm)	进给量 f (mm/r)	转速 n (r/s)	背吃刀量 a_p (mm)	进给量 f (mm/r)	转速 n (r/s)
粗车	3.5	0.45～0.50	6.67～10	2.5	0.35～0.45	6.67～10
半精车	2.5	0.35～0.45	10～20	1.5	0.20～0.30	10～20
精车	0.5～1.0	0.20～0.30	20	0.25～0.75	0.15～0.25	20

4. 车削加工范围

常用车削加工方法及加工范围如图 2—1—10 所示。

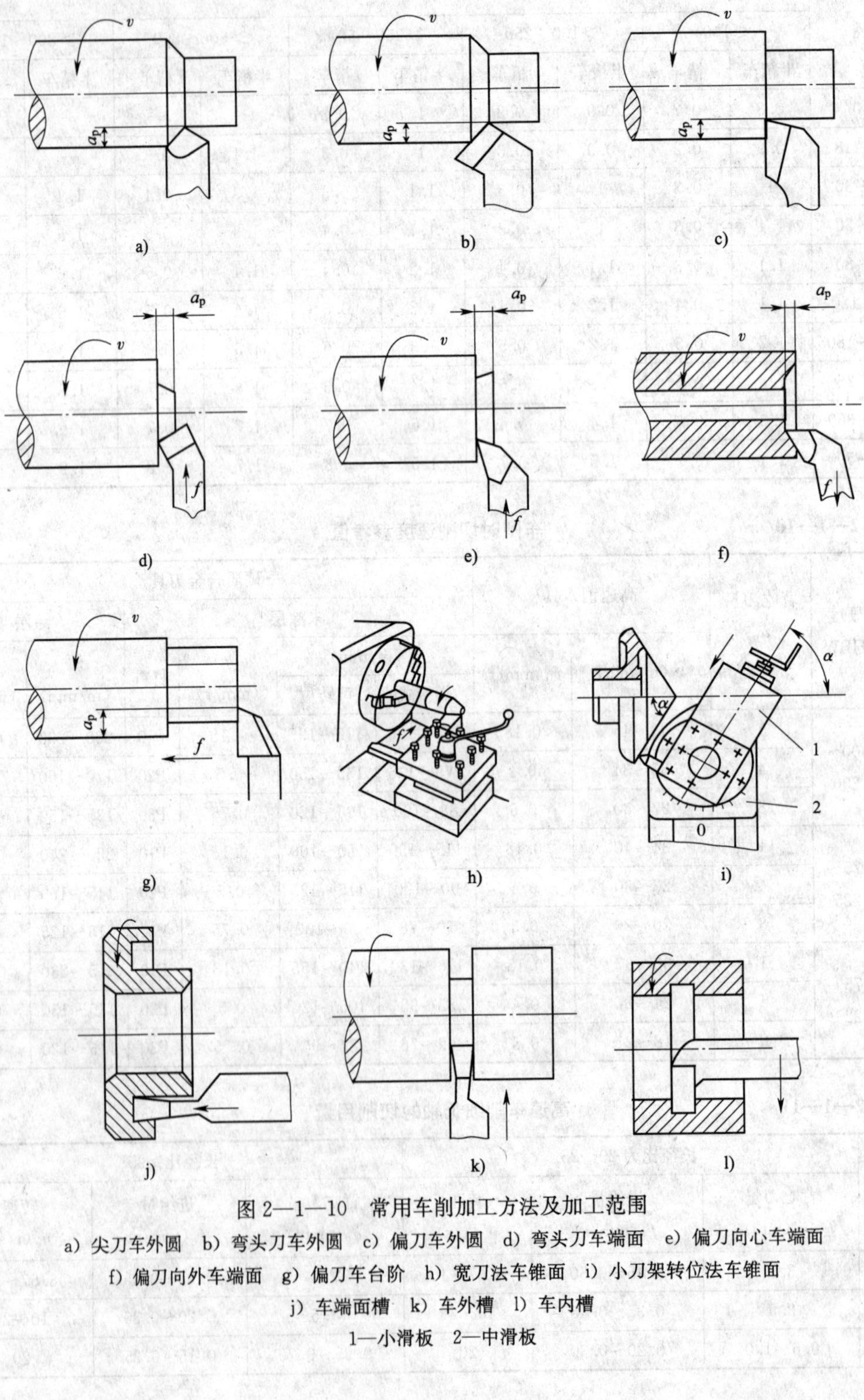

图 2—1—10 常用车削加工方法及加工范围

a）尖刀车外圆 b）弯头刀车外圆 c）偏刀车外圆 d）弯头刀车端面 e）偏刀向心车端面 f）偏刀向外车端面 g）偏刀车台阶 h）宽刀法车锥面 i）小刀架转位法车锥面 j）车端面槽 k）车外槽 l）车内槽

1—小滑板 2—中滑板

5. 车削加工方法

车螺纹的步骤与方法：（低速车削三角形螺纹时 $v<5$ m/min）

（1）车螺纹前对工件的要求

1）螺纹大径。理论上螺纹大径等于公称直径，但螺纹在加工过程中，由于存在对螺纹的挤压等作用，所以螺纹外径比公称直径小 $0.13P$，即：

$$螺纹外径\ D=公称直径-0.13P$$

2）退刀槽。车螺纹前在螺纹的终端应车出退刀槽，以便螺纹车刀及时退出。

3）倒角。车螺纹前在螺纹的起始部位和终端应有倒角，且倒角的小端直径小于螺纹底径。

4）牙型高度（背吃刀量）：$h_1=0.6P$

（2）调整车床

先转动开合螺母手柄接通丝杠，根据工件的螺距或导程调整进给箱外的手柄位置，使各手柄到位。

（3）开车，对刀，记下刻度盘读数，向右退出车刀。螺纹车削方法如图 2—1—11 所示。

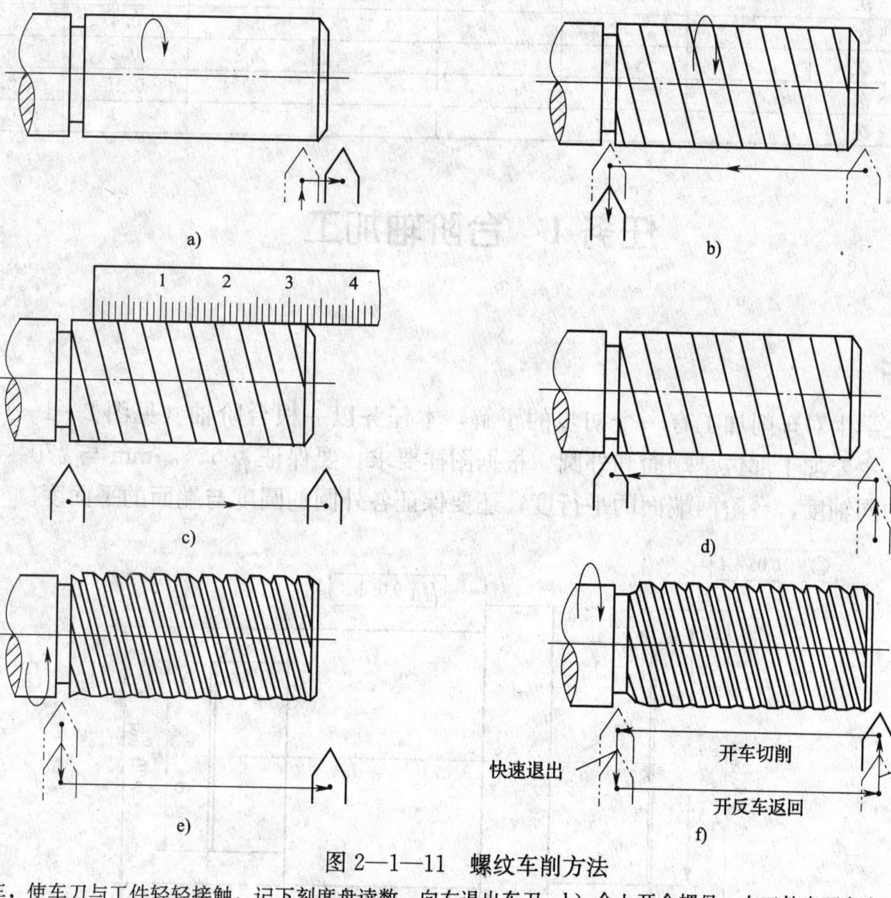

图 2—1—11　螺纹车削方法

a）开车，使车刀与工件轻轻接触，记下刻度盘读数，向右退出车刀　b）合上开合螺母，在工件表面车出一条螺旋线，横向退刀，停车　c）开反车使车刀退到工件右端，停车，检查螺距是否正确

d）利用刻度盘调整背吃刀量，开车切削，车钢料时加切削液润滑

e）车刀将至行程终了时，应做好退刀、停车准备。先快速退出车刀，然后停车开反车退回刀架

f）再次横向切入，继续切削。切削路线如图所示

(4) 合上开合螺母，在工件表面车出一条螺旋线，横向退出车刀，并开反车把车刀退到右端，停车检查螺距是否正确（用钢直尺）。

(5) 开始切削，利用刻度盘调整背吃刀量（逐渐减小背吃刀量）。

在操作过程中，车刀将至行程终了时应做好退刀、停车准备，先快速退出车刀，然后开反车退回刀架。注意控制背吃刀量，粗车时 $a_p=0.15\sim0.3$ mm，精车时 $a_p<0.05$ mm。常用车螺纹时的进给次数与背吃刀量见表 2—1—12。

表 2—1—12　常用车螺纹时的进给次数与背吃刀量　mm

		米制螺纹						
螺距		1.0	1.5	2.0	2.5	3.0	3.5	4.0
牙型高度		0.649	0.974	1.299	1.624	1.949	2.273	2.598
背吃刀量及切削次数	1次	0.7	0.8	0.9	1.0	1.2	1.5	1.5
	2次	0.4	0.6	0.6	0.7	0.7	0.7	0.8
	3次	0.2	0.4	0.6	0.6	0.6	0.6	0.6
	4次		0.16	0.4	0.4	0.4	0.6	0.6
	5次			0.1	0.4	0.4	0.4	0.4
	6次				0.15	0.4	0.4	0.4
	7次					0.2	0.2	0.4
	8次						0.15	0.3
	9次							0.2

任务 1　台阶轴加工

任务提出

为了使学生对车削加工有一个初步的了解，本任务以一根台阶轴（见图 2—1—12）加工为对象，主要加工部位是端面和外圆。根据图样要求，要保证 $\phi66_{-0.04}^{\ 0}$ mm 与 $\phi70_{-0.04}^{\ 0}$ mm 两段外圆的同轴度，台阶两端面的平行度，还要保证各外圆的圆度与端面的平面度。

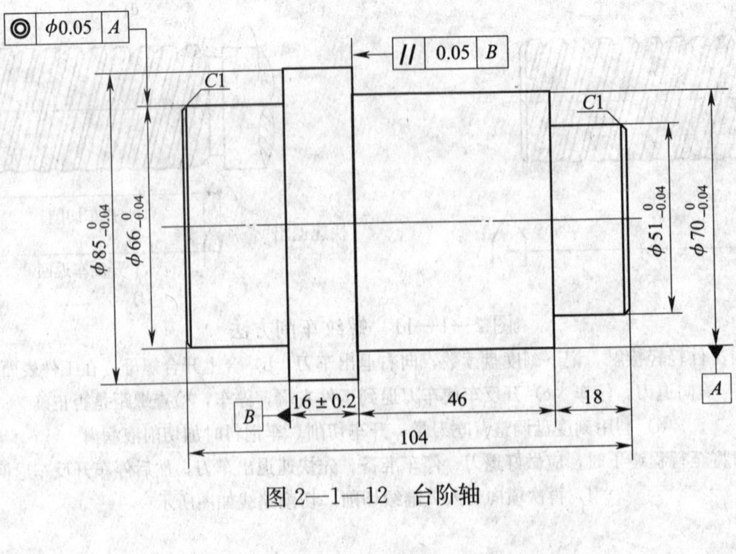

图 2—1—12　台阶轴

任务分析

根据图 2—1—12 可知，此台阶轴的加工技术要求如下：

工件的主要加工部位是外圆，直径方向尺寸精度要求较高，$\phi66_{-0.04}^{0}$ mm 外圆相对于 $\phi70_{-0.04}^{0}$ mm 外圆轴线的同轴度公差为 $\phi0.05$ mm，$\phi85_{-0.04}^{0}$ mm 台阶两端面的平行度公差为 0.05 mm。

由于要加工一个回转体零件的表面，首先考虑车削加工，具体分析思路如下：

1. 看图样上零件的精度要求，从而确定加工阶段最终应采用什么加工。
2. 看零件的材料，选择刀具材料。
3. 看零件表面状态，分析所用刀具的类型。
4. 根据毛坯的尺寸和零件的尺寸、加工精度确定加工方案。
5. 确定每道工序的切削用量。
6. 调整机床，装夹工件，进行加工。
7. 工件的整体质量分析。

台阶轴加工工艺过程卡见表 2—1—13。

表 2—1—13　　台阶轴加工工艺过程卡

工序号	工序名称	工序内容	工艺装备
1	铸造		
2	车削	A：三爪自定心卡盘夹紧工件左端面	CA6140A 型车床、外圆车刀、端面车刀
		车削右端面，车平	
		车右侧外圆及台阶 $\phi85_{-0.04}^{0}$ mm×82 mm，工序余量为 1 mm	
		粗车外圆 $\phi70_{-0.04}^{0}$ mm×65 mm，工序余量为 1 mm	
		粗车外圆 $\phi51_{-0.04}^{0}$ mm×18 mm，工序余量为 1 mm	
		精车外圆 $\phi51_{-0.04}^{0}$ mm×18 mm、$\phi70_{-0.04}^{0}$ mm×46 mm 到图样要求	
		精车 $\phi70_{-0.04}^{0}$ mm×42 mm 右侧端面保证长度至尺寸 46	
		精车右端面保证 $\phi51_{-0.04}^{0}$ mm×18 mm 长度至尺寸 18	
		倒角 $C1$ mm	
		B：三爪夹紧：右端面	
		车左端面，工序余量 2 mm	
		车 $\phi85_{-0.04}^{0}$ 至尺寸	
		车 $\phi66_{-0.04}^{0}$ 至尺寸，并保证 $\phi85_{-0.04}^{0}$ 宽度（16±0.2）mm	
		车左端面，保证总长为 104 mm	
3	检验		

任务实施

一、加工准备

1. 材料

45 钢，尺寸为 $\phi90$ mm×110 mm 的圆棒料。

2. 设备

CA6140A 型车床（三爪自定心卡盘）。

3. 刀具和量具

（1）刀具

90°外圆车刀、45°外圆车刀。

（2）量具

150 mm 游标卡尺、百分表、75～100 mm 千分尺。

二、操作步骤与要领

1. 操作步骤

车台阶轴操作流程见表 2—1—14。

表 2—1—14　车台阶轴操作流程

操作流程	操作说明	作业流程图解
安装车刀	安装车刀，其中 45°外圆车刀用于粗加工，90°外圆车刀用于精加工	
装夹工件	使用三爪自定心卡盘夹持工件的左侧，夹持长度约为 15 mm，并找正。为了提高装夹精度，应从距卡盘端由近到远反复找正	
通电	打开车床电源开关	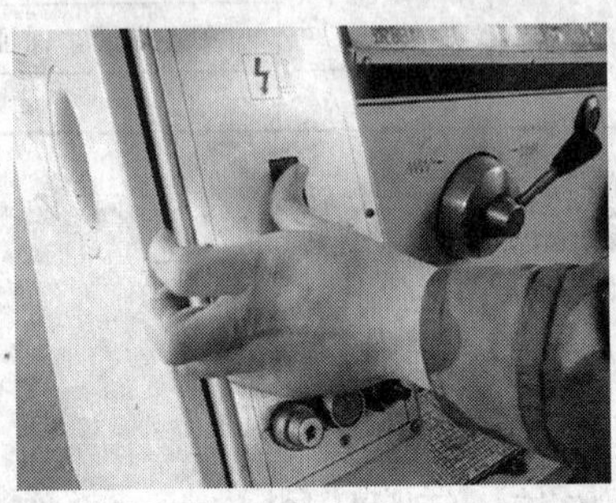

续表

操作流程	操作说明	作业流程图解
通电	安全提示： 打开紧急制动 在危机时刻，可按下红色紧急制动按钮使车床停止 在测量或者暂时离开车削位置时，应按下紧急制动按钮	
按下开机按钮	按下绿色开机按钮，车床可以正常运转	
	操作提示： 主轴正转 抬起操作手柄，主轴正转；按下操作手柄，主轴反转；操作手柄处于中间位置时主轴停转	
	主轴变速 停车，调整变速手柄进行变速。如果手柄扳动困难，可一边扳动卡盘，一边扳动变速手柄进行变速	

续表

操作流程	操作说明	作业流程图解
调整进给速度	通过调整进给手柄，按粗、精加工的不同调整进给速度	
试切	开车对刀，使车刀与工件接触，向右退刀 横向进刀，背吃刀量为 a_{p1}，沿纵向进给车削 1～3 mm。退刀、停车、测量；如未达到尺寸，再进刀，背吃刀量为 a_{p2}	
车右端面	使用 45°外圆车刀车端面。工序余量为 2 mm。主轴转速为 270 r/min，进给量为 0.2 mm /r	
车右侧外圆	使用 90°外圆车刀车右侧外圆 车尺寸为 ϕ85 mm，长 80 mm。 车尺寸为 ϕ51 mm，长 18 mm。 车尺寸为 ϕ70 mm，长 46 mm。 主轴转速为 270 r/min，进给量为 0.2 mm /r 注意台阶根部要清根	

续表

操作流程	操作说明	作业流程图解
车右侧倒角	使用 45°外圆车刀车右侧倒角。转速为 270 r/min，进给量为 0.2 mm /r	
掉头装夹	工件掉头装夹，夹住 $\phi70_{-0.04}^{0}$ mm 外圆，使用百分表反复校正，夹紧	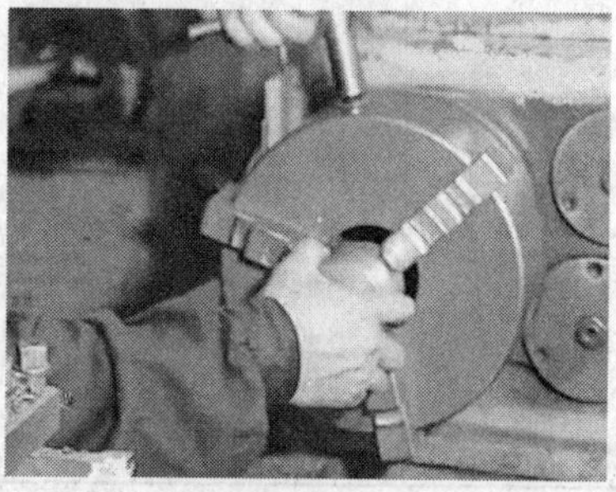
车左端面	使用 45°外圆车刀车左端面，至总长 104 mm 主轴转速为 850 r/min，进给量为 0.1 mm/r	
车左侧外圆	使用 90°外圆车刀车尺寸为 $\phi66_{-0.04}^{0}$ mm 外圆，保证台阶长 24 mm 主轴转速为 850 r/min，进给量为 0.1 mm/r	

续表

操作流程	操作说明	作业流程图解
车左侧倒角	使用45°外圆车刀车左侧倒角。主轴转速为850 r/min，进给量为0.1 mm /r	
检验	停车，使用游标卡尺和千分尺检验工件各部位尺寸，使用百分表检验工件圆度误差	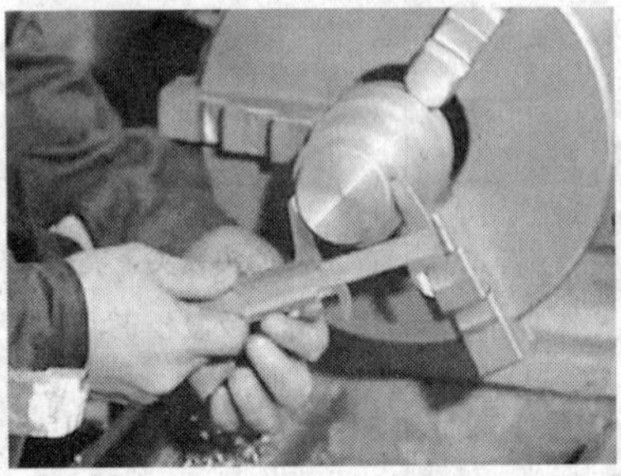

2. 操作要领

(1) 开机前，首先检查油路和转动部件是否灵活、正常，开机时要穿紧身工作服，袖口要扣紧，长发要塞入防护帽中，禁止戴手套，磨刀时必须戴眼镜。

(2) 开机时要观察设备是否正常，车刀要夹牢固，切削用量不能超过设备本身的负荷。刀头伸出部分不要超出刀柄高度的2倍。转动刀架时要把车刀退回安全的位置，以防止车刀碰撞工件或卡盘。为防止装夹工件时不慎掉落损坏导轨，床面上要垫木板。

(3) 使用砂布磨工件时，砂布要用硬木支垫。车刀要移到安全位置。主轴箱、导轨、刀架面上不准放置工具和零件等，划线盘要放牢。

(4) 变换转速应待车床停止转动后方可进行，以免碰伤齿轮。开车时，车刀要慢慢接近工件，以免切屑崩伤人或损坏工件。

(5) 工作时间不能随意离开工作岗位，禁止玩笑打闹，有事离开必须停机、断电。工作时思想要集中，机器运转中不能测量工件，不能在运转中的车床附近更换衣服，未取得允许的人员不能单独操作车床。

(6) 工作场地应保持整齐、清洁，工件存放要稳妥，不能堆放过高，切屑应及时清理。电气设备发生故障应马上断开总电源，及时叫电工检修，不能擅自乱动。

三、质量检验步骤

1. 检验仪器

百分表、游标卡尺、千分尺等。

2. 测量步骤

(1) 将被测台阶轴放在支撑架上，用百分表测量被测轴同一截面内轮廓圆一周上六个位置的直径，取最大直径与最小直径之差的一半作为该截面的圆度误差。

(2) 使用游标卡尺测量长度尺寸，在长度上取一定位置的一些截面。按照上述方法确定其他平面位置的圆度误差。

(3) 最后取以上三次测得误差中的最大值作为该轴的圆度误差。

(4) 根据所标注的公差要求判断测量所得数据的合格性。

四、常见误差及原因分析

常见误差产生原因及排除方法见表 2—1—15。

表 2—1—15　　常见误差产生原因及排除方法

序号	误差现象	产生原因	排除方法
1	圆度超差	(1) 卡盘法兰与主轴配合螺纹松动或卡盘定位面松动 (2) 主轴轴承间隙大，主轴轴套外圆与箱体孔配合间隙大，或主轴轴颈圆度超差 (3) 工件孔壁较薄，装夹变形	(1) 调整卡盘法兰与主轴配合螺纹松动处或卡盘定位面 (2) 调整主轴轴承间隙或修磨主轴轴颈 (3) 采用液性塑料夹具或留工艺头，以便于装夹
2	端面垂直度和平面度超差	(1) 床鞍上、下导轨不垂直而引起端面凹凸 (2) 主轴轴向窜动	(1) 修刮床鞍上导轨，调整中滑板镶条间隙 (2) 调整主轴轴承，减小轴肩端面圆跳动误差

任务评价

评分标准见表 2—1—16。

表 2—1—16　　评分标准

序号	考核内容	评分标准	配分	得分
1	工件的装夹	装夹牢固、迅速、安全	8	
2	刀具的装夹	装夹位置准确、牢固、迅速、安全	8	
3	切削用量的调整	调整准确、迅速、安全	8	
4	对刀	调整准确、迅速、安全	8	
5	试切	试切过程正确，切削用量合理	8	
6	车台阶	尺寸精度正确，表面粗糙度符合规定	30	
7	测量工件	圆度符合规定	20	
8	安全文明生产	按照国家颁布的安全生产规定进行评定	10	
合计			100	

任务 2　细长轴加工

任务提出

俗话说，“车工怕车杆”。细长轴是指长度与直径比大于 20～25 的轴，如车床的光杠、丝杠等。加工部位是毛坯的端面和外圆，其中外圆的圆柱度是主要加工项目。试加工如图 2—1—13 所示的细长轴。

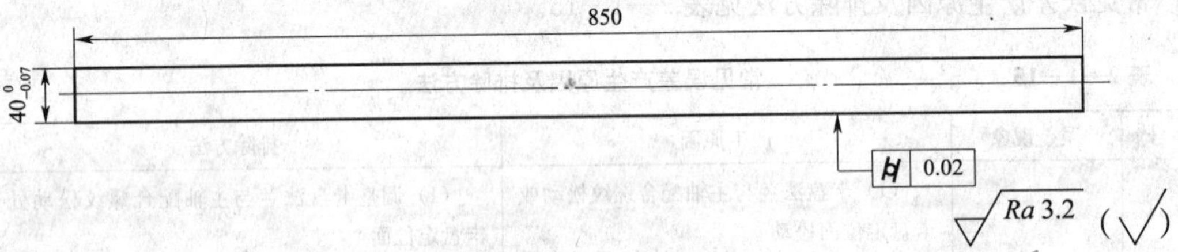

图 2—1—13　细长轴

任务分析

如图 2—1—13 所示的细长轴，尺寸精度为 $\phi40^{\ 0}_{-0.07}$ mm，圆柱度公差为 0.02 mm，表面粗糙度 $Ra\leqslant3.2\ \mu m$。虽然结构简单，但其长度与直径的比值大于 20，为细长轴。由于细长轴的刚度较低，所以，加工细长轴时的注意事项见表 2—1—17，细长轴加工工艺过程卡见表 2—1—18。

表 2—1—17　　　　加工细长轴时的注意事项

序号	问题	解决方法
1	工件的刚度不足	(1) 采用一夹一顶装夹方法 (2) 采用中心架或跟刀架支撑
2	工件易受热变形	合理地采用切削液进行降温，避免工件因受热变长而影响工件质量
3	径向力大，使工件变形	选择合理的刀具，减少切削力对工件质量的影响
4	切削用量	切削用量对细长轴的影响很大，推荐以下参数： 切削速度：粗车 50～60 m/min，精车 60～100 m/min 进给量：粗车 0.3～0.4 mm/r，精车 0.08～0.12 mm/r 背吃刀量：粗车 1.5～2 mm，精车 0.5～1 mm
5	切削温度	(1) 使用弹性回转顶尖加工细长轴可有效地补偿工件的热变形伸长 (2) 加注充分的切削液 (3) 刀具保持锋利，以减少车刀与工件的摩擦发热

表 2—1—18　　细长轴加工工艺过程卡

工序号	工序名称	工序内容	工艺装备
1	下料		
2	车	A：三爪自定心卡盘夹紧工件左端面进行定位	CA6140 型车床
		车端面	
		钻中心孔	A3.15 mm/8.0 mm 中心钻
		B：一夹一顶	
		车外圆至尺寸	
3	检验		

任务实施

一、加工准备

1. 材料

45 钢，尺寸为 ϕ45 mm×860 mm 的圆棒料。

2. 设备

CA6140 型车床（三爪自定心卡盘）。

3. 工艺装备

（1）刀具

90°外圆车刀、45°外圆车刀、A3.15 mm/8.0 mm 中心钻。

（2）量具

150 mm 游标卡尺、百分表、25～50 mm 千分尺。

（3）辅具

回转顶尖。

二、操作步骤与要领

1. 操作步骤

车细长轴操作流程见表 2—1—19。

表 2—1—19　　车细长轴操作流程

操作流程	操作说明	作业流程图解
安装车刀	采用 45°外圆车刀和 90°外圆车刀 精车刀具的主偏角为 80°～93°，前角为 15°～30°，前面磨有 R1.5～3 mm 的断屑槽，刃倾角为 3°～10°，刀尖圆弧半径小于 0.3 mm，倒棱为 0.5 倍进给量	

续表

操作流程	操作说明	作业流程图解
装夹工件	用三爪自定心卡盘夹持工件的一端，伸出长度约为 20 mm	
车端面	使用45°外圆车刀车端面 对刀后，顺时针旋转中滑板手柄实现横向进给，车端面 工序余量为 5 mm，主轴转速为 850 r/min，进给量为 0.1 mm /r	
安装中心钻	把中心钻安装在尾座套筒内，将尾座推到毛坯附近，拉紧尾座锁紧手柄 2。旋转尾座进给手柄 3，顶住工件并锁紧夹持顶尖或刀具的锁紧手柄 1	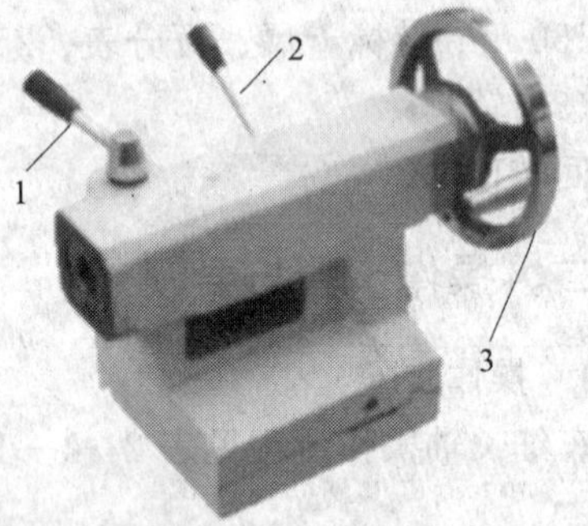
钻中心孔	使用中心钻钻中心孔	

续表

操作流程	操作说明	作业流程图解
安装顶尖	把回转顶尖安装在尾座套筒内	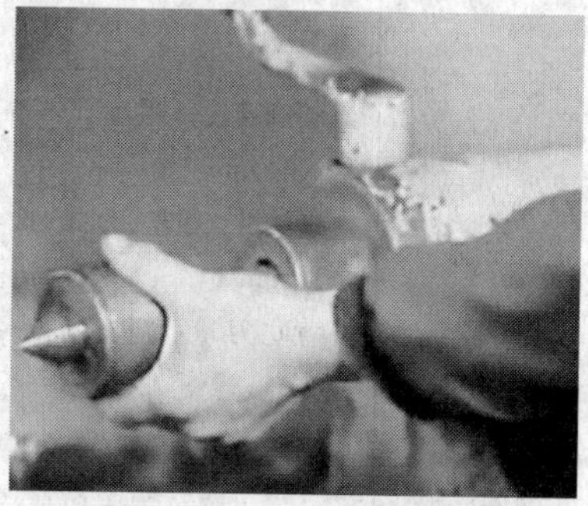
一夹一顶装夹工件	把工件装夹在三爪自定心卡盘上，夹持长度为 10 mm，另一端用顶尖支撑 注意：顶尖的顶紧力要适中，太紧会使工件变形，太松则起不到夹持作用	
安装跟刀架	擦干净跟刀架与床鞍接触部位 在支撑爪没有碰到工件的前提下，安装跟刀架并压紧	
调整跟刀架	通过耳听、目测和手感觉的方法，使支撑爪轻轻接触工件外圆，按图中 1、2 所示的顺序依次调整跟刀架支撑爪，并注油润滑 注意：切削前应低速研合支撑爪	

续表

操作流程	操作说明	作业流程图解
正常车削	切削速度：粗车 50～60 m/min，精车 60～100 m/min 进给量：粗车：0.3～0.4 mm/r，精车 0.08～0.12 mm/r 背吃刀量：粗车 1.5～2 mm，精车 0.5～1 mm	
检验	使用游标卡尺和千分尺检验工件各部位尺寸	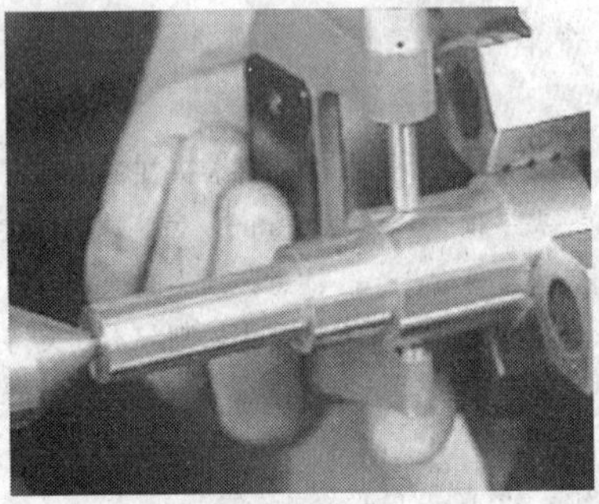

2. 操作要领

（1）工件需要一次装夹。

（2）顶尖部位需要添加润滑脂。

（3）顶尖的顶紧力要适中。

（4）符合车床的安全操作规程。

三、质量检验

1. 加工质量检验

检验项目：尺寸精度、表面粗糙度、圆柱度。

2. 检测方法

用三点法检测轴的圆柱度误差。

（1）测量原理

用三点法测量圆度误差的原理是将被测零件放在 V 形架上，使其轴线垂直于测量截面，同时固定轴向位置，用百分表的测头接触轮廓的上面，如图 2—1—14 所示。将被测零件回转一周，取百分表读数最大值的一半作为该截面的圆度误差。测量若干个截面，取其中最大的圆度误差值作为该被测零件的圆

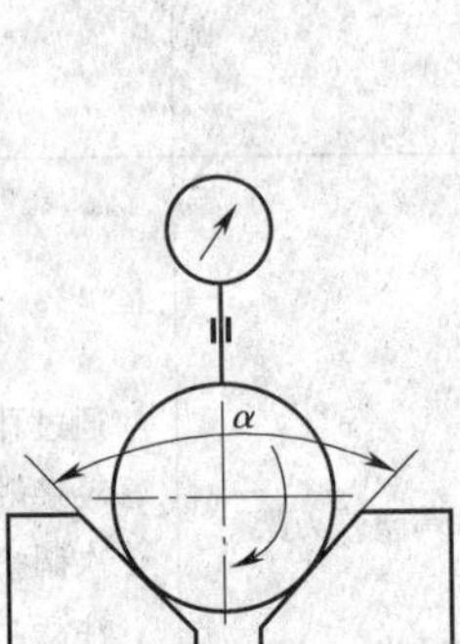

图 2—1—14　用三点法测量圆度误差

度误差。取各截面内最大与最小读数值差值的一半作为该被测零件的圆柱度误差。

（2）测量步骤

1）将被测轴放置在 $\alpha=90°$ 的 V 形架上，平稳移动百分表座，使其测头接触被测轴，并垂直于被测轴的轴线，使表上指针处于刻度盘的示值范围内。

2）转动被测轴一周，记下百分表读数的最大值与最小值，以最大值与最小值之差的一半作为该截面的圆度误差。按同样方法，分别测量被测轴上五个不同的截面，取五个截面的圆度误差中最大值作为被测轴的圆度误差。取各截面测得的所有读数中最大值与最小值之差的一半作为该被测轴的圆柱度误差。

3）测量工件前、中、后三个位置，取以上三次测得误差中的最大值作为输出轴的圆柱度误差。

四、常见误差及原因分析

常见误差产生原因及排除方法见表 2—1—20。

表 2—1—20　　常见误差产生原因及排除方法

序号	误差现象	产生原因	排除方法
1	圆柱度超差	（1）坯料弯曲 （2）车床主轴轴线与床身导轨面在水平面内不平行 （3）前、后顶尖不等高或中心偏移 （4）顶尖顶紧力不合适 （5）工件装夹刚度不够 （6）刀具在一次进给中磨损或刀柄过细，造成让刀（对孔） （7）由切削应力和切削热产生变形 （8）刀尖与跟刀架支撑处距离过大	（1）校直坯料 （2）调整车床，使主轴轴线与床身导轨面在水平面内平行 （3）调整前、后顶尖 （4）调整顶紧力或改用弹性回转顶尖 （5）由两顶尖装夹改为一夹一顶装夹，或用跟刀架、中心架支撑等以提高工件刚度 （6）应降低切削速度，提高刀具耐磨性和刀柄刚度 （7）消除应力，并尽可能提高切削速度和进给量，多次掉头加工，加强冷却和润滑 （8）减小刀尖与跟刀架支撑处距离（一般为 2 mm）
2	重复出现定距波纹	（1）进给系统传动齿轮啮合间隙不正常或损坏 （2）光杠弯曲，支撑光杠的孔与光杠的同轴度超差或光杠与床身导轨不平行 （3）床鞍纵向两侧压板与床身导轨间隙过大	（1）调整进给系统传动齿轮啮合间隙或更换齿轮 （2）找正、校直，调平行 （3）将间隙调整合适
3	出现混乱波纹	（1）主轴轴向窜动大或主轴轴承磨损严重 （2）卡盘法兰与主轴配合松动，刀架底面与刀架滑板接触不良，中、小滑板间隙过大	（1）换轴承 （2）修刮卡盘法兰与主轴配合面以及刀架底面与刀架滑板接触面，调整中、小滑板间隙
4	锥度和尺寸超差	（1）刀架转角或尾座偏移有误差 （2）背吃刀量控制不准 （3）车刀刀尖与工件轴线没对准	（1）仔细调整刀架转角或尾座偏移量 （2）选择合理的切削参数 （3）调整车刀刀尖与工件轴线位置

任务评价

评分标准见表 2—1—21。

表 2—1—21 评分标准

序号	考核内容	评分标准	配分	得分
1	工件的装夹	装夹牢固、迅速、安全	8	
2	刀具的装夹	装夹位置准确、牢固、迅速、安全	8	
3	切削用量的调整	调整准确、迅速、安全	8	
4	对刀	调整准确、迅速、安全	8	
5	试切	试切过程正确，切削用量合理	8	
6	车工件	尺寸精度正确，表面粗糙度符合规定	30	
7	测量工件	圆度符合规定	20	
8	安全文明生产	按照国家颁布的安全生产规定进行评定	10	
合计			100	

任务 3 丝杠车削加工

任务提出

在车床的加工范围中，螺纹加工是主要的一项。丝杠是一种精度很高的零件，它能精确地确定工作台坐标位置，将回转运动转换成直线运动，而且还要传递一定的动力，所以，在精度、强度和耐磨性等方面都有很高的要求。试车削如图 2—1—15 所示的丝杠，该丝杠相对结构简单，加工部位多，结构具有一定的代表性。

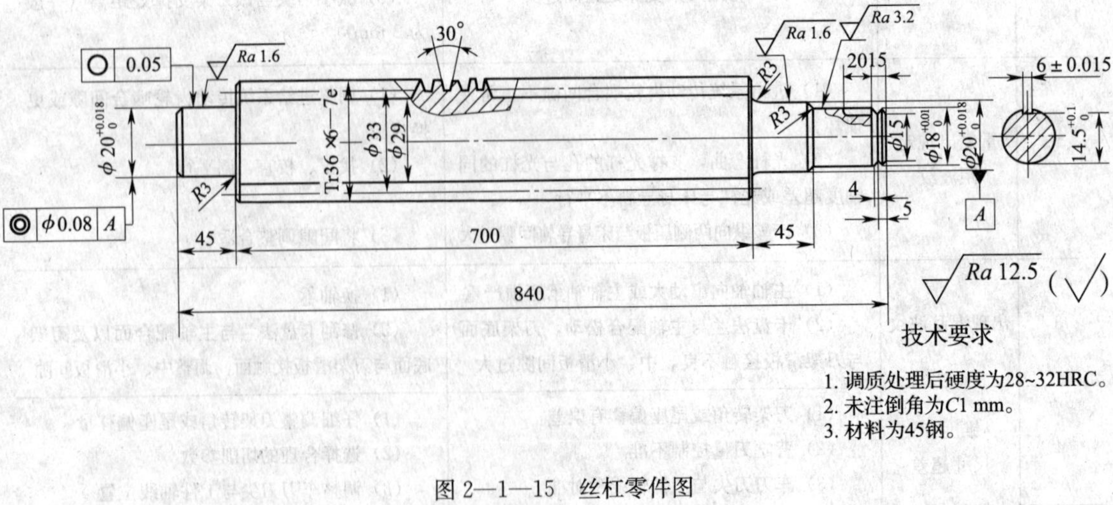

图 2—1—15 丝杠零件图

任务分析

该丝杠的加工包括端面、外圆、退刀槽和键槽等多部位。其中对轴承的支撑部位的表面质量、同轴度要求较高。其中梯形螺纹 Tr36×6—7e 的车削加工较困难，淬火后需要进行磨削加工，磨削加工方法和步骤在后面的任务中将继续完成。

丝杠加工工艺过程卡见表 2—1—22。

表 2—1—22　　**丝杠加工工艺过程卡**

工序号	工序名称	工序内容	工艺装备
1	热处理	调质处理：28～32HRC	
		检测	
2	车	A：用三爪自定心卡盘夹紧	CA6140 型车床
		1. 车两端面，控制总长至图样尺寸	
		2. 两端钻中心孔 A2.5 mm/6.3 mm	中心钻 A2.5 mm/6.3 mm
		B：一夹一顶	
		3. 车梯形螺纹 Tr36×6—7e 外圆，留余量 0.6～0.7 mm	
		4. 车左端 $\phi 20^{+0.018}_{0}$ mm 的外圆，留余量 0.6～0.7 mm，保证轴向尺寸 45 mm	
		5. 车 $\phi 20^{+0.018}_{0}$ mm 外圆和梯形螺纹 Tr36×6—7e 左端倒角	
		6. 车梯形螺纹 Tr36×6—7e 底径至尺寸，牙宽留余量 0.5～0.6 mm	
		C：掉头，一夹一顶	
		7. 车右端 $\phi 20^{+0.018}_{0}$ mm 外圆。留余量 0.6～0.7 mm	
		8. 车 $\phi 18^{+0.01}_{0}$ mm 外圆，留余量 0.6～0.7 mm	
		9. 车 ϕ15 mm×4 mm 的槽，保证轴向尺寸 5 mm	
		10. 车 $\phi 20^{+0.018}_{0}$ mm 外圆和 $\phi 18^{+0.01}_{0}$ mm 外圆右端倒角，螺纹处倒角	
		检测	
3	钳	校直，跳动小于等于 0.15 mm	
		检测	
4	外磨	两顶尖定位	M1332
		1. 粗磨两处 $\phi 20^{+0.018}_{0}$ mm 外圆，留余量 0.2～0.25 mm	
		2. 粗磨 $\phi 18^{+0.01}_{0}$ mm 外圆，留余量 0.2～0.25 mm	
		3. 粗磨梯形螺纹 Tr36×6—7e 外圆，留余量 0.3～0.4 mm	

续表

工序号	工序名称	工序内容	工艺装备
5	车	A：一夹一顶	
		半精车梯形螺纹 Tr36×6—7e，中径留余量 0.3～0.4 mm	
		检测	
6	立铣	1. 铣键槽，使尺寸（6±0.015）mm 至图样要求	
		2. 去毛刺	
		检测	
7	钳	1. 修两端不完整的螺纹	
		2. 校直径向圆跳动误差小于等于 0.1 mm	
8	外磨	1. 研磨两端中心孔	M1332
		A：两顶尖定位	千分尺
		2. 磨两处 $\phi 20^{+0.018}_{0}$ mm 外圆至图样要求	
		3. 精磨 $\phi 18^{+0.01}_{0}$ mm 外圆至图样要求	
		4. 精磨梯形螺纹 Tr36×6—7e 外圆至图样要求	
9	车	A：一夹一顶	CA6140 型车床
		车梯形螺纹 Tr36×6—7e 至图样要求	千分尺
		检测	三针
10	检验	按图样要求检查工件各部位尺寸及精度	
11	入库	入库	

任务实施

一、加工准备

1. 材料

45 钢，尺寸为 ϕ40 mm×850 mm 的圆棒料。

2. 设备

CA6140 型车床（三爪自定心卡盘）。

3. 工艺装备

（1）刀具

90°外圆车刀、45°外圆车刀、切断刀、梯形螺纹车刀。

（2）量具

150 mm 游标卡尺、角度样板、螺纹环规、千分尺。

二、操作步骤与要领

1. 操作步骤

丝杠加工操作流程见表 2—1—23。

表 2—1—23　　丝杠加工操作流程

操作流程	操作说明	作业流程图解
准备	检查各传动部位，找正尾座中心	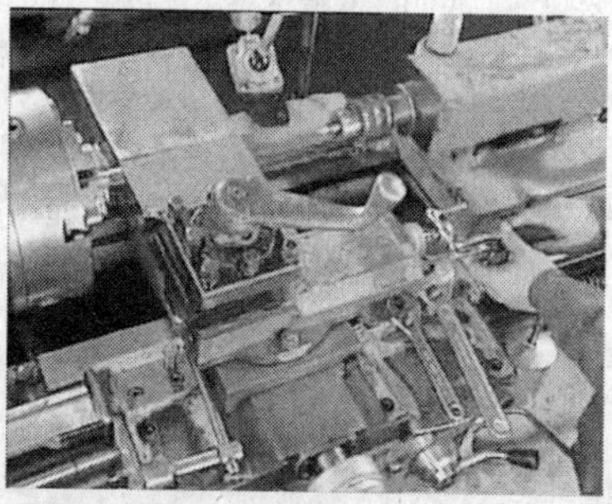
安装车刀	安装 90°外圆车刀、45°外圆车刀、切断刀、外螺纹车刀 外螺纹车刀刀尖角的对称中心线必须与工件轴线垂直，装刀时可用样板对刀。如果把车刀装歪，就会使牙型歪斜	
装夹工件	工件伸出卡盘 20 mm	
车端面，钻中心孔	用 45°外圆车刀车端面，车平 钻中心孔	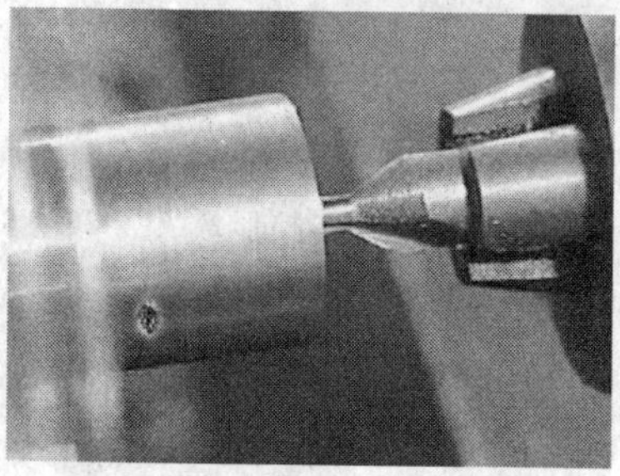

续表

操作流程	操作说明	作业流程图解
一夹一顶	夹紧部位小于 15 mm	
安装中心架	把中心架放在工件中间靠近卡盘的位置并紧固中心架 注意：安装中心架前，应在安装位置车削支撑沟槽，如图中右上角所示	
调整中心架	用车削时的速度进行试车，结合耳听、目测等感觉，按图中 1、2、3 所示的顺序依次调整中心架活动臂支撑爪	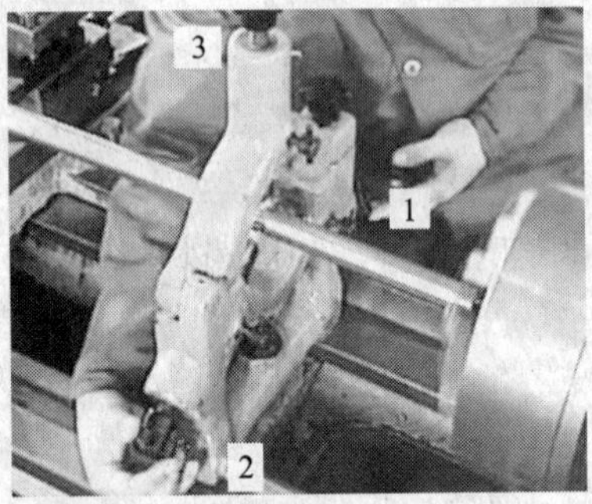
车外圆	车梯形螺纹 Tr36 × 6—7e 外圆，留余量 0.6～0.7 mm	

续表

操作流程	操作说明	作业流程图解
掉头装夹	掉头装夹，用中心架支撑，车端面，钻中心孔	
车外圆	车左端 $\phi 20^{+0.018}_{0}$ mm 的外圆，留余量 0.6～0.7 mm，保证轴向尺寸 45 mm	
倒角	车 $\phi 20^{+0.018}_{0}$ mm 外圆和梯形螺纹 Tr36×6—7e 左端倒角	
变速	停车变速	

续表

操作流程	操作说明	作业流程图解
查表	查车床铭牌，根据螺纹类型、螺距查出对应的参数	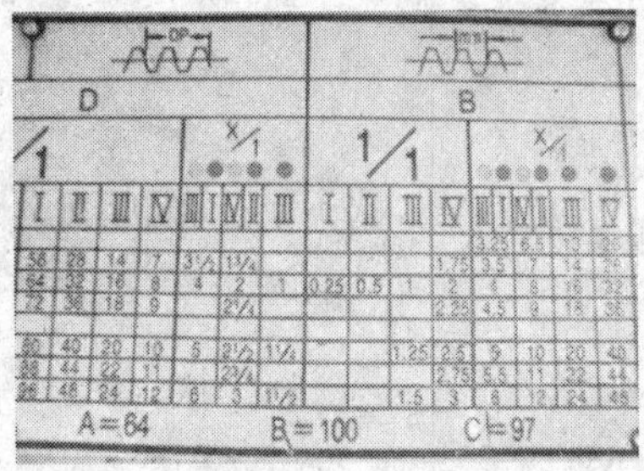
调整进给速度	把交换齿轮箱传递来的运动经变速后传递给丝杠，实现螺纹的车削	
	将手柄旋转到铭牌规定的位置即可 一定要开车变速	
光杠和丝杠的转换	按下开合螺母	

续表

操作流程	操作说明	作业流程图解
车螺纹	车梯形螺纹 Tr36×6—7e 底径至尺寸，牙宽留余量 0.5～0.6 mm	
掉头一夹一顶		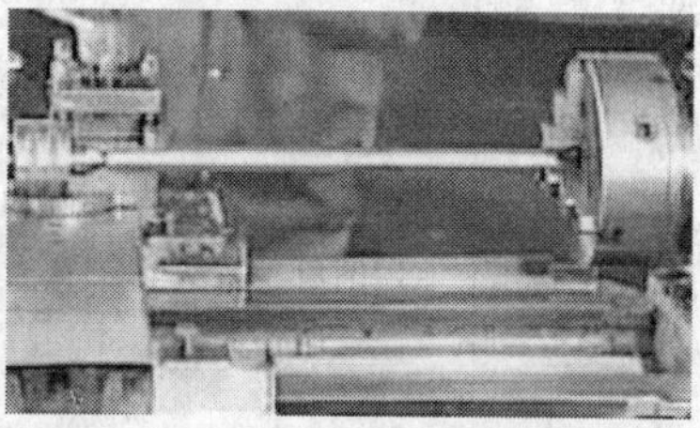
车外圆	车右端面 $\phi 20^{+0.018}_{0}$ mm 外圆，留余量 0.6～0.7 mm	
车外圆	车 $\phi 18^{+0.01}_{0}$ mm 外圆，留余量 0.6～0.7 mm	

续表

操作流程	操作说明	作业流程图解
车槽	车 ϕ15 mm×4 mm 的槽，保证轴向尺寸 5 mm	
倒角	车 $\phi\ 20^{+0.018}_{0}$ mm 外圆和 $\phi\ 18^{+0.01}_{0}$ mm 外圆右端倒角	
车螺纹	按工艺要求完成其他工序后，精车梯形螺纹 Tr36×6—7e 至图样要求	
停车检测	按图样要求检查工件各部位尺寸及精度	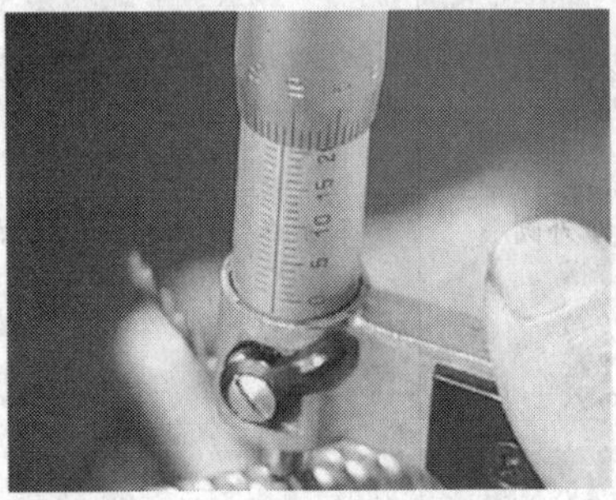

2. 操作要领

（1）加工螺纹前工件外圆尺寸应比螺纹大径略小，$d_{杆}=d-0.13P$。

（2）车螺纹前工件倒角不大于螺纹底径尺寸。

（3）退刀时要及时、准确，尤其要注意退刀方向。先沿横向退刀，然后再沿纵向退刀。

（4）符合车床的安全操作规程。

三、质量检验

1. 加工质量检验

检验项目：尺寸精度、表面粗糙度、圆柱度。

2. 检测方法

用定距离观测法检测螺纹螺距。

（1）测量原理

由于螺纹的螺距是标准值，所以在整个螺纹的任意一段螺纹牙数相同，并且螺纹牙型角的任意位置都相同。

当丝杠传递的运动不稳定时，所加工的螺纹就同样不稳定，表现为螺距及牙型不规整。

（2）测量步骤

1）将被测轴水平放置。

2）用游标卡尺在轴上选择不同位置的五段相同距离，数出定长范围内的牙数并记录数据。

3）使用牙型样板校验不同位置的五处牙型，观察缝隙是否均匀；若不均匀，即认为螺纹存在误差。

4）整理数据，根据公差要求判断合格性。

四、常见误差及原因分析

常见误差产生原因及排除方法见表 2—1—24。

表 2—1—24　　常见误差产生原因及排除方法

序号	误差现象	产生原因	排除方法
1	螺距不正确	（1）丝杠轴向窜动 （2）主轴轴向窜动 （3）溜板箱的开合螺母与丝杠不同轴	（1）对车床丝杠与进给箱连接处的调整螺母进行调整，消除轴向间隙 （2）调整主轴后端的调整螺母，消除轴向间隙 （3）修整开合螺母并调整开合螺母间隙
2	表面粗糙度值太高	（1）刀具刃磨不正确或刀尖高于工件轴线 （2）润滑不良，切削液过滤不好或选用不当 （3）工件金相组织不好	（1）重新刃磨刀具，使刀尖位置与工件轴线等高或略低（对于孔应略高于工件轴线） （2）合理选择切削液 （3）粗加工后应进行改善金相组织的热处理

任务评价

评分标准见表 2—1—25。

表 2—1—25 评分标准

序号	考核内容	评分标准	配分	得分
1	工件的装夹	装夹牢固、迅速、安全	8	
2	刀具的装夹	装夹位置准确、牢固、迅速、安全	8	
3	切削用量的调整	调整准确、迅速、安全	8	
4	对刀	调整准确、迅速、安全	8	
5	试切	试切过程正确，切削用量合理	8	
6	车工件	尺寸精度正确，表面粗糙度符合规定	30	
7	测量工件	圆度符合规定	20	
8	安全文明生产	按照国家颁布的安全生产规定进行评定	10	
		合计	100	

思考与练习

1. 车床常见故障有哪些？
2. 圆度误差和圆柱度误差的检验方法有哪些？
3. 简述车刀安装注意事项。
4. 车削加工的常用夹具有哪些？
5. 常用车刀种类有哪些？
6. 试述螺纹的车削步骤。

课题二 铣 削 加 工

◆ 教学目标

◎ 掌握铣刀的选择与安装方法
◎ 能够正确装夹工件
◎ 熟悉铣床各操纵手柄的用途并能正确操作
◎ 掌握 X5032 型铣床的调整和操作技术
◎ 了解铣床的结构和各部分的功用
◎ 了解铣削加工特点和工艺范围
◎ 掌握切削用量的选用方法

铣削知识思维导图如图 2—2—1 所示。

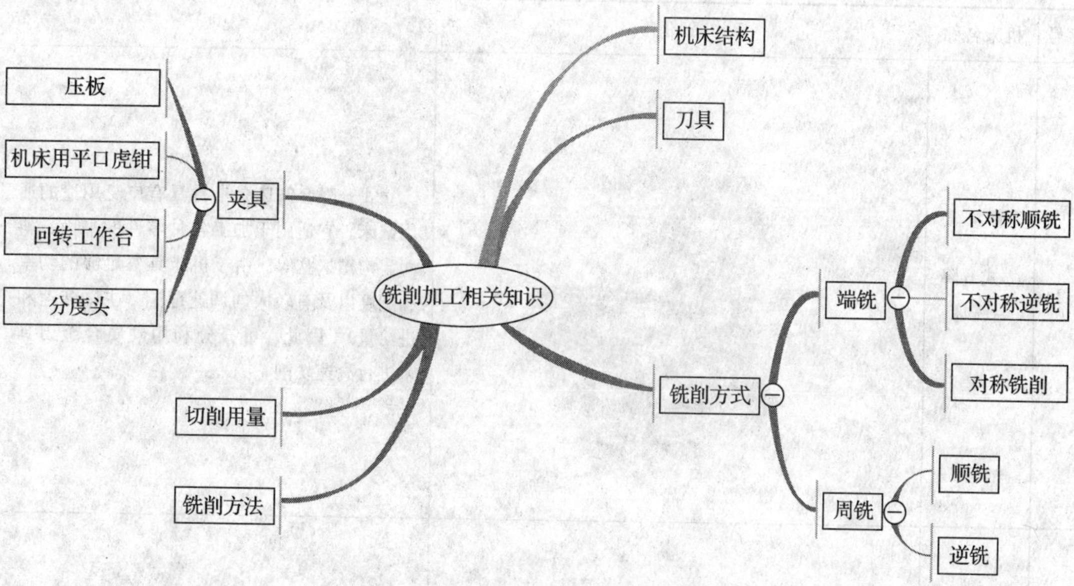

图 2—2—1　铣削知识思维导图

一、铣床的结构

铣床分类见表 2—2—1。

表 2—2—1　　**铣床分类**

序号	机床名称	简图	说明
1	卧式升降台铣床	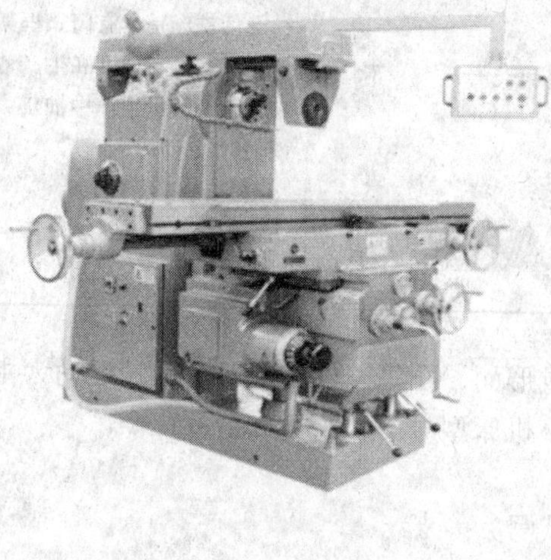	卧式升降台铣床质量稳定，操作方便，性能可靠。它可以加工各种零件的平面、斜面、沟槽等。如果使用适当的铣床附件，可加工齿轮、凸轮、弧形槽及螺旋面等特殊形状的零件，配置万能铣头、回转工作台、分度头等铣床附件，可进一步扩大铣床适用范围，本机床适用于各种机械加工工业

续表

序号	机床名称	简图	说明
2	立式升降台铣床		立式升降台铣床是一种具有广泛用途的通用铣床。它适用于加工各种零件的平面、斜面、沟槽、孔等。由于机床具备足够的功率和刚度以及有较大的调速范围（主轴转速和进给量），因此，可充分利用硬质合金刀具来进行高速切削
3	无升降台铣床		无升降台铣床有矩形工作台式和圆工作台式两种，是介于升降台铣床和龙门铣床之间的一种中等规格的铣床。其垂直方向的运动由铣头在立柱上升降来完成
4	龙门铣床		龙门铣床是具有门式框架和卧式长床身的铣床，其加工精度和生产效率均较高，适合在成批及大量生产中加工大型工件的平面和斜面

铣床一般用来加工平面、沟槽、成形面、孔等工件。铣刀的旋转运动为主运动，铣刀相对于工件纵向、横向运动为进给运动。机床型号 X5032 表示：

X——铣床（类代号）

50——立式升降台铣床（组、系代号）

32——工作台面宽度为 320 mm（主参数折算值）

X5032 型铣床如图 2—2—2 所示，其主要功能部件的说明见表 2—2—2。

图 2—2—2　X5032 型铣床

1—电动机　2—床身　3—主轴头架旋转刻度盘　4—主轴头架　5—主轴
6—横向工作台　7—纵向工作台　8—升降台　9—底座

表 2—2—2　　　　X5032 型铣床主要功能部件的说明

序号	名称	简图	说明
1	床身和底座		底座用来支撑床身，承受铣床全部质量，盛储切削液；床身是机床的主体，用来安装和连接机床其他部件；正面有垂直导轨，可引导升降台上下移动
2	工作台		用以安装需用的铣床夹具和工件，带动工件实现纵向进给运动

续表

序号	名称	简图	说明
3	横向溜板		用来带动工件实现横向进给运动，横向溜板与工作台之间设有回转盘，可以使工作台在水平面内做±45°范围内的回转
4	升降台		用来支撑横向溜板和工作台，带动工作台上下移动。升降台内部装有进给电动机和进给变速机构 1——控制升降台上下进给 2——工作台纵向进给
5	主轴变速机构		安装在床身内，其功用是将主电动机的额定转速通过齿轮变速，变成18种不同转速后传递给主轴，以适应铣削的需要
6	主轴		主轴是前端带锥孔的空心轴，锥孔的锥度为7∶24，用来安装铣刀杆和铣刀；主电动机输出的回转运动经主轴变速机构驱动主轴连同铣刀一起回转，实现主运动
7	进给变速机构		用来调整和变换工作台进给速度，以适应铣削的需要

二、铣削加工刀具

铣刀是一种多齿刀具，刀齿分布在圆柱铣刀的外圆表面或端铣刀的端面上。铣刀的分类方法很多，按安装方法的不同可分为带孔铣刀和带柄铣刀两大类。

1．刀具种类

常用铣削加工刀具的用途见表 2—2—3。

表 2—2—3　　常用铣削加工刀具的用途

名称	图解	用途
圆柱铣刀		用于卧式铣床，可用高速钢制成，用于粗铣及半精铣平面
三面刃铣刀		用于铣削各种槽、台阶平面、工件的侧面
锯片铣刀	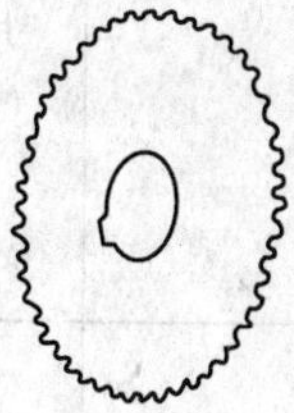	用于铣削各种槽以及切断板料、棒料和各种型材
模数铣刀	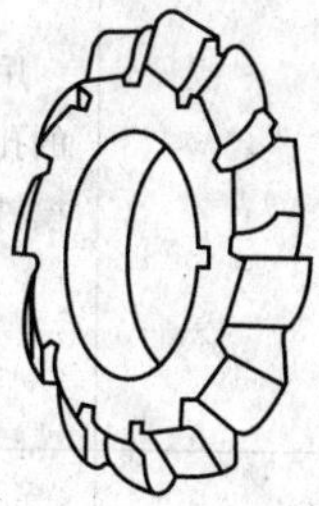	用于铣削渐开线齿轮
双角铣刀	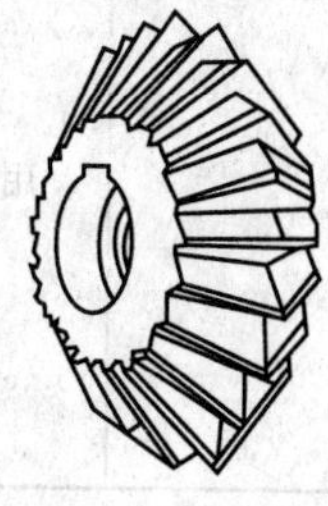	用于铣削 V 形槽和尖槽、梯形齿离合器的齿形

续表

名称	图解	用途
单角铣刀		用于给各种刀具的外圆齿槽与端面齿槽开齿以及铣削各种锯齿形离合器与棘轮的齿形
凹圆弧铣刀		用于铣削凹半圆成形面
凸圆弧铣刀		用于铣削凸半圆成形面
立铣刀		用于铣削沟槽、螺旋槽与工件上各种形状的孔；铣削各种盘形凸轮与圆柱凸轮；按靠模铣削内、外曲面
键槽铣刀		用于铣削键槽

续表

名称	图解	用途
T形槽铣刀	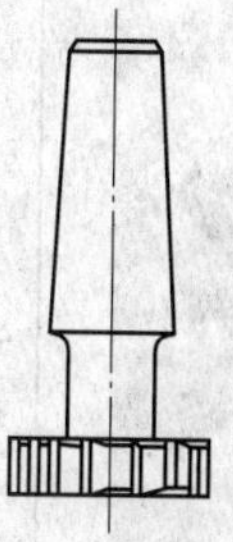	用于铣削T形槽
燕尾槽铣刀	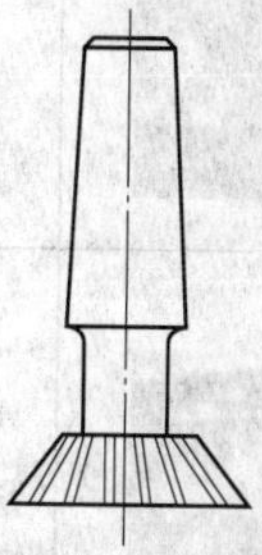	用于铣削燕尾槽
镶齿面铣刀	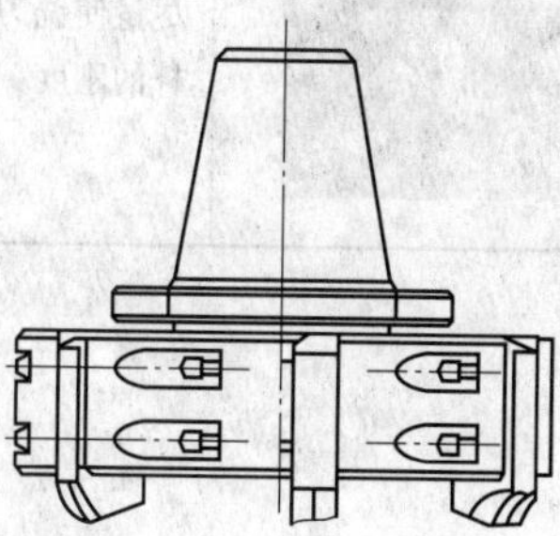	用于粗铣及半精铣平面

2. 刀具安装方法

铣刀的安装方法见表2—2—4。

表2—2—4　　铣刀的安装方法

安装方法	简图	说明
直柄铣刀的安装		直柄铣刀需用弹簧夹头安装。弹簧夹头沿轴向有三个开口槽，当拧紧螺母时，随之压紧弹簧夹头端面，使弹簧夹头外锥面受压而缩小孔径，夹紧铣刀。不同孔径的弹簧夹头可以安装不同直径的直柄铣刀

续表

安装方法	简图	说明
锥柄铣刀的安装		锥柄铣刀应该根据铣刀锥柄尺寸选择合适的过渡锥套，用拉杆将铣刀及过渡锥套拉紧在主轴端部的锥孔中。如果铣刀锥柄尺寸与主轴端部锥孔尺寸相同，则可直接装入锥孔后再拉紧
带孔铣刀的安装		带孔铣刀需用长刀杆安装，拉杆用于拉紧刀杆，保证刀杆外锥面与主轴锥孔紧密配合；套筒用来调整带孔铣刀的位置，应尽量使铣刀靠近支撑端；挂架用来提高刀杆的刚度

三、铣削加工夹具

1. 压板

用压板与螺栓装夹主要用于装夹较大的或形状特殊的工件，用压板装夹工件的注意事项见表 2—2—5。

表 2—2—5　　用压板装夹工件的注意事项

序号	注意事项	简图
1	压板的位置要安排得当，压点的位置要靠近切削面，压力大小要合适，并且在工件前端加挡铁，以防止切削过程中工件移动	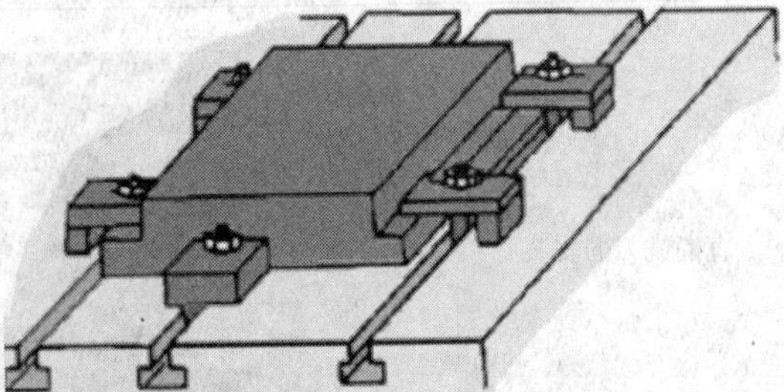

续表

序号	注意事项	简图
2	工件如果放在垫铁上，要检查工件与垫铁是否贴紧。若没有贴紧，必须垫上纸或铜皮，直到贴紧为止	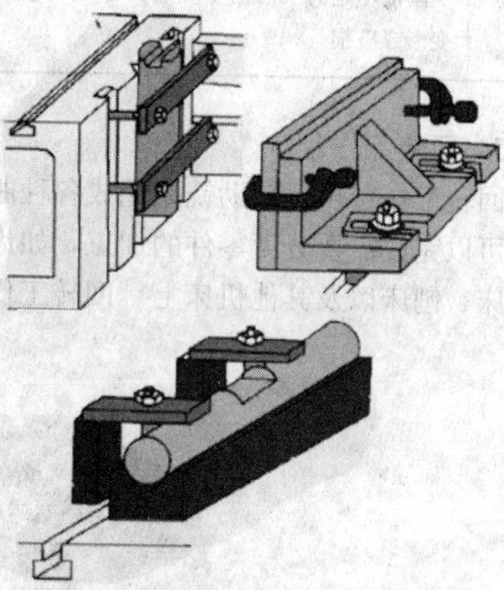

2. 机床用平口虎钳

用机床用平口虎钳装夹工件的注意事项见表 2—2—6。

表 2—2—6　　用机床用平口虎钳装夹工件的注意事项

序号	注意事项	简图
1	工件的被加工面必须高出钳口，否则要用平行垫铁垫高工件	
2	为了使装夹牢固，防止铣削时工件走动，必须将比较平整的平面紧贴在垫铁和钳口上。用手挪动垫铁检查夹紧程度，如有松动，说明工件与垫铁之间贴合不好，应重新夹紧	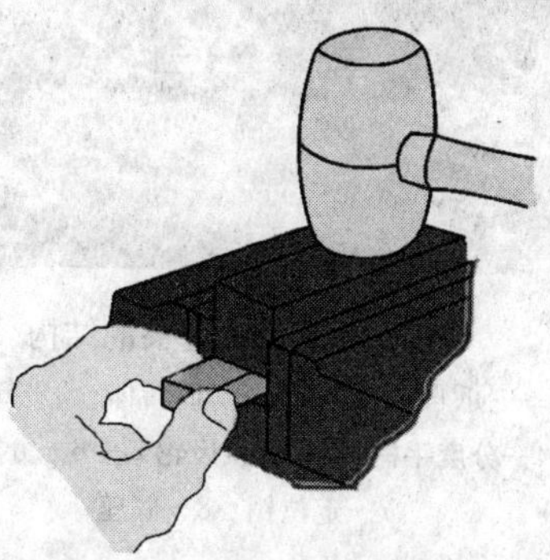

续表

序号	注意事项	简图
3	刚度不足的工件需要支实，以免夹紧时工件变形或破损	

3. 回转工作台

回转工作台可以辅助铣床完成各种曲面零件的加工，如各种齿轮的齿廓、零件上的圆弧等，可以完成需要分度零件的加工，如齿轮、多边形等的铣削和分度刻线等零件，还可应用于插床、刨床以及其他机床上。回转工作台的结构如图 2—2—3 所示。

图 2—2—3　回转工作台的结构

1—台面　2—刻度盘　3—手轮　4—底座

4. 分度头

分度头的结构如图 2—2—4 所示，分度盘如图 2—2—5 所示。分度盘盘面孔数见表 2—2—7。

图 2—2—4　分度头的结构

1—三爪自定心卡盘　2—回转体　3—分度叉
4—分度手柄　5—交换齿轮架　6—分度盘
7—定位销　8—底座

图 2—2—5　分度盘

表 2—2—7 **分度盘盘面孔数**

盘块面	盘的孔圈数
带一块盘	正面：24、25、28、30、34、37、38、39、41、42、43 反面：46、47、49、51、53、54、57、58、59、62、66
带两块盘	第一块盘正面：24、25、28、30、34、37 第一块盘反面：38、39、41、42、43 第二块盘正面：46、47、49、51、53、54 第二块盘反面：57、58、59、62、66

分度头分度方法见表 2—2—8，单式分度法分度表见表 2—2—9。

表 2—2—8 **分度头分度方法**

分度方法	说　明
直接分度	当分度精度要求较低或等分数较少时，可根据主轴上的刻度和本体上的游标直接读数进行分度。分度前将分度盘轴套锁紧螺钉锁紧，脱开脱落蜗杆手柄，松开主轴锁紧手柄。切削时必须锁紧手柄后方可进行
角度分度	当需分度的零件在图样中角度值单位为度时，可直接利用分度盘或角度表按所需角度进行分度。分度手柄带动分度盘每旋转一周，分度头主轴转过 1/40 r，即分度值为 9°（360°/40），故可得： $$1:n=9^\circ:\theta$$ $$n=\frac{\theta}{9^\circ}$$ $$n=\frac{\theta\times 60}{540'}$$ 式中 n——分度手柄的转数，r； θ——工件所需转动的角度，(°)。 分度前须将分度盘轴套锁紧螺钉锁紧
简单分度	简单分度是最常用的分度方法，它利用分度盘上不同的孔数和定位销，通过计算来实现工件所需的等分数 计算公式：$n=\frac{40}{z}$ 式中 n——定位销（分度手柄）的转数； z——工件所需等分数。 例如，利用分度头铣削齿数 z 为 33 的直齿轮 $$n=\frac{40}{33}=1\frac{7}{33}$$ 在分度盘中找到孔数为 33×2=66 的孔圈，代入上式： $$n=\frac{40}{33}=1\frac{7}{33}=1\frac{7\times 2}{33\times 2}=1\frac{14}{66}$$ 操作方法：将分度盘轴套锁紧螺钉锁紧，再将定位销调整到孔数为 66 的孔圈上，调整分度叉含有 14 个孔距。此时，转动手柄使定位销旋转一圈再转过 14 个孔距

表 2—2—9　　单式分度法分度表（部分）

工件等分数	分度盘孔数	手柄回转数	转过孔距数	工件等分数	分度盘孔数	手柄回转数	转过孔距数
2	任意	20	—	11	66	3	42
3	24	13	8	12	24	3	8
4	任意	10	—	13	39	3	3
5	任意	8	—	14	28	2	24
6	24	6	16	15	24	2	16
7	28	5	20	16	24	2	12
8	任意	5	—	17	34	2	12
9	54	4	24	18	54	2	12
10	任意	4	—	19	38	2	4

使用分度头时的注意事项：

- 分度时注意分度头的间隙。
- 校正分度头的端面与 y 轴平行，即分度头的轴线与 x 轴平行。
- 校正尾座与分度头在同一直线上。
- 装夹工件时注意卡爪是否会与刀具发生干涉。

四、铣削加工工艺

1. 切削用量三要素

（1）铣削速度 v_c

铣削速度是工件和铣刀在切削时的相对速度，可用下述公式计算：

$$v_c=\frac{\pi Dn}{1\ 000}\ (\text{m/min})$$

式中　n——主轴转速，r/min；

D——铣刀直径，mm。

（2）背吃刀量 a_p 和侧吃刀量 a_e

背吃刀量是指工件已加工表面和待加工表面之间的垂直距离，单位为毫米；侧吃刀量是指被切除金属层的宽度，单位为毫米。

（3）进给量 f

进给量是指铣刀在进给方向上相对于工件的位移量，它分为每齿进给量 f_z、每转进给量 f 和进给速度 v_f。

$$v_f=fn=f_z zn$$

式中　v_f——进给速度，mm/min；

f——每转进给量，mm/r；

f_z——每齿进给量，mm/齿；

n——主轴转速，r/min；

z——铣刀齿数。

2. 铣削用量的选择

应当根据工件的加工精度、铣刀的耐用度及机床的刚度选择铣削用量，首先选定背吃刀量和侧吃刀量，其次是每齿进给量，最后确定铣削速度。下面叙述按加工精度不同来选择铣削用量的一般原则。

（1）粗加工

因粗加工余量较大，精度要求不高，此时应当根据工艺系统刚度及刀具耐用度来选择铣削用量。一般选取较大的背吃刀量和侧吃刀量，使一次进给尽可能多地切除毛坯余量。在刀具性能允许的条件下应以较大的每齿进给量进行切削，以提高生产效率。

（2）半精加工

半精加工时工件的加工余量一般为 0.5～2 mm，并且无硬皮，加工时主要目的是降低表面粗糙度值，因此应选择较小的每齿进给量，而取较大的铣削速度。

（3）精加工

精加工时加工余量很小，应当着重考虑刀具的磨损对加工精度的影响，因此，宜选择较小的每齿进给量并以较大的铣削速度进行铣削。

铣削加工精度见表 2—2—10，硬质合金面铣刀的铣削用量见表 2—2—11。

表 2—2—10　　**铣削加工精度**

铣削种类	尺寸公差等级	表面粗糙度 Ra（μm）
粗铣	IT13～IT11	6.3
精铣	IT11～IT8	3.2

表 2—2—11　　**硬质合金面铣刀的铣削用量**

工件材料	工序	背吃刀量 a_p（mm）	铣削速度 v_c（m/min）	每齿进给量 f_z（mm/齿）
中碳钢	粗铣	2～4	80～120	0.2～0.4
	精铣	0.5～1	100～180	0.05～0.2
铸铁	粗铣	2～5	50～80	0.2～0.4
	精铣	0.5～1	80～130	0.05～0.2
球墨铸铁	粗铣	2～3	30～60	0.1～0.3
	精铣	0.3～0.8	50～90	0.05～0.1
铝及其合金	粗铣	2～5	100～400	0.1～0.4
	精铣	0.5～1	400～700	0.05～0.2

3. 铣削加工范围

常用铣削加工方法如图 2—2—6 所示。

图 2—2—6　常用铣削加工方法

a）用立铣刀铣侧面　b）用圆柱铣刀铣平面　c）用面铣刀铣平面

d）用三面刃铣刀铣槽　e）用锯片铣刀切断　f）立铣刀铣斜面

4. 逆铣和顺铣

逆铣和顺铣的比较见表 2—2—12。

表 2—2—12　　**逆铣和顺铣的比较**

项目	逆铣	顺铣
图示	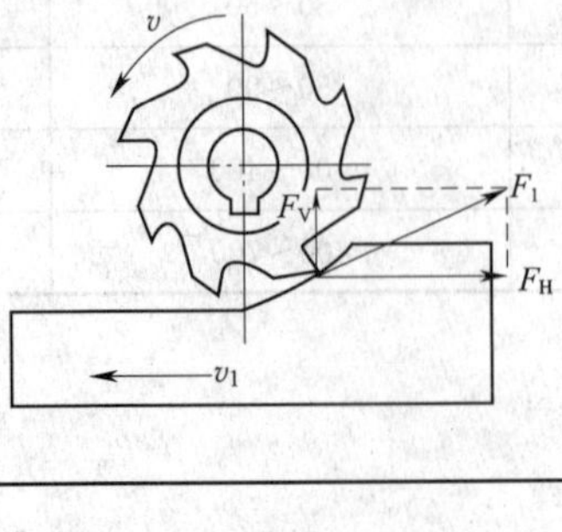	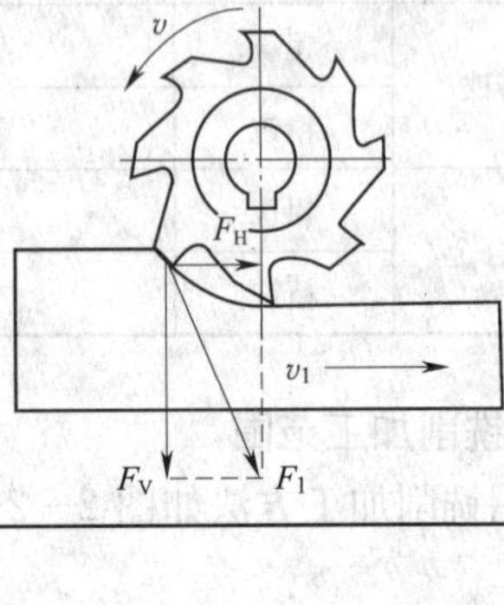

续表

项目	逆铣	顺铣
概念	铣刀切入工件时的切削速度方向与工件的进给运动方向相反称为逆铣	铣刀切入工件时的切削速度方向与工件的进给运动方向相同称为顺铣
切削特点	切屑由薄变厚，刀齿从已加工表面切入，对铣刀的使用有利	切屑由厚变薄，刀齿从待加工表面切入，对铣刀的使用不利
功率消耗	大	小
加工硬化	已加工表面形成加工硬化	不能形成加工硬化
冲击力	小	大
切削力方向	向上	向下
应用	一般用于粗加工	一般用于精加工

任务4　六面体铣削加工

任务提出

铣床在机械加工中应用广泛，铣削主要用于加工各种平面、沟槽、齿轮、齿条和成形面等。另外可进行分度和孔加工。因此，检验铣床性能的标准是被加工工件的平面度误差、垂直度误差、平行度误差等。本任务加工如图 2—2—7 所示的六面体工件。各相对表面间有平行度要求，各相邻表面间有较高的垂直度要求。通过该任务能够进一步加深学生对铣床的了解，初步掌握铣床的操作技术。

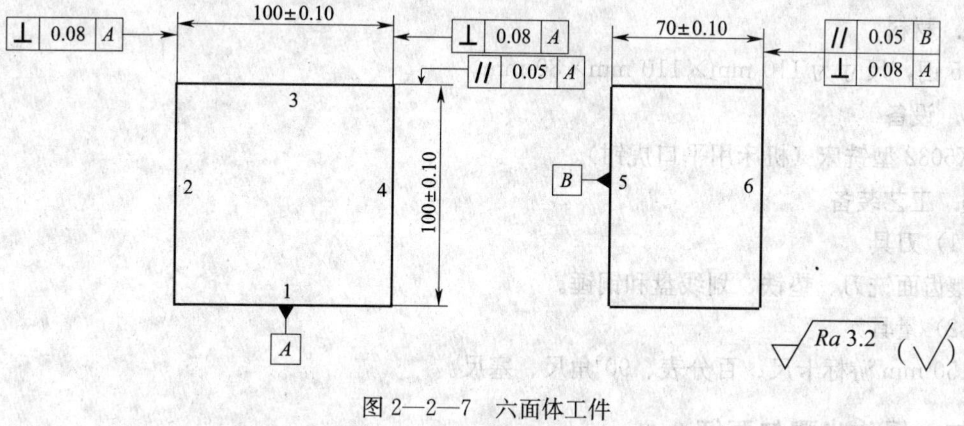

图 2—2—7　六面体工件

任务分析

根据图 2—2—7 可知，此六面体工件的加工技术要求如下：

长和高保证为100±0.1 mm，宽度应该保证为70±0.1 mm；

几何公差：平面2和平面4对平面1的垂直度公差为0.08 mm，平面3对平面1的平行度公差为0.05 mm，平面6对平面5的平行度公差为0.05 mm，对平面1的垂直度公差为0.08 mm；

表面粗糙度：工件所有表面的表面粗糙度 $Ra \leqslant 3.2\ \mu m$。

该工件加工部位均为平面，无其他结构，为此采用立式铣床、面铣刀加工。铣削加工工艺过程卡见表2—2—13。

表2—2—13　　铣削加工工艺过程卡

工序号	工序名称	工序内容	工艺装备
1	下料	110 mm×110 mm×80 mm	
		检测	
2	铣	铣平面1	X5032型铣床、镶齿面铣刀
		铣平面2	
		铣平面3	
		铣平面4	
		铣平面5	
		铣平面6	
3	钳工	清洗、检测	
4	入库		

任务实施

一、加工准备

1. 材料

45钢，尺寸为110 mm×110 mm×80 mm。

2. 设备

X5032型铣床（机床用平口虎钳）。

3. 工艺装备

（1）刀具

镶齿面铣刀、垫铁、划线盘和铜锤。

（2）量具

150 mm游标卡尺、百分表、90°角尺、塞尺。

二、操作步骤与要领

1. 操作步骤

铣平面操作流程见表2—2—14。

表 2—2—14　　铣平面操作流程

操作流程	操作说明	作业流程图解
操作者位置	站在铣床右前侧，面向铣床，以便于操纵。若发生问题，可切断电源，将急停按钮向里推，使机床停止运动	
通电	打开电源	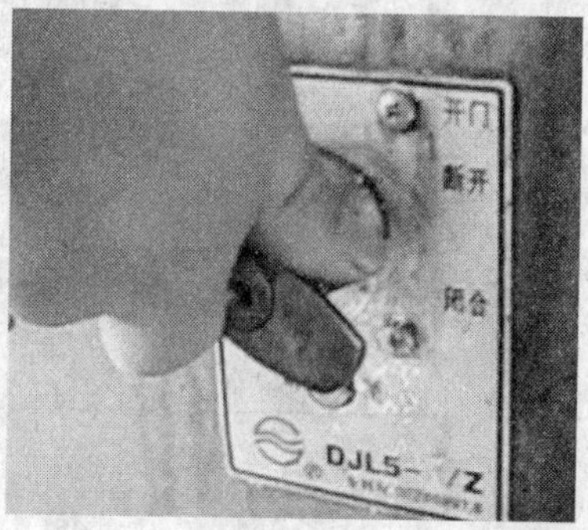
打开制动	释放紧急制动按钮 2，解锁 其他按钮说明： 1—主轴锁紧，可用于换刀 3—关机 4—快速进给 5—开机	
开动铣床	在停车状态下调整主轴转速，接通电源，按绿色按钮启动，调整进给速度	

续表

操作流程	操作说明	作业流程图解
变速 1	主轴脱开	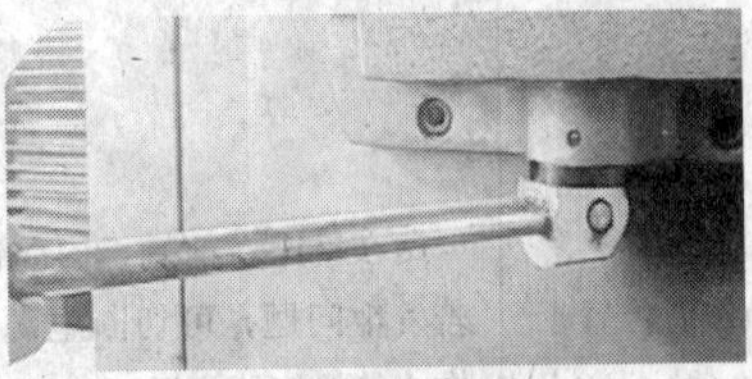
变速 2	旋转变速机构，此时为 475 r/min	
变速 3	合上主轴，变速结束	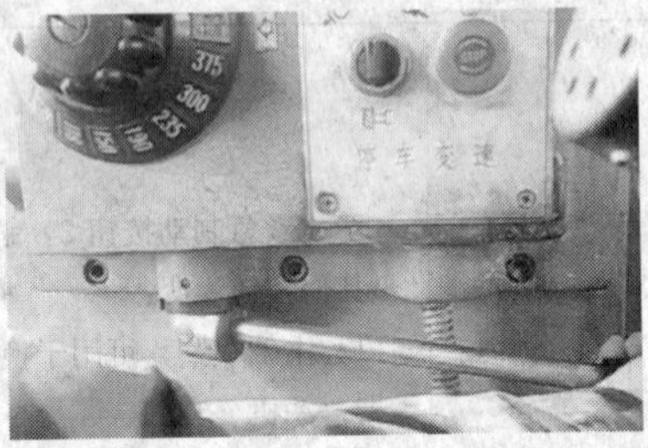
进给	1—左右进给手柄 2—前后进给手柄 3—上下进给手柄 通过旋转进给手柄使工作台带动工件运动	

续表

操作流程	操作说明	作业流程图解
铣刀的拆卸与安装	将主轴转速降至最低或将主轴锁紧，再用拉紧螺杆扳手旋松拉紧螺杆，当螺杆上台阶端面上升到贴平主轴端部的螺母的下端平面后，继续用力旋转拉紧螺杆，在螺母限位的情形下，拉紧螺杆将铣刀向下推动，松开锥面配合，用左手托住铣刀，右手继续旋转拉紧螺杆，直到取下铣刀为止；安装步骤与之相反	
加工平面 1	加工平面 1 时，选择对面较平整的两个面作为装夹面（2 面与 4 面或者 5 面与 6 面），此时平面 1 为上表面，铣削该表面 后续加工以这个面作为基准面	
加工平面 2	加工平面 2 时，把基准面（平面 1）放在固定钳口上，活动钳口和平面 3 处加一根圆棒，这样加工出的表面能够保证其与基准面垂直，保证加工精度（可用 90°角尺测量）	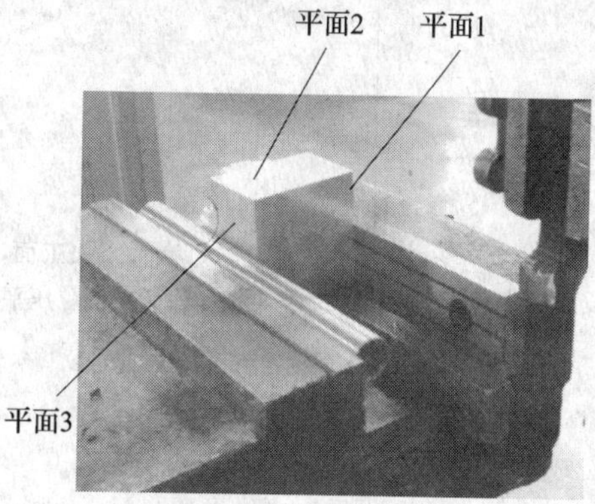

续表

操作流程	操作说明	作业流程图解
加工平面 4	选择平面 2 的对面——平面 4，作为第三个加工面，方法同平面 2 的加工。即把基准面 1 放在固定钳口上，活动钳口和平面 3 处加一根圆棒，以保证加工精度	
加工平面 3	平面 3 为第四个加工面，以平面 2 或平面 4 为基准面，靠紧固定钳口，注意活动钳口处不再加圆棒，以免破坏加工完的工件表面	
加工平面 6	平面 6 作为第五个加工面，其加工非常关键，因为不好保证垂直度，最好利用百分表在侧面进行找正，或者用 90°角尺与六面体的侧面靠齐，这样就能保证垂直度	
加工平面 5	平面 5 作为第六个加工面，其加工非常简单，将平面 6 作为下面，压平夹紧即可	

2. 操作要领

(1) 工作前，先检查各手柄的位置，并开空车运转，观察运转情况是否正常。

(2) 按机床铭牌上加注润滑油的部位和规定加注润滑油。

(3) 变速前应停车，变速手柄要扳到位，不能停止在两个位置的中间，以防止将变速齿轮打坏。

(4) 开车时应先开动主轴旋转，再开动工作台机动进给；停车时应先停止机动进给，后使主轴停止旋转。

(5) 快速移动工作台时，当工件离铣刀 20～30 mm 处时便应换用机动或手动进给，以防发生撞车事故。

(6) 装卸工件、机床附件及夹具时，要注意轻放，必要时要垫木块。严禁用锤子敲击工作台和主轴。

(7) 工作台和底座上均不准堆放毛坯和工具。

(8) 工作完毕必须关闭电源开关，并把机床擦干净，在导轨和工作台面上涂上润滑油。

三、质量检验

1. 检验项目

检验平行度误差、垂直度误差。

2. 检验方法

检测平行度误差：将六面体的基准面放在平板上，再用磁力表座和百分表测量与基准面有平行关系的表面，先在六面体的一侧平面测量一下，并将百分表调零，再移到另一侧测量，看误差是多少。

检测垂直度误差：首先用90°角尺放在垂直的两个面上，再用塞尺测量，看间隙是多少。

四、常见误差及原因分析

常见误差产生原因及排除方法见表 2—2—15。

表 2—2—15　　常见误差产生原因及排除方法

序号	误差现象	产生原因	排除方法
1	平面度超差	(1) 用周铣法时，铣刀圆柱度超差 (2) 用周铣法时，铣床主轴轴线与进给方向不垂直 (3) 铣床主轴轴承的轴向和径向间隙大 (4) 工件受到夹紧力和铣削力后产生变形	(1) 更换铣刀 (2) 利用百分表调整使其垂直 (3) 调整其轴向与径向间隙 (4) 改变装夹方法，选择合理的刀具及切削用量
2	表面粗糙度值过大	(1) 铣刀刃口变钝 (2) 铣削时产生振动 (3) 铣削时产生积屑瘤	(1) 更换铣刀或刀片 (2) 检验装夹是否合理，夹具是否夹紧 (3) 选择合理的切削用量

续表

序号	误差现象	产生原因	排除方法
3	垂直度超差	(1) 机床用平口虎钳固定钳口与工作台面不垂直 (2) 立式铣床主轴零位不准 (3) 在卧式铣床上进行端面铣削垂直面时，工作台（零位）不准	(1) 利用百分表和塞尺调整使其垂直 (2) 利用百分表调整 (3) 检查并调整
4	平行度超差	(1) 基准面与工作台之间没有擦干净 (2) 平口虎钳导轨面与工作台面不平行 (3) 周铣时，铣刀圆度超差	(1) 重新装夹，把接触部位擦干净 (2) 更换平口虎钳，或用塞尺和百分表调整 (3) 更换铣刀

任务评价

评分标准见表 2—2—16。

表 2—2—16 评分标准

序号	考核内容	评分标准	配分	得分
1	工件的装夹	装夹牢固、迅速、安全	6	
2	刀具的装夹	装夹位置准确、牢固、迅速、安全	6	
3	主轴变速的调整	调整准确、迅速、安全	6	
4	进给变速的调整	调整准确、迅速、安全	6	
5	铣削行程调整	调整准确、迅速、安全	6	
6	利用百分表调整两面垂直	调整准确、迅速、安全	6	
7	试切	试切过程正确，切削用量合理	10	
8	精铣平面	尺寸精度正确，表面粗糙度符合规定	22	
9	检测工件	平面度符合规定	22	
10	安全文明生产	按照国家颁布的安全生产规定进行评定	10	
	合计		100	

思考与练习

1. X5032 型铣床主要部件有哪些？
2. 铣削的主运动和进给运动各是什么？
3. 逆铣和顺铣的特点是什么？
4. 用分度头铣削齿数为 33 的直齿轮时应如何分度？
5. 如何安装带柄铣刀？
6. 如何安装带孔铣刀？
7. 铣床能加工哪些表面？各使用什么刀具？

课题三 刨 削 加 工

◆ **教学目标**

◎ 掌握刨刀的选择与安装方法
◎ 能够正确装夹工件
◎ 熟悉刨床各操纵手柄的用途并能正确操作
◎ 掌握 B6060 型牛头刨床的调整和操作技术
◎ 了解刨床的结构及各部分的功用
◎ 了解刨削加工特点和工艺范围
◎ 掌握切削用量的选用方法

刨削知识思维导图如图 2—3—1 所示。

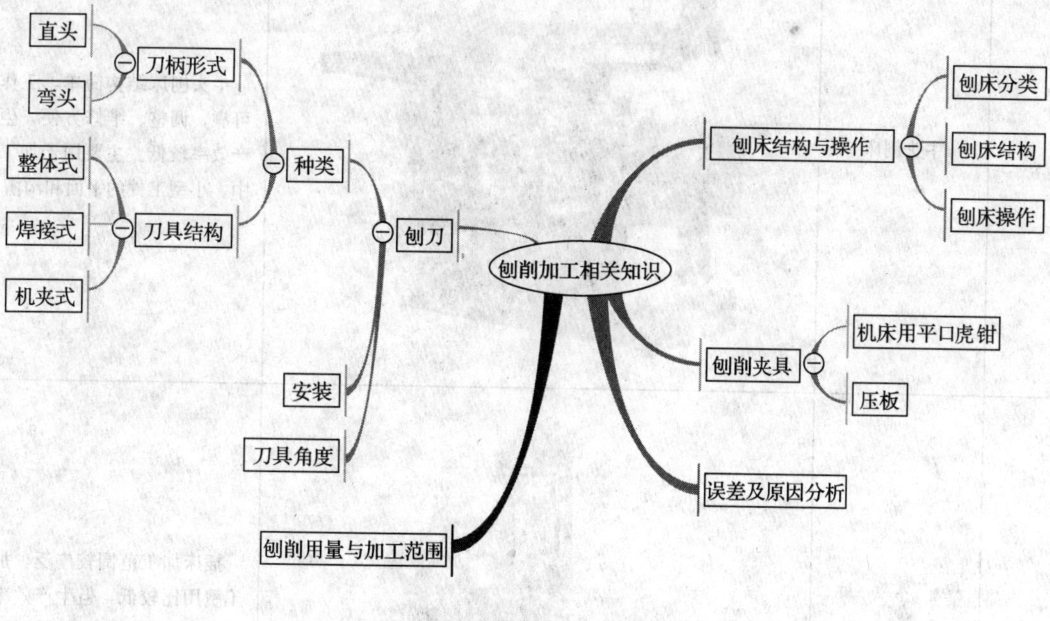

图 2—3—1 刨削知识思维导图

一、刨削加工机床结构与操作

刨削加工机床主要分为龙门刨床、牛头刨床和插床三种类型，见表 2—3—1。

牛头刨床结构简单，应用范围广泛。一般用来加工长度不超过 1 000 mm 的中、小型工件。机床编号 B6060 表示牛头刨床，可刨削工件的最大长度为 600 mm。牛头刨床的结构如图 2—3—2 所示，其主要功能部件见表 2—3—2。

表 2—3—1　　刨床分类

序号	设备名称	简图	说明
1	龙门刨床		龙门刨床形体大，结构复杂，刚度高，加工精度较高。主要用于加工大型或重型零件上的各种平面、沟槽以及各种导轨面
2	牛头刨床		牛头刨床结构简单，工作可靠，调整、维修方便，生产效率较低。主要用于加工中、小型工件的平面和沟槽
3	插床		插床加工范围较广泛，加工费用比较低，但生产效率不高，对工人的技术水平要求较高，一般进行单件、小批量生产。主要用于键槽的加工

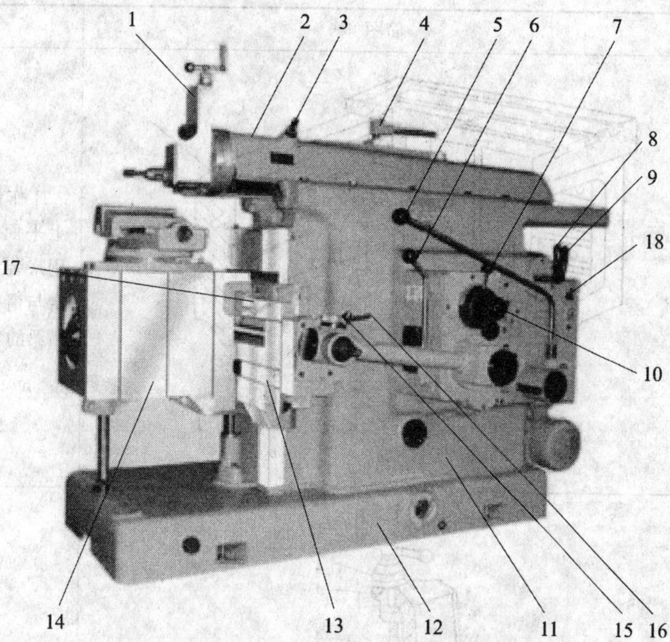

图 2—3—2　牛头刨床的结构

1—刀架　2—滑枕　3—调节滑枕起始位置的方头　4—紧固手柄　5—操纵手柄　6—工作台快速移动手柄　7—进给量调节手柄　8、9—变速手柄　10—调节行程长度的方头　11—床身　12—底座　13—横梁　14—工作台　15—进给运动换向手柄　16—工作台横向、垂向进给转换手柄　17—工作台滑板　18—电气按钮盒

表 2—3—2　　**牛头刨床的主要功能部件**

序号	名称	简图	说明
1	床身和底座	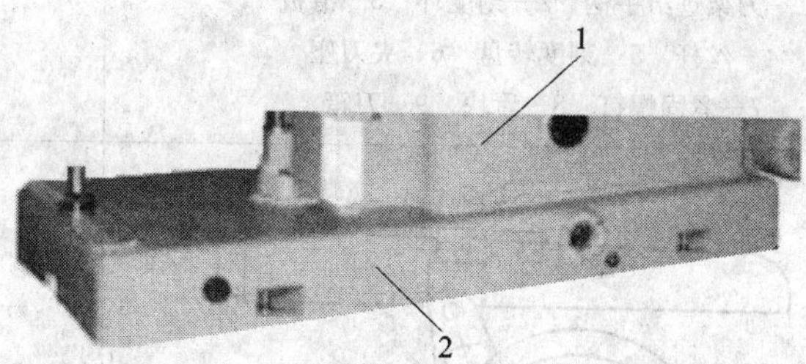 1—床身　2—底座	床身 1 内有变速传动机构和曲柄摇杆机构。其上部有燕尾形导轨，供滑枕往复运动。床身前面的导轨供横梁上下移动。底座 2 由铸铁制成，与床身连接，中凹部分存放润滑油，用地脚螺栓固定在地基上
2	滑枕		滑枕内部装有用来调整滑枕起始位置的机构。滑枕与机床的摇杆相连接。滑枕前端有 T 形环槽，用来安装刀架转盘。滑枕下部有燕尾形导轨，与床身导轨相配合

续表

序号	名称	简图	说明
3	工作台和横梁	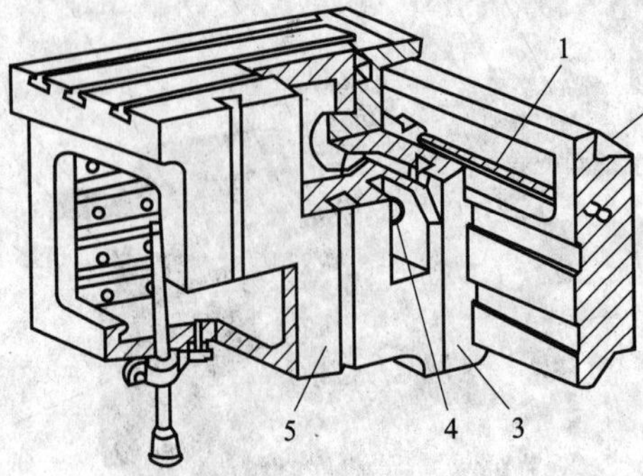 1—工作台横向进给丝杆　2—横梁 3—滑板　4—螺钉　5—工作台	工作台是长方形箱式铸件，上平面和两侧面有T形槽，用来装夹工件和夹具。工作台与滑板连接，滑板安装在横梁的水平导轨面上
4	刀架	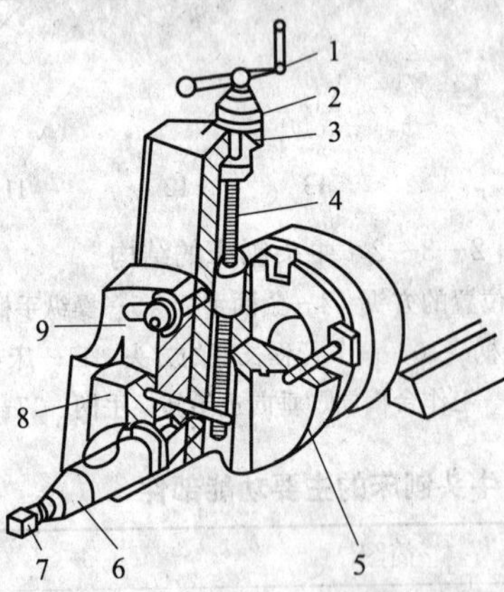 1—刀架进给手柄　2—刻度环　3—滑板 4—丝杆　5—刻度转盘　6—夹刀座 7—紧固螺钉　8—舌块　9—刀箱	刀架由刻度转盘、滑板、丝杆、刀架进给手柄和刻度环、舌块和刀箱、夹刀座和紧固螺钉等组成，刻度转盘装在滑枕前端的T形环槽内，可做±60°的回转
5	曲柄摇杆机构	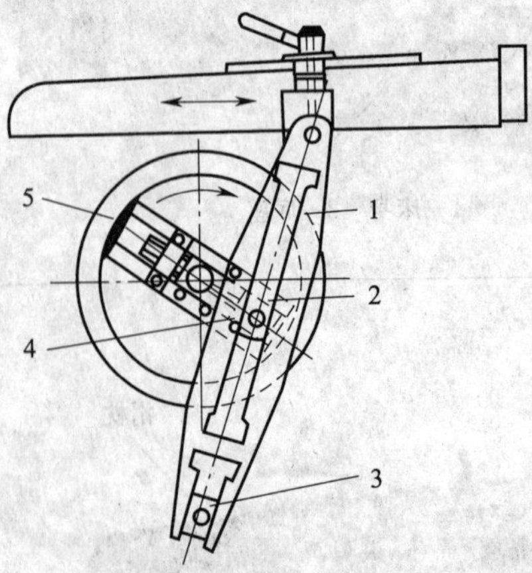 1—摇杆　2—摇杆上滑块　3—摇杆下滑块 4—偏心滑块　5—大齿轮	曲柄摇杆机构又叫摆杆机构，它的作用是把电动机的旋转运动变成滑枕的往复直线运动。由大齿轮、偏心滑块、摇杆上滑块和下滑块、摇杆等组成

牛头刨床基本操作方法见表 2—3—3。

表 2—3—3　　　　牛头刨床基本操作方法

序号	名称	简图	说明
1	工作台 高低的调整	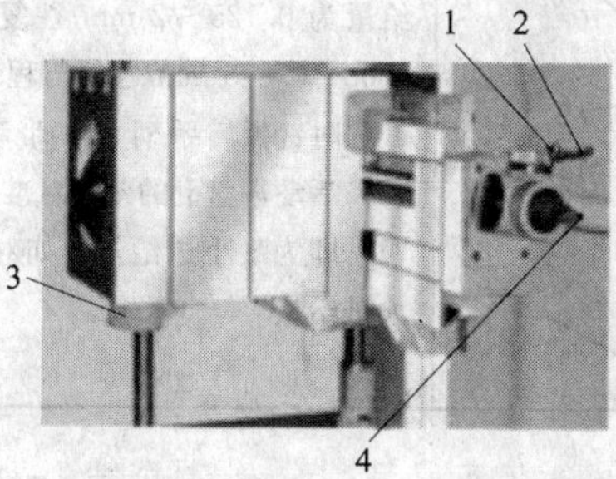	松开紧固螺钉 3，将进给运动换向手柄 1 向右偏转，工作台横向、垂向进给转换手柄 2 放在空挡。将曲柄摇手插入工作台手动进给方头 4，顺时针转动摇手，工作台上升，调好后拧紧紧固螺钉 3
2	刀架的调整	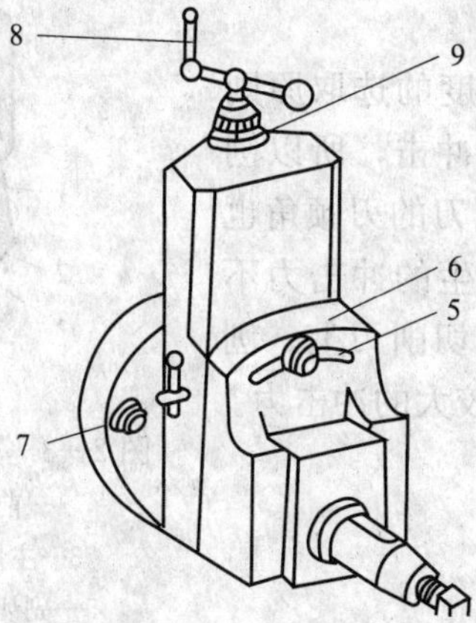	刀箱角度的调整：松开螺母 5，刀箱 6 可绕弧形槽做±15°的偏转。位置确定后，将螺母 5 拧紧 刀架滑板角度的调整：松开螺母 7，刀架可绕转盘做±60°的偏转。位置确定后，将螺母 7 拧紧 刀架上下移动：顺时针摇动手柄 8，刀架下移。刻度环 9 的圆周面上刻有 80 格刻线，每一格为 0.05 mm，用来控制背吃刀量
3	滑枕行程 长度的调整	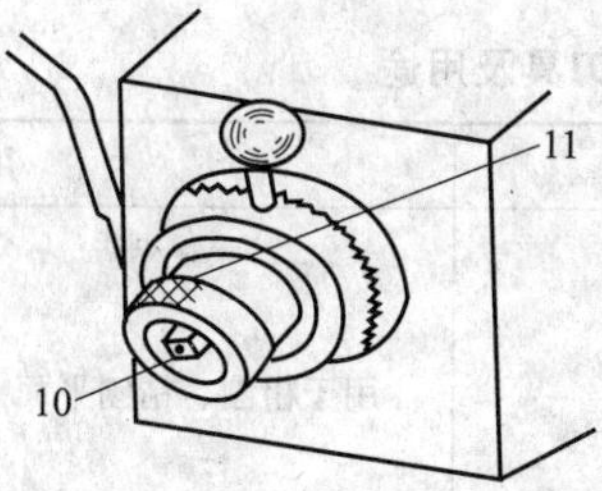	松开压紧螺母 11，将曲柄摇手插入调节行程长度的方头 10，顺时针转动摇手，行程长度增长；反之，行程长度缩短。调好后，将压紧螺母 11 拧紧
4	滑枕起始 位置的调整	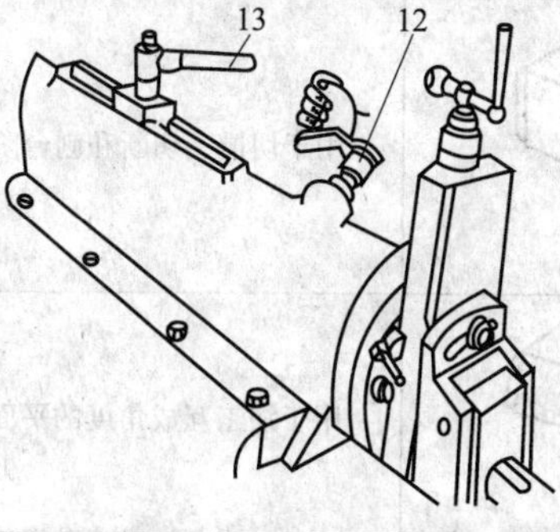	调整时，先松开滑枕上部的紧固手柄 13，将曲柄摇手插入调节滑枕起始位置的方头 12。顺时针转动摇手时，滑枕位置向后移动；反之，滑枕位置向前移动 滑枕位置调整好后，再将手柄 13 扳紧。为判断滑枕起始位置是否合适，可用摇手转动床身右侧后下端的行程调节方头，使滑枕往复移动来确定

续表

序号	名称	简图	说明
5	进给量大小和方向的调整	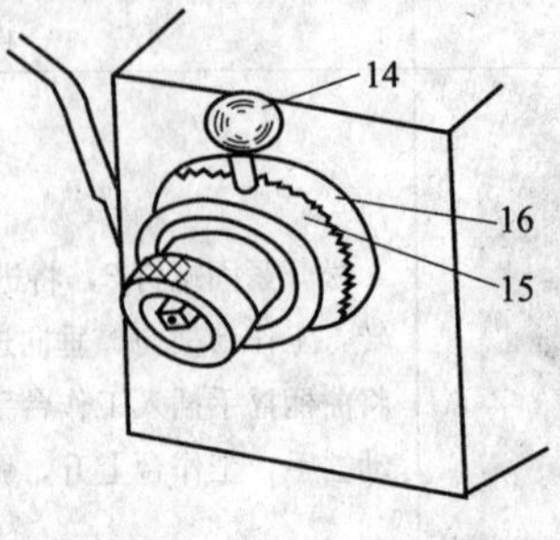	B6050型牛头刨床的进给量共有16级，横向进给量为0.125～2 mm/往复行程，垂向进给量为0.08～0.845 mm/往复行程 顺时针扳转手柄14，带动活动齿盘15一起转动，活动齿盘上的刻线对准固定齿盘16上的数字“1”即为最小进给量，如对准数字“16”即为最大进给量

二、刨削加工刀具

刨刀的几何参数与车刀相似，其几何角度的选取原则也与车刀基本相同。但是，由于刨削过程有冲击，所以刨刀的前角比车刀要小（一般小于6°），而且刨刀的刃倾角也应取较大的负值，以使刨刀切入工件时所产生的冲击力不是作用在刀尖上，而是作用在离刀尖稍远的切削刃上。刨刀刀柄的横截面积比车刀大，切削时可承受较大的冲击力。

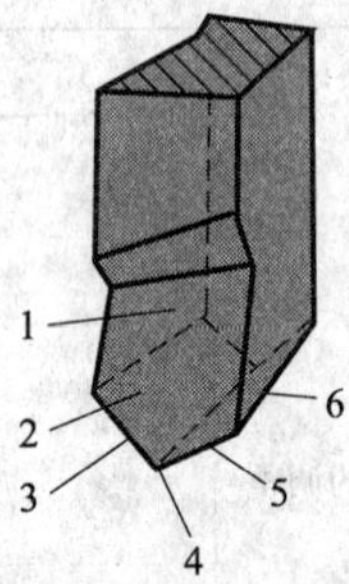

图2—3—3　刨刀的几何角度

1—前面　2—主后面
3—主切削刃　4—刀尖
5—副切削刃　6—副后面

1. 刀具

刨刀的几何角度如图2—3—3所示。

2. 刨刀分类

常用刨削加工刀具及用途见表2—3—4。

表2—3—4　刨削加工刀具及用途

名称	图解	用途
平面刨刀	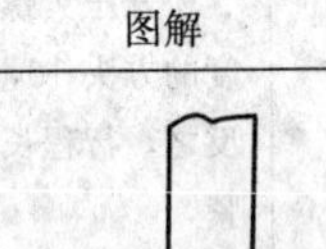	用于粗刨、精刨平面
切刀	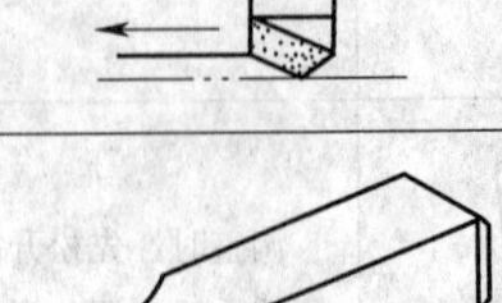	用于切槽、切断和刨台阶
角度偏刀		用于加工互成角度的平面、斜面和垂直面等

续表

名称	图解	用途
普通偏刀	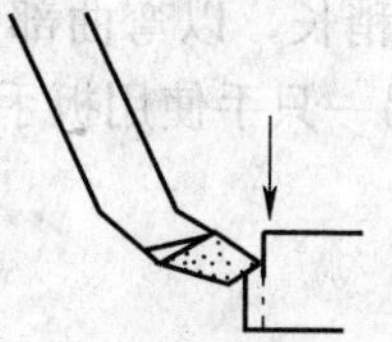	用于加工垂直面
弯切刀	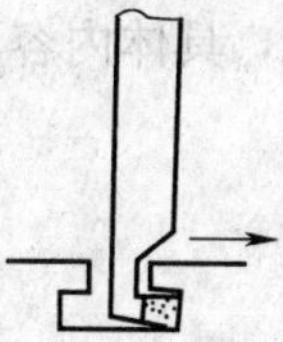	用于加工 T 形槽和侧面槽
成形刨刀（样板刀）	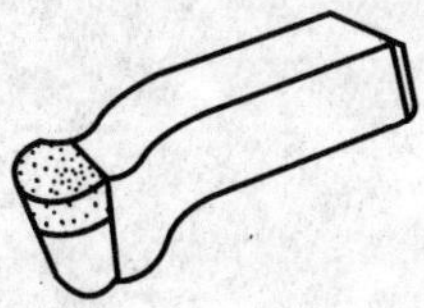	用于加工特殊形状的表面，其刃口形状与工件表面一致，一次加工成形。多用于曲面的加工
宽刃刨刀	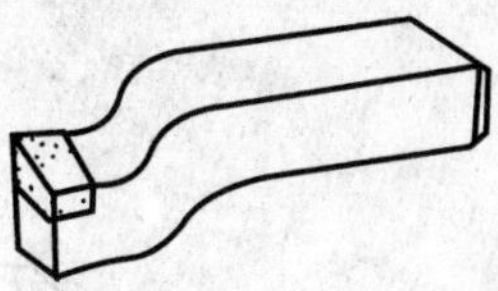	用于精刨平面
内孔刨刀	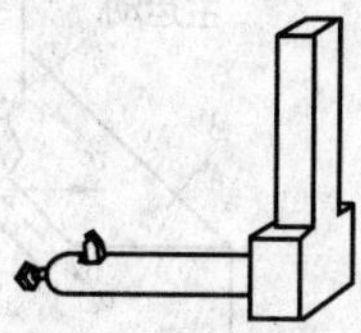	用于加工内孔表面和内沟槽
直头刀	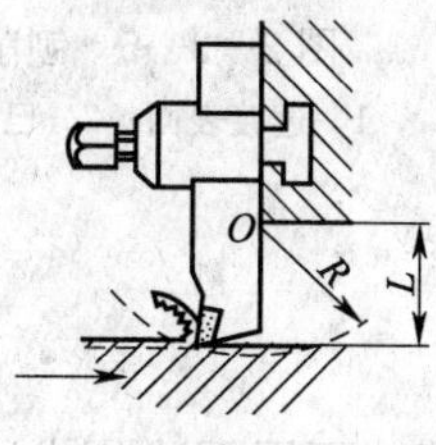	刀柄是直的，刚度高。但切削力大时会产生扎刀现象。一般用于粗加工
弯头刀	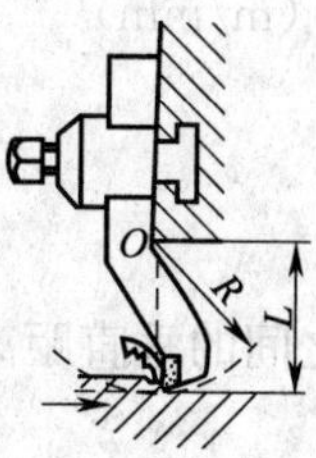	刀柄做成弯曲的，故称为弯头刀。不会产生扎刀现象，一般用于切断、切槽时的精加工

3. 刨刀的安装

刨刀的安装如图 2—3—4 所示。将转盘对准零线，刀头伸出要短。直头刨刀伸出长度为刀柄厚度的 1.5～2 倍，弯头刨刀的伸出长度可稍长，以弯曲部分不碰刀座为宜。装刀或卸刀时，刀尖离开工件表面，一只手扶住刨刀，另一只手使用扳手，用力方向自上而下，否则容易将抬刀板掀起，碰伤或夹伤手指。

三、刨削加工夹具

刨削加工的夹具主要有机床用平口虎钳和压板，具体内容可参阅铣削加工夹具部分。

四、刨削加工工艺

刨削加工运动与加工表面如图 2—3—5 所示。

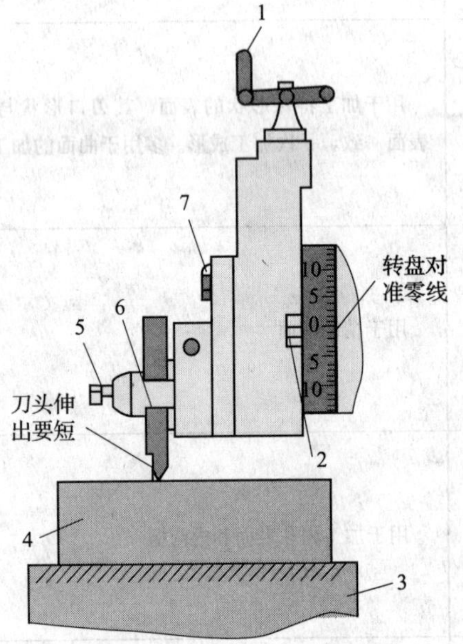

图 2—3—4　刨刀的安装

1—刀架进给手柄　2—转盘螺钉　3—工作台　4—工件　5—紧固螺钉　6—刀夹　7—刀座螺钉

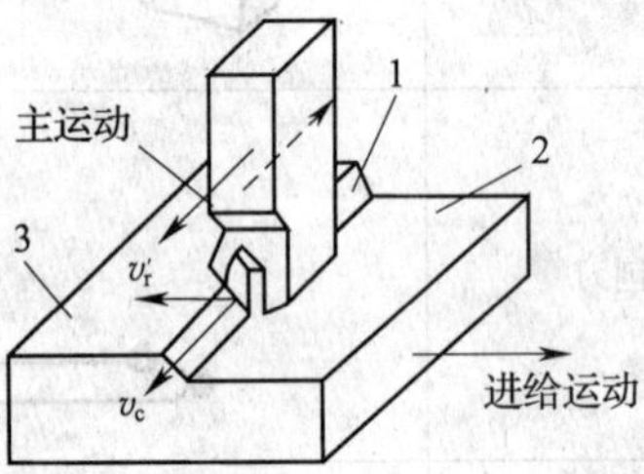

图 2—3—5　刨削加工运动与加工表面

1—过渡表面　2—已加工表面　3—待加工表面

1. 切削用量

（1）刨削速度 v_c

刨削速度是工件和刨刀在切削时的相对速度，可用下述公式计算：

$$v_c = 2Lnr/1\,000 \text{ (m/min)}$$

式中　L——行程长度，mm；

nr——滑枕每分钟的往复行程次数。

（2）背吃刀量 a_p

背吃刀量是指工件已加工表面和待加工表面之间的垂直距离，单位为 mm。

（3）进给量 f

进给量是指刨刀或工件每往复一次，刨刀和工件在进给方向上的相对位移，单位为

mm/每行程。

刨削加工精度见表 2—3—5，刨平面切削用量见表 2—3—6。

表 2—3—5　　刨削加工精度

刨削种类	尺寸公差等级	表面粗糙度 Ra（μm）
粗刨	IT12～IT11	25～12.5
半精刨	IT10～IT9	6.3～3.2
精刨	IT8～IT7	3.2～1.6（直线度公差可控制为 0.04～0.08 mm/m）

表 2—3—6　　刨平面切削用量

背吃刀量 a_p（mm）	进给量 f（mm/双行程）					
	0.28	0.40	0.55	0.75	1.1	1.5
	切削速度 v（m/min）					
0.7	34	30	26	23	20	18
1.5	30	26	23	20	18	16
4.0	26	23	20	18	16	14.1
10	23	20	18	16	14.1	12.3

注：采用牛头刨床，工件材料为灰铸铁，硬度为 190HBW，刀具材料为高速钢。

例如，用高速钢平面刨刀刨削灰铸铁工件，硬度为 190HBW，工件长度为 300 mm，如背吃刀量 $a_p=1.5$ mm，切削速度 $v_c=26$ m/min，进给量 $f=0.40$ mm。

根据公式 $v_c=\frac{2Lnr}{1\,000}$（m/min）

工件行程应略大于工件长度 300 mm，取 $L=350$ mm

$$26=2\times350\times\frac{nr}{1\,000}$$

解得　$nr\approx37$

查如图 2—3—6 所示的刨床切削运动铭牌可得出滑枕每分钟的往复行程次数 $nr=40$。

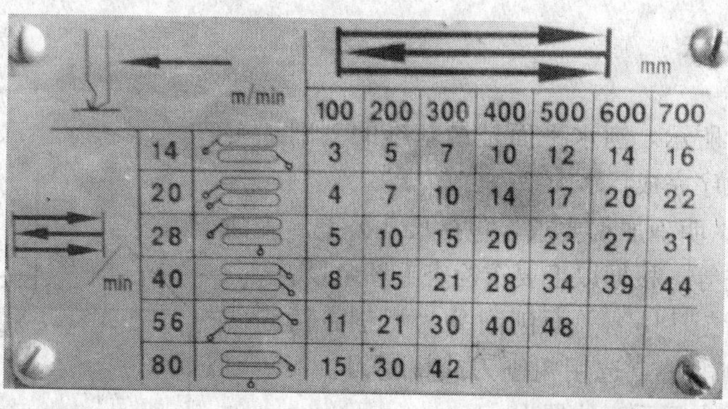

图 2—3—6　刨床切削运动铭牌

2. 刨削加工范围

常用刨削加工方法如图 2—3—7 所示。

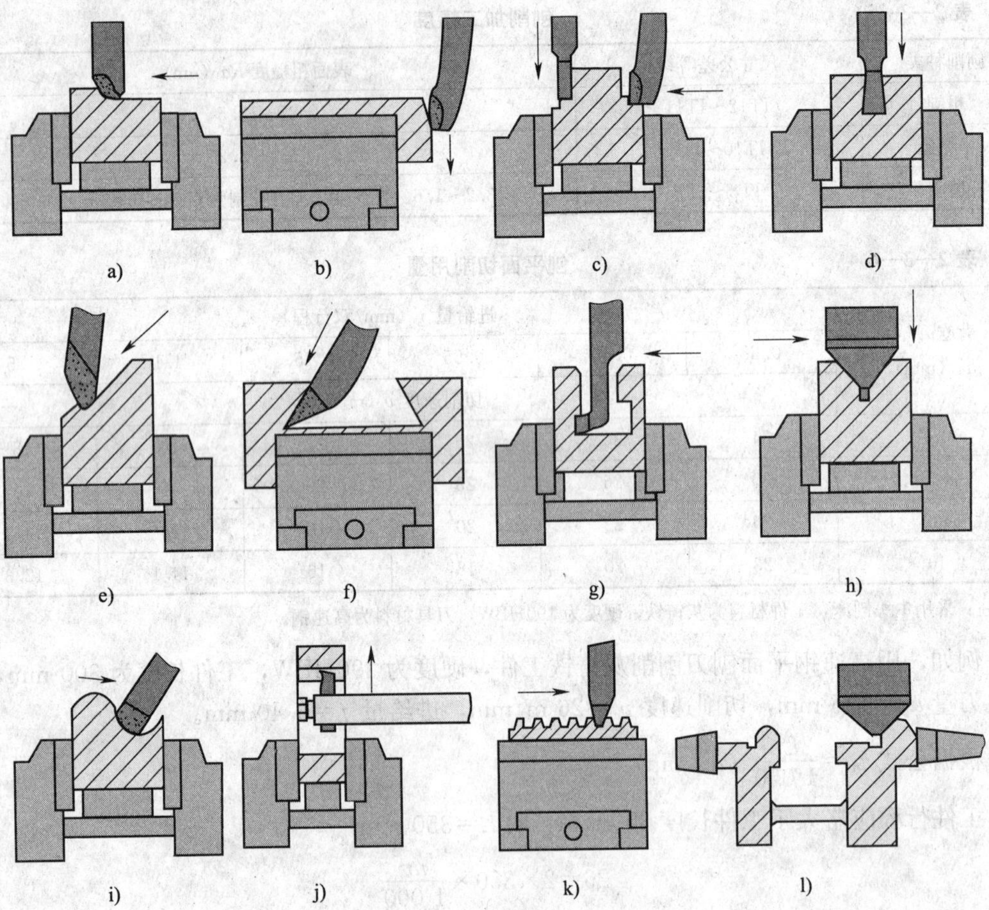

图 2—3—7　常用刨削加工方法

a）刨平面　b）刨垂直面　c）刨台阶　d）刨直角沟槽　e）刨斜面　f）刨燕尾槽　g）刨 T 形槽　h）刨 V 形槽　i）刨曲面　j）刨内孔　k）刨齿条　l）刨复合表面

3. 刨削加工方法

（1）刨水平面

如图 2—3—8 所示，刨水平面是最基本的刨削加工方法，常按以下顺序完成：

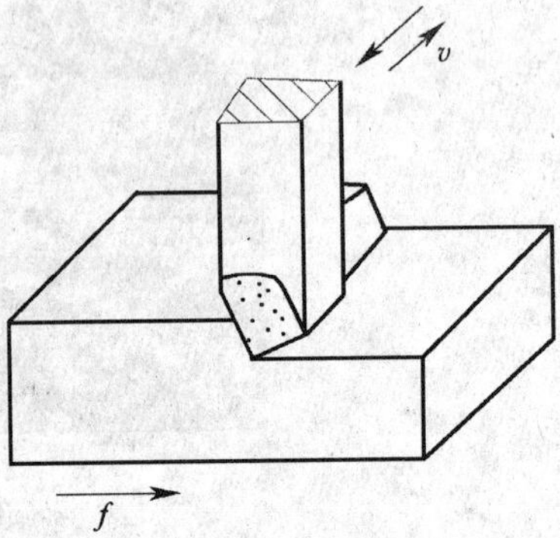

图 2—3—8　刨水平面

1）熟悉图样。明确加工要求，包括尺寸公差、表面粗糙度、几何公差等；根据以上要求检查毛坯余量。

2）选择及安装刀具。平面刨削分为粗刨、精刨两种。刨刀也根据刨削特点选用粗刨刀或精刨刀。安装时要求刀架和刀座在中间垂直位置上。

3）装夹工件。根据工件的形状、尺寸、装夹精度要求及生产批量选择不同的装夹方法。较小的工件可在牛头刨床上用经过校正的机床用平口虎钳装夹；较大的工件可直接装夹在牛头刨床的工作台上，用压板、压紧螺栓、V形架或角铁装夹；大型工件须在龙门刨床上装夹及加工。对于批量生产的工件，可根据工件某一工序的具体情况设计专用夹具装夹。

在平口虎钳或工作台上装夹时，有的先在工件上划上加工线，然后根据工件装夹精度要求用划针、百分表等按线找正、装夹。

4）调整机床。根据工件尺寸把工作台升降到适当位置。调整滑枕行程长度和起始位置。

5）选择切削用量。根据工件尺寸、技术要求及工件材料、刀具材料等确定背吃刀量、进给量及切削速度。一般背吃刀量 a_p=0.2～2 mm，进给量 f=0.33～0.66 mm/双行程，切削速度 v=17～50 m/min。粗刨时，a_p 和 f 取大值；精刨时，a_p 和 f 取小值，v 取大值。

6）对刀试切。调整各手柄位置，移动工作台使工件一侧靠近刀具，转动刀架手轮，使刀尖接近工件，开动机床，使滑枕带动刨刀做往复直线运动。用手动进行试切。将刀架手轮手动进给 0.5～1 mm 后，停车测量尺寸，根据测量结果，调整背吃刀量，再使工作台带动工件做水平自动进给，正式刨削平面。

7）刨削完毕。停车进行检验，尺寸合格后再卸下工件。

（2）刨垂直面（见图 2—3—9）

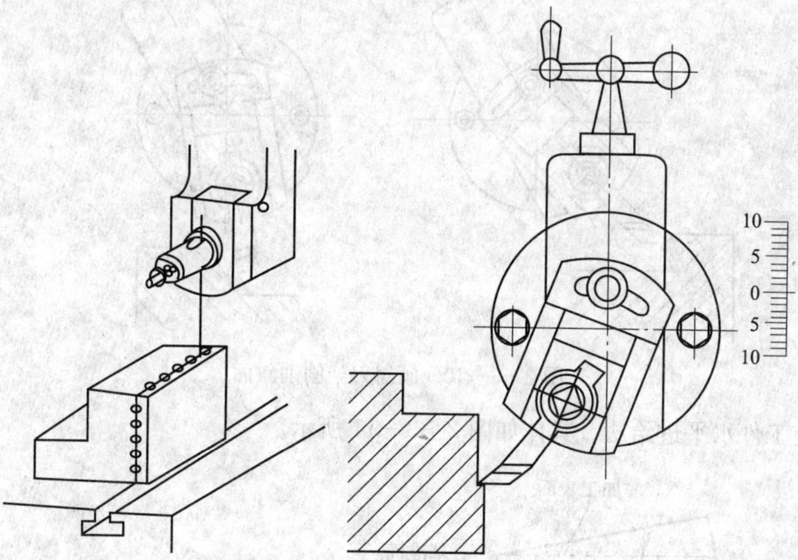

图 2—3—9　刨垂直面

刨垂直面时一般须偏转刀座，其具体刨削步骤如下：

1）将刀架转盘刻度线对准零线，以保证垂直进给方向与工作台面垂直。

2）转动刀座下端，使其偏转一个角度（10°～15°），转动刀座的目的是刨刀在回程时能抬离已加工表面，以减少刨刀的磨损，避免在已加工表面留下拖刀痕迹。

3）对刀。用手摇动工作台和刀架，确定背吃刀量。

4）开车试刨。摇动刀架垂直进给手柄，使刀架做垂直进给刨削工件。试刨 1～2 mm，停车测量尺寸，检查背吃刀量是否合适，当尺寸不正确时应进行调整，调整后可进行刨削。

5）试刨经检验合格后，开始刨削，在刨削到最后几刀时，进给量应小些，以免崩坏工件边缘。

6）整个表面经过一次进给后，停车。利用 90°角尺检查已加工表面是否与相邻面垂直。若不垂直，及时查找原因并进行修正，再进行刨削。

（3）刨斜面

刨削斜面的方法很多，如采用正夹斜刨时，必须将刀架转盘扳转一定的角度，使用偏刨刀或者角度偏刀，转动刀架手柄进行进给。这种方法既可用来刨削左侧斜面，也可用来刨削右侧斜面，常用此法加工 V 形槽、燕尾槽及有一定倾斜角度的斜面。如采用斜夹正刨时，可将工件按预定的角度倾斜装夹在机床用平口虎钳或夹具内，按一般刨削水平面的方法刨削即可。当工件上的斜面很窄而加工要求较高时，可采用样板刨刀进行刨削，采用这种方法时注意切削速度和进给量要小，刀具角度应刃磨正确，其生产效率高，加工质量好。

斜面的加工方法具体如下：

1）倾斜刀架法。如图 2—3—10 所示为倾斜刀架刨削斜面。

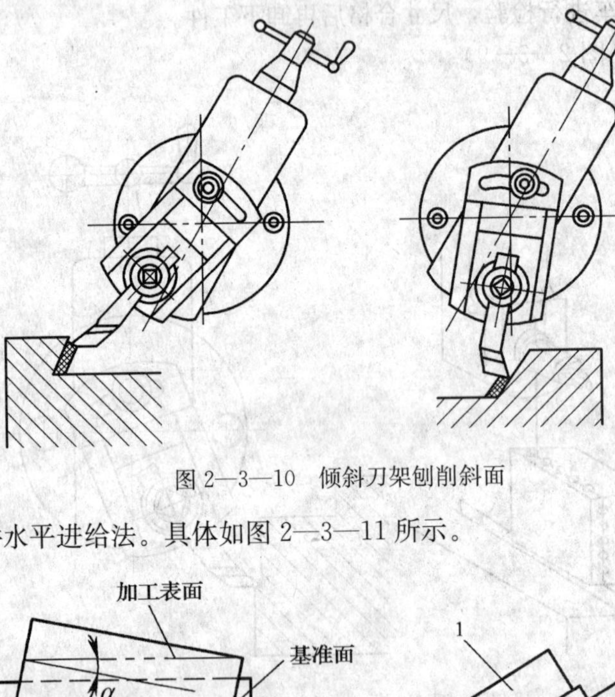

图 2—3—10　倾斜刀架刨削斜面

2）斜装工件水平进给法。具体如图 2—3—11 所示。

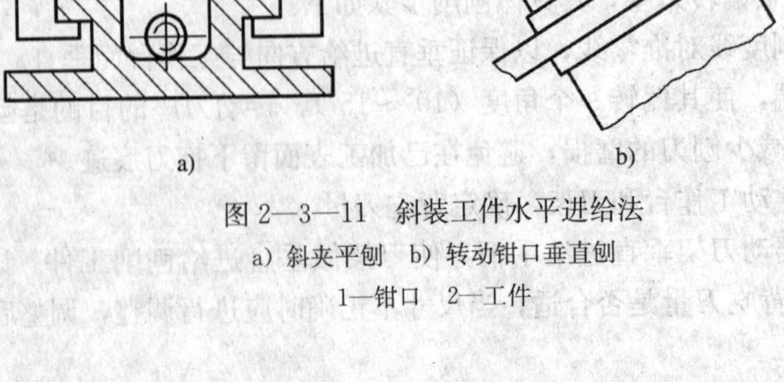

图 2—3—11　斜装工件水平进给法

a）斜夹平刨　b）转动钳口垂直刨

1—钳口　2—工件

3）用样板刀刨削斜面法。具体如图 2—3—12 所示。

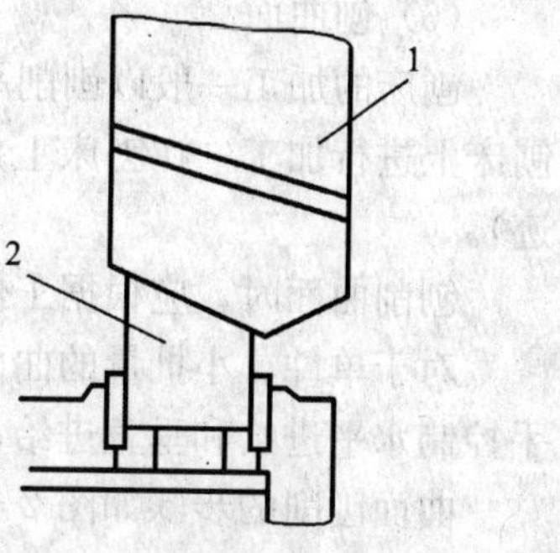

图 2—3—12　用样板刀刨削斜面

1—样板刀　2—工件

（4）刨 V 形槽

V 形槽是零件上常见的槽形，多用于导轨接合面。刨削 V 形槽是综合刨斜面和刨沟槽两种方法进行的，如图 2—3—13 所示。其具体加工步骤如下：

1）先在工件上划出 V 形槽的加工线。

2）用水平进给法粗刨去大部分加工余量，如图 2—3—13a 所示。

3）再用直槽刨刀在工件中央位置刨直槽，以利于斜面的刨削，如图 2—3—13b 所示。

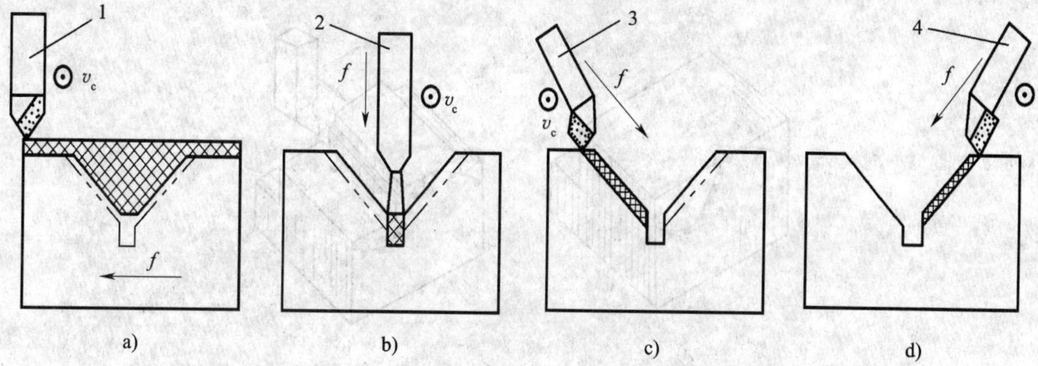

图 2—3—13　V 形槽刨削方法

1—尖刀　2—直槽刨刀　3—左偏刀　4—右偏刀

4）选用左偏刀刨左侧斜面及底面左半部分，如图 2—3—13c 所示。

5）选用右偏刀刨右侧斜面及底面右半部分，如图 2—3—13d 所示。

（5）刨 T 形槽

刨 T 形槽的加工步骤如图 2—3—14 所示，先刨直槽，再用弯切刀刨左、右两侧。用弯切刀刨左、右两侧时要适当加长刨刀两端的越程长度，以保证刨刀有抬起和放下的时间。

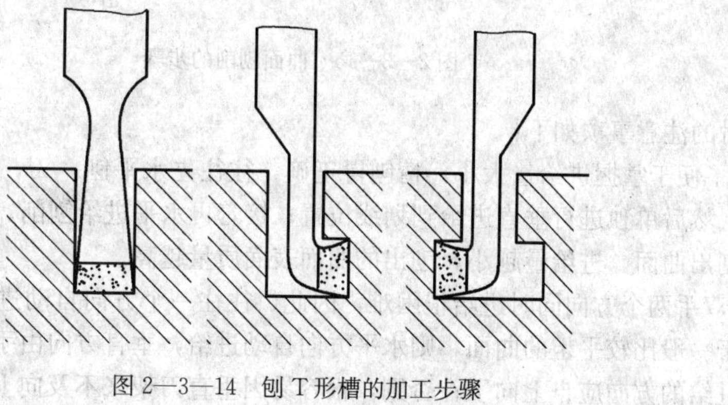

图 2—3—14　刨 T 形槽的加工步骤

(6) 刨曲面

刨床的加工一般以刨削平面为主，当有的曲面零件不宜在车床和铣床上加工时，可以在刨床上进行加工，在刨床上加工的曲面通常是直线曲面（由一直线沿曲线做平行移动的轨迹)。

刨削曲面时，应根据工件的批量、精度、设备和经济性等问题合理选择刨削方法。

对于单件、小批量的曲面常采用按划线刨削曲面的方法，即按照工件端面上的划线，用手控制水平进给和垂直进给；或者一个方向自动进给，另一个方向用手控制进给。

曲面刨削的步骤如图 2—3—15 所示。工件装夹完毕，即可按照图 2—3—15 所示进行刨削，先用平面刨刀以水平进给刨去离划线 1 mm 左右以外的大部分金属，如图 2—3—15b 所示；然后纵、横两方向进给粗刨曲面，如图 2—3—15c 所示；最后换上成形刨刀纵、横两方向进给精刨曲面，如图 2—3—15d 所示。

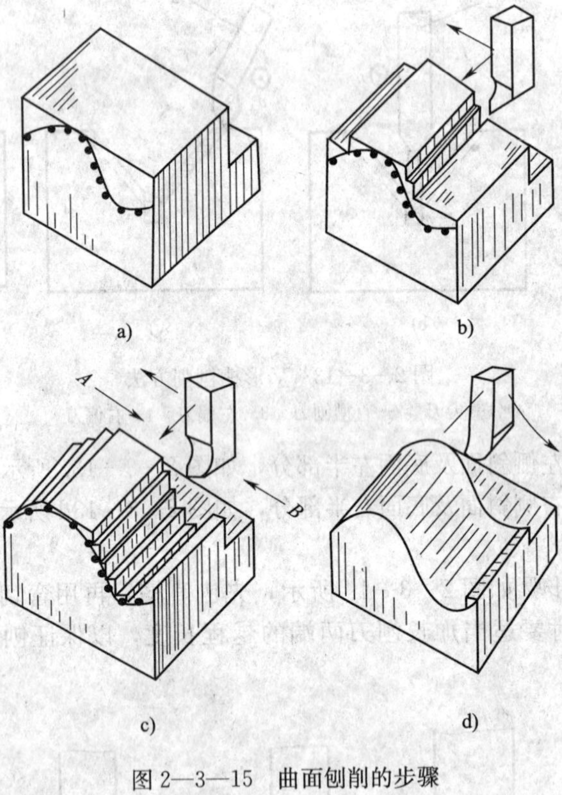

图 2—3—15　曲面刨削的步骤

操作时的注意事项如下：

1) 为了便于掌握进给量大小，精刨得正确，往往先水平刨一刀，这时在工件上刨出一段水平面；然后单独进行垂直进给到划线位置；接着再水平进给刨削。按这样的方法继续下去，即可刨出曲面。进给量越小，刨出的曲面表面质量越高。

2) 用双手两个方向同时进给很困难，因此，往往一个方向自动进给，另一个方向手动进给。对于一般比较平坦的曲面，则水平方向自动进给，垂直方向由手控制进给。应注意的是：垂直进给的方向应自上向下；否则，很容易因垂直刀架来不及向上移动而损坏工件和刀具。当刨削比较陡的曲面时，则垂直方向用自动进给，水平方向由手控制进给。

为了保证质量，精刨时机床各滑动部件的间隙要小。精刨时一定要使用成形刨刀。

精刨时为了获得较高的表面质量，同时，为了保证用双手操纵手柄进给的安全，必须降低切削速度和进给量。

任务5　平面刨削加工

任务提出

牛头刨床结构简单，操作方便，价格低廉。在机械加工中应用广泛，主要用来加工各种平面。本任务以平面刨削为例，加工如图 2—3—16 所示的长方体工件，其毛坯尺寸为 300 mm×100 mm×65 mm，加工上表面。

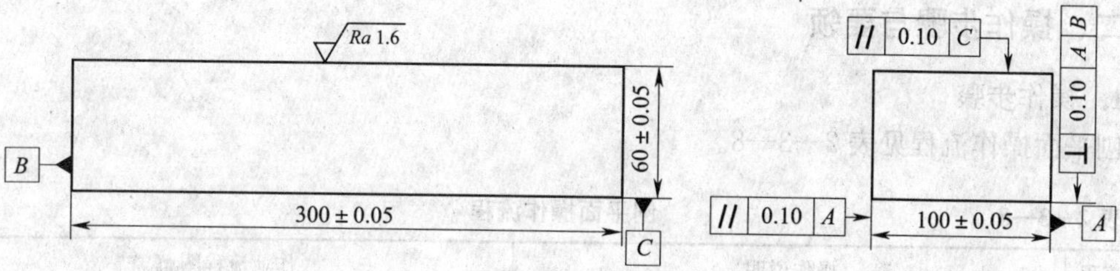

图 2—3—16　长方体工件

任务分析

本任务主要加工工件的上表面，要求其尺寸精度为（60±0.05）mm。

几何公差：（60±0.05）mm 上表面相对于已加工的下表面的平行度公差为 0.10 mm，工件前、后两面的平行度公差为 0.10 mm，工件下表面与相邻两面的垂直度公差为 0.10 mm，表面粗糙度 $Ra \leqslant 1.6\ \mu m$。由于工件的上表面较大，因此，选择 B6060 型牛头刨床进行平面刨削，并用压板进行装夹，以保证夹紧的可靠性。

平面刨削加工工艺过程卡见表 2—3—7。

表 2—3—7　　平面刨削加工工艺过程卡

工序号	工序名称	工序内容	工艺装备
1	下料	300 mm×100 mm×65 mm	
		检测	
2	刨削	刨削上表面	B6060 型牛头刨床、平面刨刀、成形刨刀
3	钳工	检测	
4	入库		

任务实施

一、加工准备

1. 材料

铸铁，尺寸为 300 mm×100 mm×65 mm。

2. 设备

B6060 型牛头刨床（压板）。

3. 工艺装备

（1）刀具

平面刨刀、成形刨刀、垫铁、划线盘和铜锤。

（2）量具

150 mm 游标卡尺、百分表。

二、操作步骤与要领

1. 操作步骤

刨平面操作流程见表 2—3—8。

表 2—3—8 　　刨平面操作流程

操作流程	操作说明	作业流程图解
操作者位置	站在刨床右前侧，面向刨床，以便于操纵。若发生问题，可切断电源，将操纵手柄向里推，使机床停止运动	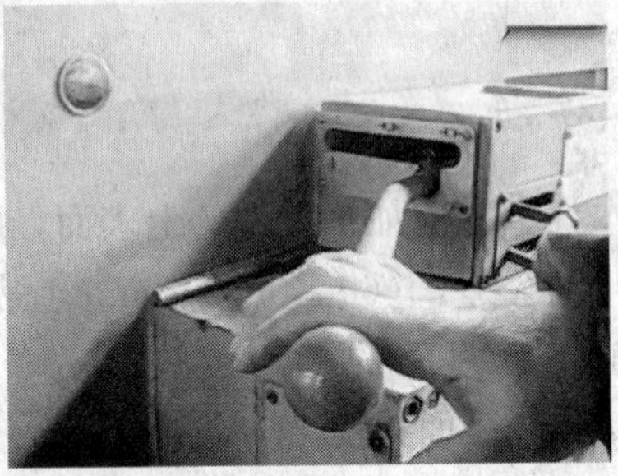
安装刨刀	安装平面刨刀	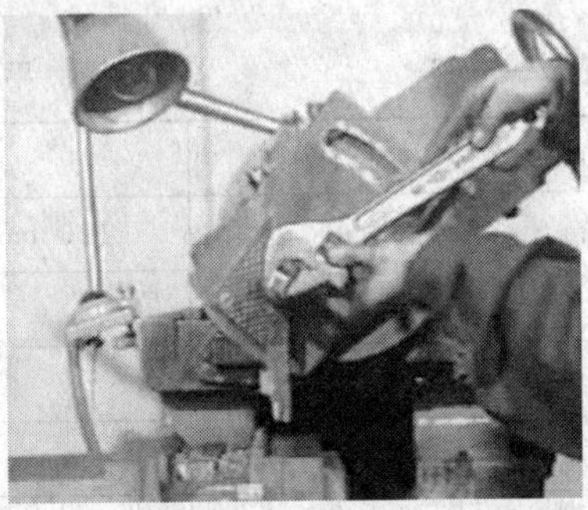

续表

操作流程	操作说明	作业流程图解
装夹工件	1. 使加工面高出钳口，以避免刨刀与钳口碰撞 2. 装夹工件时，须在两钳口处加放铜皮，以保护钳口不受损伤 3. 转动钳身时，不能用锤子敲击钳身导轨侧面 4. 装夹工件时，轻轻敲击工件，使工件与垫铁贴实。在敲击已加工过的表面时，应使用铜锤或木锤	
开动刨床	接通电源，按下绿色开机按钮，摇曲柄检查滑枕行程长度和起始位置，调整行程速度，调整工作台的高低位置以及进给量的大小和方向。向外拉动操纵手柄 5，开动机床	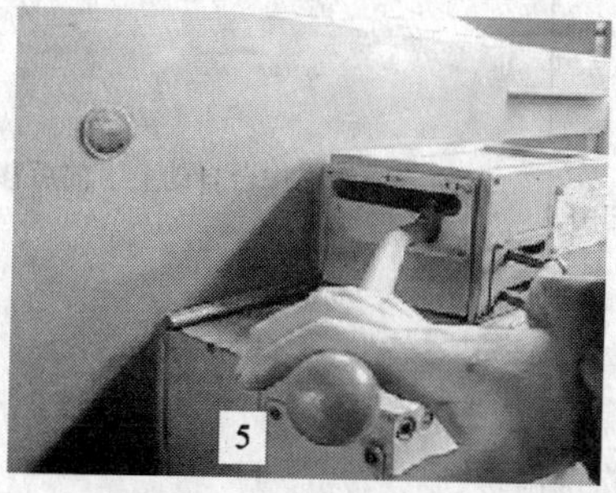
调整机床	用摇柄摇行程调节方头 1，可调节牛头刨床滑枕行程长度	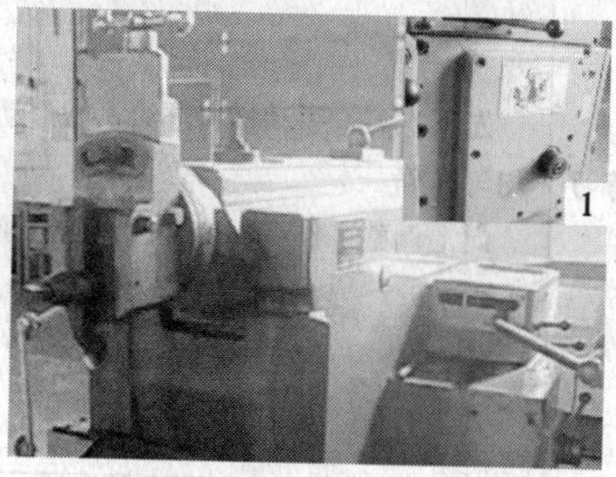
微调滑枕	松开滑枕锁紧手柄 1，通过旋转摇柄 2 可对滑枕进行微调，以调整滑枕行程。调整后，必须再次锁紧 1	

续表

操作流程	操作说明	作业流程图解
切削用量调整	调整上下两个手柄，使其与铭牌上位置相对，而获得不同的切削用量	
自动切削	扳动手柄使工作台自动上下前后移动，形成进给运动	
空车练习	先不吃刀，手动横向进给，做到动作自如、进给均匀准确 向上调整工作台，使工件与刨刀刚接触时停止	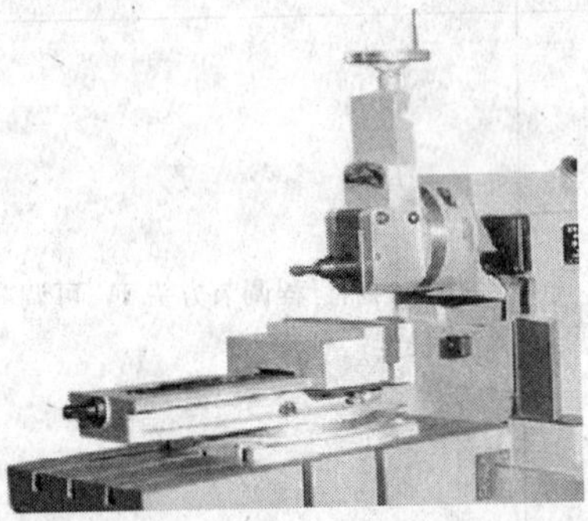
试切	手动进给将工件移到刨刀下一面位置。在滑枕运动的同时，手动工作台（横向）和刀架手柄（向下），使工件和刨刀接触，根据事先算好的刨削深度，用刀架手柄刻度盘控制进刀，手动横向进刀1 mm左右，停车检测，若符合要求，自动进给，否则，调整后自动进给	

续表

操作流程	操作说明	作业流程图解
正常切削	水平面粗刨采用平面刨刀，精刨采用圆头精刨刀。刨削用量一般为：刨削深度 a_p 为 0.2～0.5 mm，进给量 f 为 0.33～0.66 mm/双行程，切削速度 v 为 15～50 m/min。粗刨时刨削深度和进给量可取大值，切削速度取低值；精刨时切削速度取高值，刨削深度和进给量取小值	
工件 测量方法	不拆卸工件直接在工作台上测量或用可调支撑（千斤顶）将试件支撑在平板上调水平，百分表放置在平板上，使其测头触及上平面，移动百分表进行检验	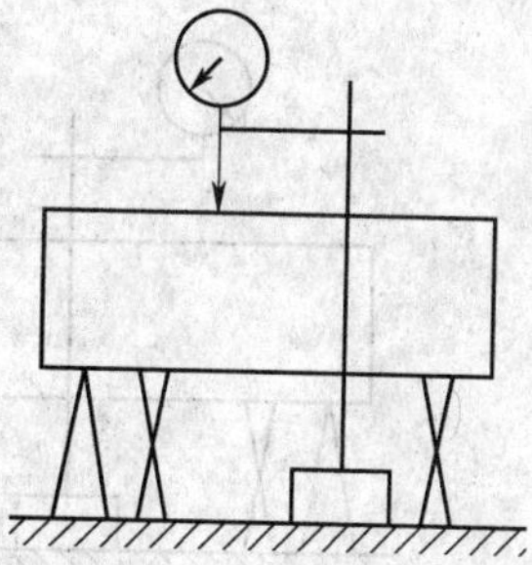

2. 操作要领

（1）调整刨削速度、滑枕起始位置和行程长度时，必须关机才能进行。在未装刨刀进行调速时，所调速度不能过快。

（2）在加工工件的过程中，不能用手去拿切屑，更不能拿量具去清除切屑。

（3）加工工件时人应站在机床的两侧，以防止工件未夹紧，往前冲出而造成人身事故。

（4）滑枕的起始位置、行程长度在调整中不能超过极限位置，工作台的横向移动也不能超过极限位置，以免滑枕和工作台从导轨上脱落。

（5）在调整好各个手柄后必须锁紧。

三、质量检验

1. 检验项目

平面度公差是被测实际要素对理想平面的允许变动全量。它用来控制被测实际平面的形状误差。平面度公差带是距离为公差值 t 的两平行平面间的区域。如图 2—3—17 所示，实际平面必须位于间距为公差值 0.1 mm 的两平行平面间的区域内。

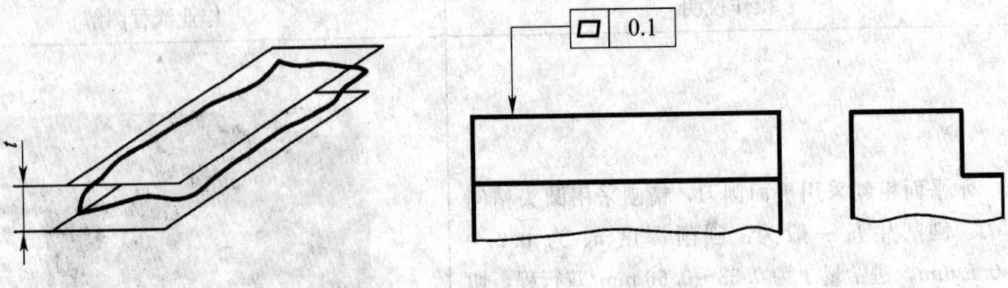

图 2—3—17　平面度公差带

2. 检验平面度

（1）检验方法

检验平面度误差的方法如图 2—3—18 所示。可不拆卸工件直接在工作台上测量或用可调支撑（千斤顶）将工件支撑在平板上调水平，将百分表表座放置在平板上，使其测头触及工件上表面，移动百分表进行检验。检验平面度误差的布点情况如图 2—3—19 所示。

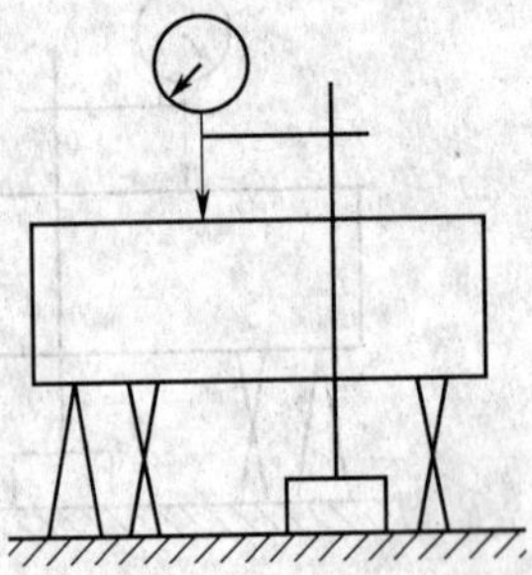

图 2—3—18　检验平面度误差的方法

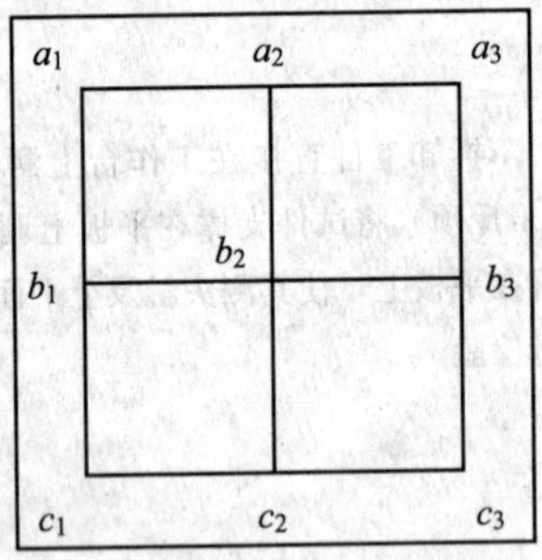

图 2—3—19　布点情况

（2）数据处理

测量所得数据是相对测量基准而言的，为了评定平面度的误差值，须将测得值转换为评定方法相对应的评定基准的坐标值。其平面坐标值可按图 2—3—20 所示的坐标规律，不影响实际被测平面真实情况，然后根据判断准则列方程，求出 P、Q 值。

如图 2—3—21 所示为平面度误差测得值，按图 2—3—20 所示的规律转换被测平面的坐标值，如图 2—3—22 所示。按图 2—3—20 所示的规律列出两等值对角线的等值方程为：

0	P	$2P$	…	nP
Q	$P+Q$	$2P+Q$	…	$nP+Q$
⋮	⋮	⋮	…	⋮
nQ	$P+nQ$	$2P+nQ$	…	$nP+nQ$

图 2—3—20　平面度误差测量坐标规律

0	+4	+6
−5	+20	−9
−10	−3	+8

图 2—3—21　平面度误差测得值

$$0=+8+2P+2Q$$
$$+6+2P=-10+2Q$$

解得 $P=-6$，$Q=+2$，按图 2—3—20 所示的规律和 P、Q 值转换被测平面的坐标值，得到图 2—3—23 所示的结果：平面度误差＝（＋16）－（－19）＝35（μm）。

0	+4+P	+6+2P
−5+Q	+20+P+Q	−9+2P+Q
−10+2Q	−3+P+2Q	+8+2P+2Q

图 2—3—22 平面度误差测量坐标变换

0	+2	−6
−3	+16	−19
−6	−5	0

图 2—3—23 对角线法计算值

四、常见误差及原因分析

常见误差产生原因及排除方法见表 2—3—9。

表 2—3—9　　常见误差产生原因及排除方法

序号	误差现象	产生原因	排除方法
1	工件表面有明显的斜坡或表面粗糙度值达不到要求	（1）滑枕移动方向与摇杆摆动方向不平行 （2）滑枕与压板的间隙过大 （3）刀架镶条松动 （4）工作台横梁上的丝杆、螺母间隙大	（1）修理摇杆与滑枕的运动精度 （2）修刮滑枕导轨与压板，调整间隙 （3）调整镶条与活动刀架导轨的间隙 （4）更换螺母或修理丝杆，重配螺母
2	牛头刨床工作台横向移动的进给量不均匀	（1）连杆轴与孔的间隙大 （2）棘轮或棘爪磨损	（1）调孔轴间隙 （2）修理或更换棘轮、棘爪
3	牛头刨床在滑枕移动时有爬行现象	（1）滑枕移动面接触不良 （2）压板间隙小 （3）丝杆三个支撑点不在一条直线上 （4）润滑不良	（1）修刮导轨 （2）修刮导轨或调整压板间隙 （3）检查丝杆三个支撑点的直线度 （4）检查润滑油路
4	工件平行度超差	（1）横梁导轨直线度超差 （2）工作台水平移动与工作台面不平行 （3）滑枕导轨与工作台面平行度超差	（1）修复横梁导轨直线度 （2）刮研工作台水平移动导轨面，保证全程平行度误差小于 0.025 mm （3）检查滑枕导轨的直线度，若与横梁导轨的垂直度合格，则调整工作台面与滑枕导轨的平行度误差小于 0.05 mm
5	工件表面粗糙度值大	（1）工作台松动 （2）液压系统故障引起振动	（1）调整工作台滑枕压板、镶条的间隙，保证 0.03 mm 塞尺不得塞人 （2）检查并排除液压系统故障，保持压力稳定

任务评价

评分标准见表 2—3—10。

表 2—3—10　　评分标准

序号	考核内容	评分标准	配分	得分
1	工件的装夹	装夹牢固、迅速、安全	5	
2	刀具的装夹	装夹位置准确、牢固、迅速、安全	5	
3	工作台高低的调整	调整准确、迅速、安全	5	
4	滑枕行程长度的调整	调整准确、迅速、安全	5	
5	滑枕起始位置的调整	调整准确、迅速、安全	5	
6	进给量大小和方向的调整	调整准确、迅速、安全	5	
7	试切	试切过程正确，切削用量合理	20	
8	精刨平面	尺寸精度正确，表面粗糙度符合规定	25	
9	测量工件	平面度符合规定	15	
10	安全文明生产	按照国家颁布的安全生产规定进行评定	10	
合计			100	

思考与练习

1. 用牛头刨床刨削平面时的主运动和进给运动各是什么？
2. 牛头刨床主要由哪几部分组成？各有什么作用？
3. 刨削的加工范围有哪些？
4. 常见的刨刀有哪几种？试分析切削量大的刨刀为什么做成弯头的？
5. 试述刨 V 形槽的方法。

课题四　磨 削 加 工

◆ **教学目标**

◎ 能够简单操纵普通平面磨床

◎ 能够正确选择与安装砂轮，并对砂轮进行静平衡检验

◎ 掌握工件的装夹和测量方法

◎ 能够准确磨削平面

◎ 识别磨床的结构和组成

◎ 能够检验砂轮是否存在裂纹

磨削知识思维导图如图 2—4—1 所示。

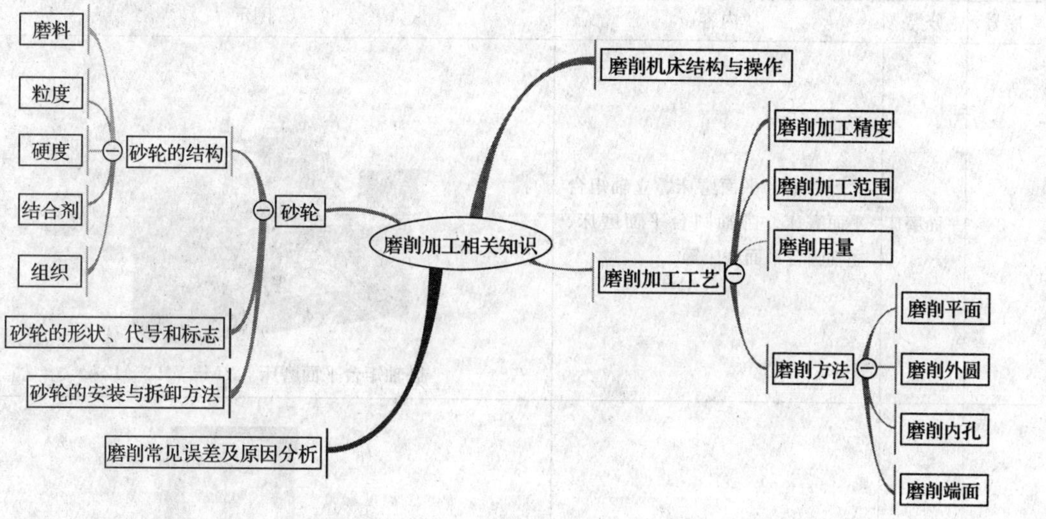

图 2—4—1　磨削知识思维导图

一、磨削机床结构与操作

1. 磨床的分类及结构

磨床的分类见表 2—4—1，M7120A 型平面磨床的结构如图 2—4—2 所示，M1432 型万能外圆磨床的结构如图 2—4—3 所示。

表 2—4—1　　磨床的分类

序号	分类	内容	图示
1	外圆磨床		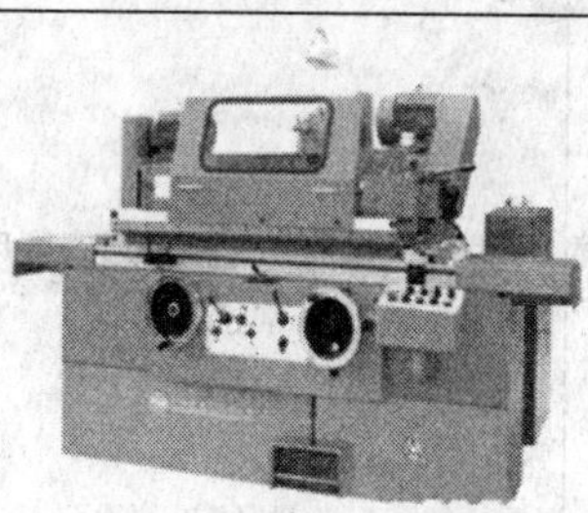 MA1320/H 型外圆磨床
2	内圆磨床	普通内圆磨床、行星内圆磨床、无心内圆磨床等	 M2021A 型内圆磨床

续表

序号	分类	内容	图示
3	平面磨床	卧轴矩台平面磨床、立轴矩台平面磨床、卧轴圆台平面磨床、立轴圆台平面磨床等	 卧轴矩台平面磨床（YM－7163×12A）
4	工具磨床	工具曲线磨床、钻头沟槽磨床等	 工具曲线磨床
5	刀具刃磨磨床	万能工具磨床、拉刀刃磨磨床、滚刀刃磨磨床等	 万能工具磨床
6	专门化磨床	花键轴磨床、曲轴磨床、齿轮磨床、螺纹磨床等	 MK8612H 花键轴磨床

续表

序号	分类	内容	图示
7	其他磨床	珩磨机、研磨机、砂带磨床、超精加工机床、砂轮机等	 2M51 系列砂带外圆磨床

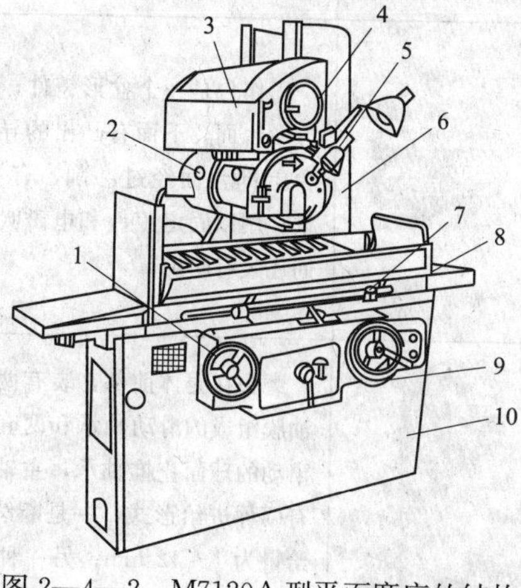

图 2—4—2　M7120A 型平面磨床的结构

1—驱动工作台手轮　2—磨头　3—挡罩　4—横向进给手轮　5—砂轮修整器　6—立柱　7—行程挡块　8—工作台　9—垂直进给手轮　10—床身

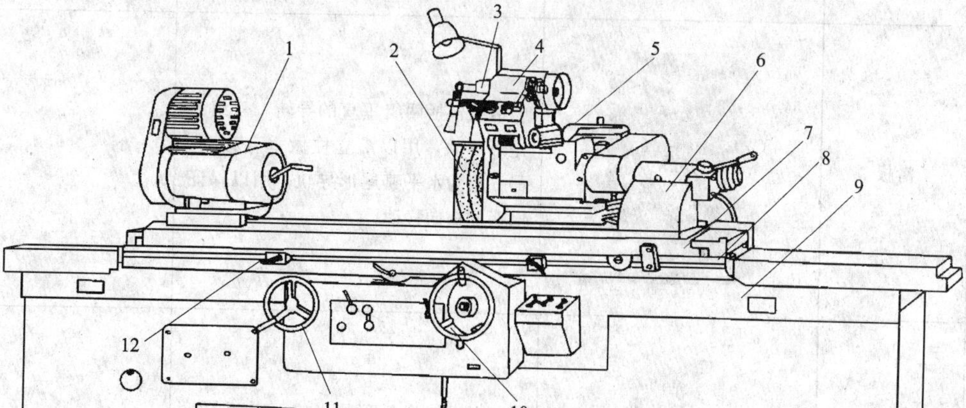

图 2—4—3　M1432 型万能外圆磨床的结构

1—头架　2—砂轮　3—内圆磨具　4—磨架　5—砂轮架　6—尾座　7—上工作台　8—下工作台　9—床身　10—横向进给手轮　11—纵向进给手轮　12—换向挡块

2. 磨床的操作

M7120D型磨床的主要功能部件与操作方法见表2—4—2。

表2—4—2　　M7120D型磨床的主要功能部件与操作方法

序号	名称	简图	说明	主要操作方法
1	床身	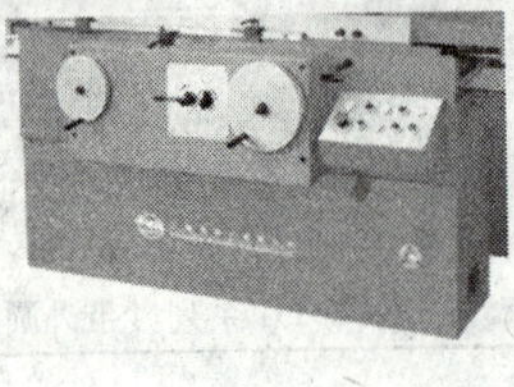	床身为箱形铸件，上面有V形导轨与水平导轨，工作台安放在导轨上，床身前侧有液压操纵箱，上面装有工作台手动机构、垂直进给机构、液压操纵板等	主要支撑各部件
2	工作台		工作台是一个盆形铸件，上部有长方形台面，下面有凸出的导轨，工作台上部台面经过磨削，有一条T形槽。用以固定工件和电磁吸盘，在四周还装有防护罩	
3	磨头		磨头在壳体前部，装有两套由三块油膜组成的滑动轴承和两套控制轴向窜动的球面止推轴承，主轴在导轨上有两种进给形式，一是断续进给，进给量为1～12 mm；另一种是连续进给，即工作台换向一次，磨头在水平燕尾形导轨上往复连续移动，其移动速度为0.3～3 mm/min	旋转手柄，调整进给量
4	滑板		滑板包括两组垂直的导轨，一组为矩形导轨，用以沿立柱做垂直移动；另一组为水平燕尾形导轨，用以保证磨头的横向移动	
5	立柱	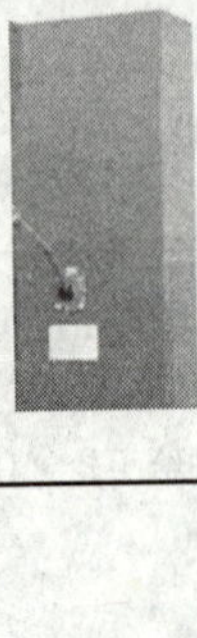	立柱是一种箱形体，前面有两条矩形导轨，丝杆安装在中间，通过螺母使滑板沿导轨垂直移动	

续表

序号	名称	简图	说明	主要操作方法
6	电气箱		M7120D型平面磨床在电气安装上进行了改进，将原来装在床身上的电气元件装到电气箱内，有利于维修和保养	上有各种指示按钮
7	电磁吸盘		主要用来装夹工件	将工件放置在电磁吸盘上后，旋转开关即可完成工件的装夹
8	电气按钮板	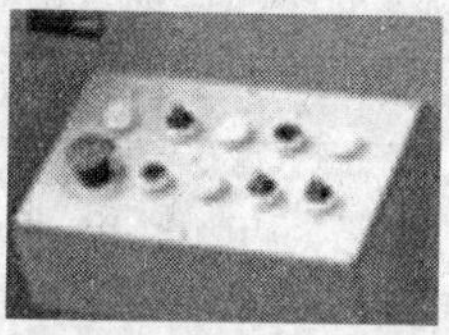	主要用来安装各种电气按钮，并通过控制按钮控制机床的各项进给运动	调整对应功能的按钮即可
9	液压操纵箱	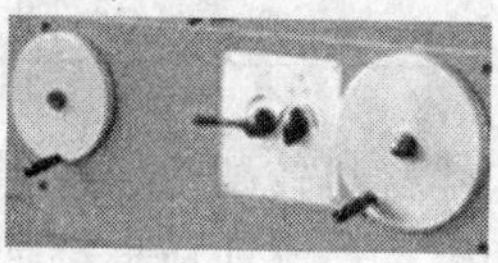	主要用于控制磨床的液压传动	旋转手柄，调整切削用量

二、砂轮

1. 砂轮的结构

砂轮是由磨料加结合剂用制造陶瓷的工艺方法制成的。它由磨料、结合剂、气孔三元素组成。决定砂轮特性的五个要素分别是磨料、粒度、硬度、结合剂和组织。

（1）磨料

磨料的性质见表2—4—3。

表2—4—3　　磨料的性质

材料名称		代号	主要成分	颜色	力学性能	热稳定性	适用磨削范围
刚玉类	棕刚玉	A	Al_2O_3 95% TiO_2 2%～3%	褐色	韧性好，强度高	2 100℃熔融	碳钢、合金钢、铸铁
	白刚玉	WA	Al_2O_3>99%	白色			淬火钢、高速钢
碳化硅类	黑碳化硅	C	SiC>95%	黑色		>1 500℃氧化	铸铁、黄铜、非金属材料
	绿碳化硅	GC	SiC>99%	绿色			硬质合金等
高硬磨料类	氧化硼	CBN	立方氮化硼	黑色	高硬度	<1 300℃稳定	硬质合金、高速钢
	金刚石	D	碳结晶体	乳白色	高强度	>700℃石墨化	硬质合金、宝石

(2) 粒度

粒度是指磨料颗粒的大小，即粗细程度。粒度用筛选法分类，以1平方英寸的筛子上的孔眼数来表示，粒度号越大，磨粒越细。直径很小的磨粒称为微粉，微粉用显微测量法测量到的实际尺寸来表示。粒度号标准依照国家标准 GB 2481. 1. 1—1998 和 GB 2481. 1. 2—1998 分 37 个粒度号，F4～F220 为粗磨粒，F230～F1200 为微粉。

为提高磨削加工效率和加工表面质量，应根据实际情况选择合适的粒度号砂轮。在磨削较软材料或粗磨时，应选用粒度号小的粗砂轮；精磨或磨削较硬材料时，应选用粒度号大的细砂轮。

(3) 硬度

硬度是指磨具在外力的作用下磨料脱落的难易程度。砂轮的硬度及代号见表 2—4—4。

表 2—4—4　　砂轮的硬度及代号

大级名称	超软			软			中软		中		中硬			硬		超硬
小级名称	超软1	超软2	超软3	软1	软2	软3	中软1	中软2	中1	中2	中硬1	中硬2	中硬3	硬1	硬2	超硬
代号	D	E	F	G	H	J	K	L	M	N	P	Q	R	S	T	Y

砂轮的磨料难脱落则硬度高；反之则硬度低。工件材料较硬时，选用较软的砂轮；工件与砂轮接触面积大，工件的导热性差时，用较软的砂轮；精磨或成形磨削时，选用较硬的砂轮；粗磨时应选用较软的砂轮。

(4) 结合剂

结合剂是指将磨料黏结在一起，使砂轮具有必要的形状和强度的材料。其作用是将磨料黏合在一起，使砂轮具有一定的强度、气孔、硬度以及耐腐蚀、抗潮湿等性能。常用砂轮结合剂的性能和适用范围见表 2—4—5。

表 2—4—5　　常用砂轮结合剂的性能和适用范围

结合剂	代号	性能	适用范围
陶瓷	V	耐热，耐腐蚀，气孔率大，易保持廓形，弹性差	最常用，适用于各类磨削加工
树脂	B	强度比陶瓷结合剂高，弹性好，耐热性差	适用于高速磨削、切断、开槽等
橡胶	R	强度比树脂结合剂高，更富有弹性，气孔率小，耐热性差	适用于切断、开槽
金属	M	强度最高，导电性好，磨耗少，自锐性差	适用于金刚石砂轮

(5) 组织

组织是指磨料、结合剂和气孔三者之间的体积比例关系，以磨料率（磨料占磨具体积的百分率）表示磨具的组织号。

砂轮共分为15个组织号，即0、1、2、…、13、14。其中0号组织最紧密，磨料率最高；14号组织最疏松，磨料率最低。普通磨削常用4～7号组织的砂轮。组织号越大，磨料所占体积越小，表明砂轮越疏松。这样气孔就越多，砂轮不易被切屑堵塞，同时可把切削液或空气带入磨削区，使散热条件得到改善。

2. 砂轮的形状、代号和标志

常用砂轮形状有平形（P）、碗形（BW）、碟形（D）等，砂轮的端面一般都有标志。从管理和选用方便的角度出发，砂轮参数的表示顺序是形状、尺寸、磨料、粒度号、硬度、组织号、结合剂、线速度，如：

1-400*50*203WA60K5V-35 m/s

外圆磨砂轮

1代表砂轮形状为平形

400为砂轮外径

50为砂轮总厚度

203为砂轮内径

WA表示砂轮的磨料为白刚玉

60为砂轮粒度

K代表砂轮硬度为中硬

5是砂轮组织号，此数字越大砂轮表面气孔越大

V是指陶瓷砂轮

35 m/s为砂轮的线速度

砂轮的形状和用途见表2—4—6。

表2—4—6 **砂轮的形状和用途**

序号	砂轮名称	形状	代号	用途
1	平形砂轮	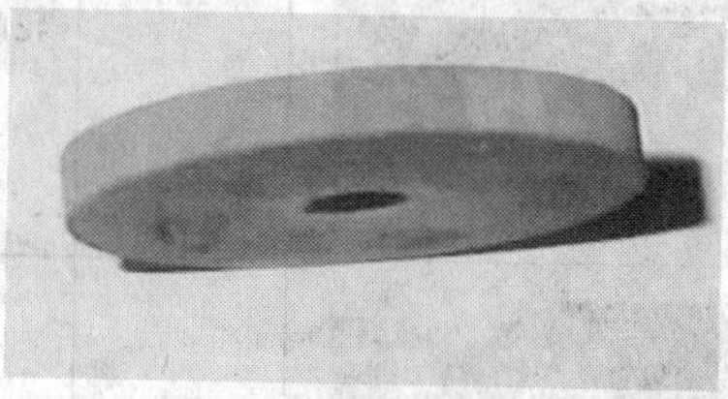	1	磨削外圆、内孔、平面，并用于无心磨削
2	双面凹砂轮	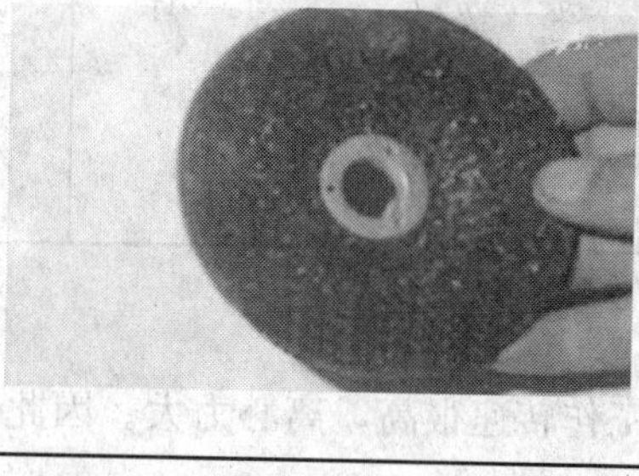	4	磨削齿轮的齿形和螺旋线

续表

序号	砂轮名称	形状	代号	用途
3	筒形砂轮		2	立轴端面平磨
4	杯形砂轮		6	磨削平面、内孔及刃磨刀具
5	碗形砂轮	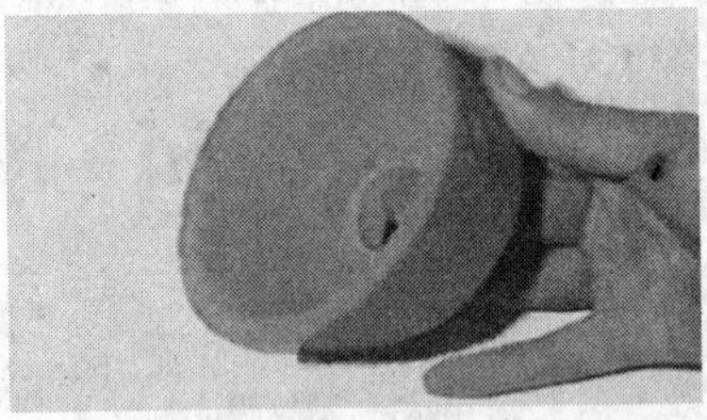	11	刃磨刀具并用于磨削导轨
6	碟形砂轮		12a	磨削铣刀、铰刀、拉刀及齿轮的齿形
7	薄片砂轮	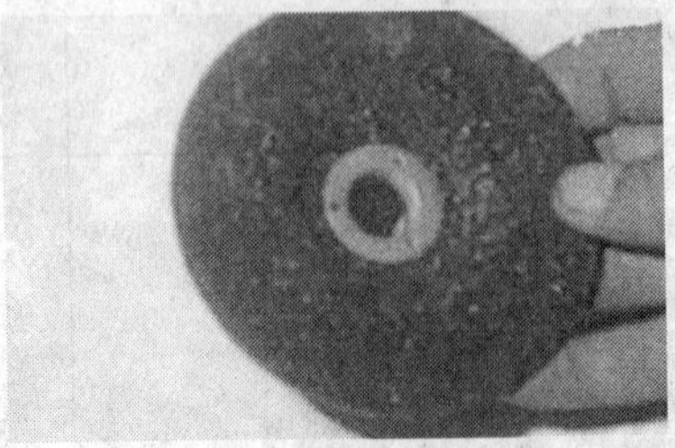	41	切断和切槽

3. 砂轮的安装与拆卸方法

装拆砂轮时，由于其质地较脆，工作转速很高，离心力大。因此，砂轮的装拆必须采用正确的方法，以免使砂轮受损，磨削时碎裂飞出，造成事故。

（1）安装方法

砂轮的安装是一项重要的工作。因为砂轮工作时的转速较高，而且砂轮较脆，如果安装不正确，就有可能破碎飞出而造成严重的事故，或者使砂轮失去平衡而引起振动，影响加工精度和机床精度。

砂轮的安装如图 2—4—4 所示。图 2—4—4a 表示用台阶法兰盘安装砂轮，适用于孔径较大的平形砂轮。将砂轮先用螺母或几个螺钉夹紧在两个法兰盘之间，然后再装到砂轮主轴的外锥体上，用螺母拧紧。

图 2—4—4b、c 表示通过平面法兰盘或垫圈、螺母把砂轮直接安装在砂轮主轴上，适用于直径不太大的平形砂轮和碗形砂轮。

图 2—4—4d 表示内圆磨削砂轮的安装，砂轮通常先安装在接长轴上，然后再通过接长轴装到内圆磨头主轴上。用黏结剂把砂轮粘固在接长轴上的方法（见图 2—4—4d）适用于直径较小（20 mm 以下）的砂轮。常用的黏结剂为氧化铜和磷酸。黏结时先将黏结剂调成糊状，再注入砂轮孔中，然后插入接长轴，待自然干燥或烘干使氧化铜硬结后即可使用。把接长轴插入砂轮时要注意尽可能保持同轴和垂直，以免使用时增加砂轮损耗及产生振动。

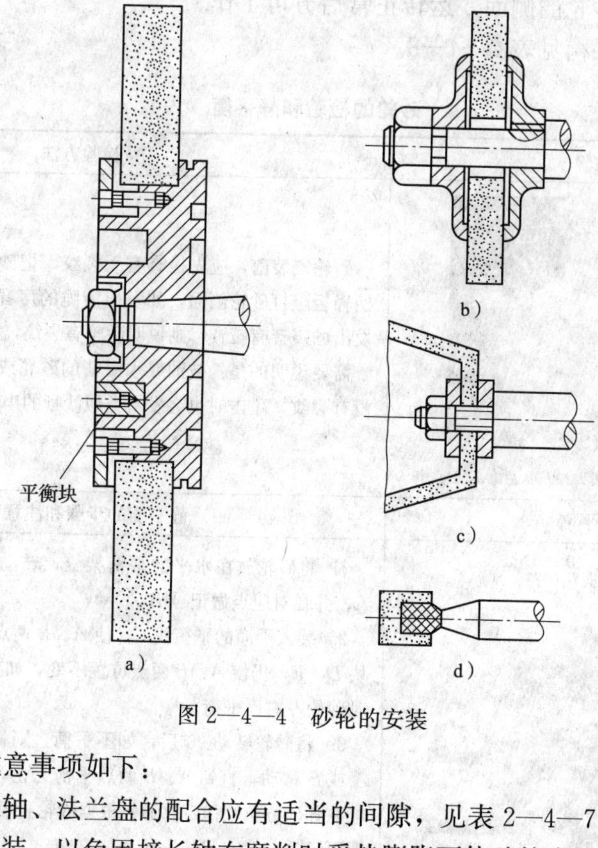

图 2—4—4　砂轮的安装

砂轮安装时的注意事项如下：

砂轮内孔与接长轴、法兰盘的配合应有适当的间隙，见表 2—4—7。如果间隙过小，必须把孔径扩大后再安装，以免因接长轴在磨削时受热膨胀而使砂轮胀裂；如果间隙过大，可在接长轴、法兰盘等的配合面上均匀地包上一层薄纸片，以免砂轮发生偏心而失去平衡，使砂轮主轴产生振动，影响工件表面质量，甚至造成砂轮破裂的危险。

表 2—4—7　　**安装砂轮时的配合间隙**　　mm

砂轮孔径 d	配合间隙	
	普通砂轮	高速砂轮
$d \leqslant 100$	0.1～0.8	0.1～0.5
$250 \geqslant d > 100$	0.2～1.0	0.2～0.6
$d > 250$	0.2～1.2	0.2～0.8

用法兰盘安装砂轮时，两个法兰盘的直径必须相等，并且它们的大小应不小于砂轮外径的$\frac{1}{3}$。

在法兰盘、垫圈和砂轮端面之间应放由弹性材料制成的衬垫，使压紧法兰盘、垫圈时的压力分布均匀，以免损坏砂轮。

紧固法兰盘时螺母不能拧得太紧，否则砂轮可能会破裂，并且各个螺钉应多次对称拧紧。将砂轮和法兰盘装上磨床主轴时，须把法兰盘与主轴孔清理干净，以免影响砂轮和主轴的同轴度。

砂轮初次安装时，必须在有防护罩的情况下，以工作转速进行不少于 5 min 的空运转，此时操作者应站立在砂轮的侧面，运转正常后方可工作。

砂轮的检验和静平衡见表 2—4—8。

表 2—4—8　　**砂轮的检验和静平衡**

砂轮的检验	检验方法
	砂轮安装前，应先检查有无裂纹，把砂轮吊起来，用锤子的木柄轻轻敲打砂轮侧面，如发出清脆的声音，说明砂轮无裂纹；如发出的声音有哑音，则说明砂轮有裂纹，须加以掉换 需要说明的是：被油或水浸渍的砂轮或陶瓷结合剂的砂轮虽然没有裂纹，敲击时也会发出类似沙哑的声音
砂轮的静平衡	**静平衡的步骤和注意事项**
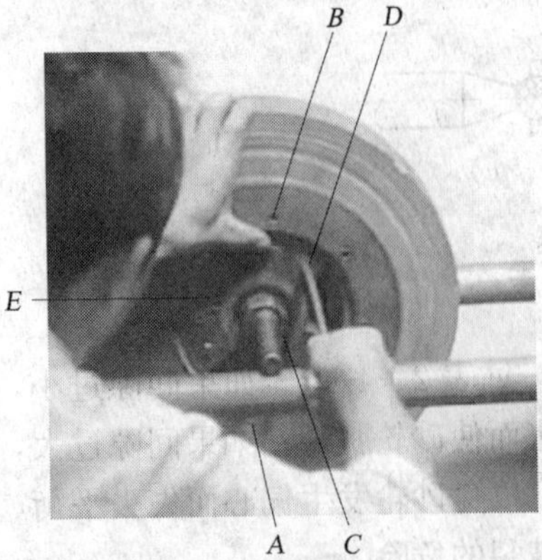	1. 将砂轮放在水平的平衡架上，转动后找出重心最下位置点 A，并在对应点做记号 B 2. 装入干净的平衡块 C，使 A、B 两点位置不变；再加入平衡块 D、E，仍使 A、B 两点位置不变，如有变动可调整 D、E。此时砂轮左右已平衡 3. 将砂轮转动 90°后，如不平衡，则将 D、E 两平衡块同时向 A 或 B 移动，直到 A、B 两点平衡为止，并继续转动砂轮，使其能在任何方位上稳定，通常根据砂轮直径大小，检查 6～8 个方位即可 4. 进行静平衡时，砂轮法兰盘内锥孔与平衡心轴配合要紧密，砂轮平衡后要紧固平衡块

（2）拆卸方法

拆卸砂轮时必须注意不要把压紧螺母的螺旋方向弄错，否则会增加拆卸工作的困难，甚至可能损坏机床零件。

在磨床上，为了防止砂轮工作时螺母自动松开，它的螺旋方向是这样规定的：逆着砂轮旋转方向转动螺母时将砂轮压紧；反之，顺着砂轮旋转方向转动螺母时，它就松开。即顺着砂轮的旋转方向转动扳手就一定能松开压紧螺母，顺利地拆下砂轮。

三、磨削加工工艺

1. 磨削加工精度

磨削加工精度见表 2—4—9。

表 2—4—9　磨削加工精度

磨削种类	尺寸公差等级	表面粗糙度 Ra（μm）
粗磨	IT7～IT6	0.8～0.4
精磨	IT7～IT5	0.4～0.1
超精磨	IT5	0.025～0.006

2. 磨削加工范围

磨削加工范围如图 2—4—5 所示。

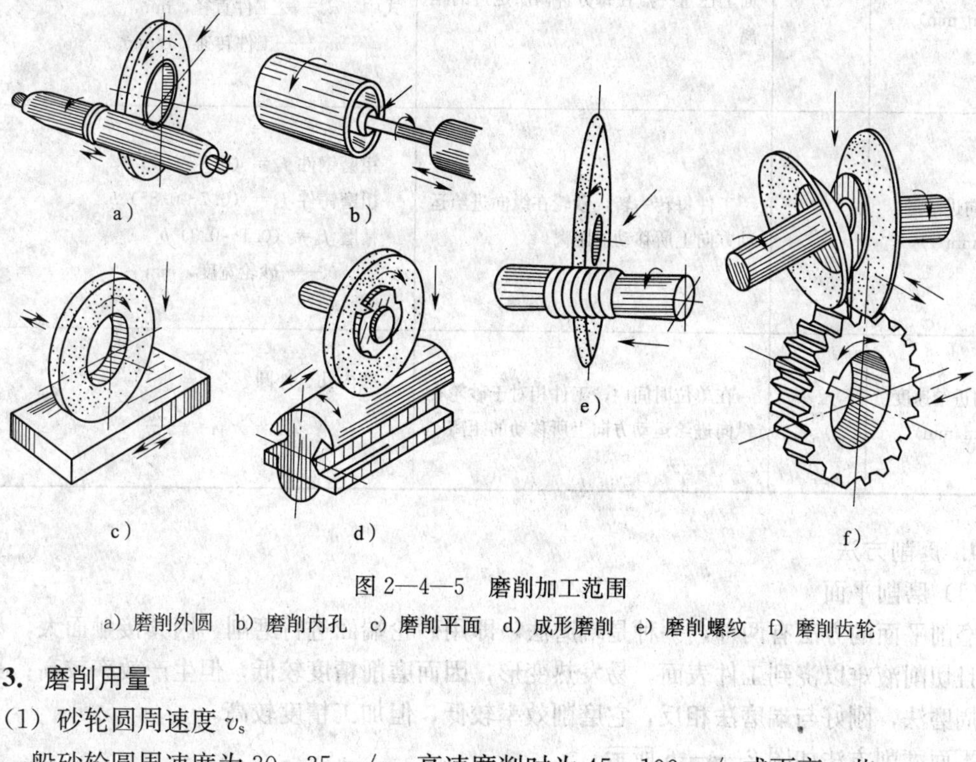

图 2—4—5　磨削加工范围

a）磨削外圆　b）磨削内孔　c）磨削平面　d）成形磨削　e）磨削螺纹　f）磨削齿轮

3. 磨削用量

（1）砂轮圆周速度 v_s

一般砂轮圆周速度为 30～35 m/s，高速磨削时为 45～100 m/s 或更高一些。

(2) 工件速度 v_w

在粗磨时工件速度为 15～85 m/min，精磨时为 15～50 m/min。

(3) 磨削深度 a_p

在粗磨时磨削深度为 0.01～0.07 mm，精磨时为 0.002 5～0.02 mm，镜面磨削时为 0.000 5～0.001 5 mm。

(4) 砂轮纵向进给量 f_a

砂轮纵向进给量 f_a 是指工件每转一转或每往复一次时砂轮的纵向（轴向）位移量（mm）。粗磨时为（0.3～0.85）b_s，精磨时为（0.1～0.3）b_s，其中 b_s 为砂轮宽度（mm）。

各磨削用量的定义及计算公式见表 2—4—10。

表 2—4—10　　各磨削用量的定义及计算公式

名称	代号	定义	计算公式
砂轮圆周速度（m/s）	v_s	砂轮外圆表面上任意一点在单位时间内所经过的路程	$v_s=\frac{\pi d_s n_s}{1\,000\times 60}$ 式中　d_s——砂轮直径，mm n_s——砂轮转速，r/min
工件圆周速度（m/min）	v_w	磨削外圆或内孔时，工件被磨削表面上任意一点在每分钟内所走过的距离	$v_w=\frac{\pi d_w n_w}{1\,000}$ 式中　d_w——工件直径，mm n_w——工件转速，r/min
纵向进给量（mm/r）	f_a	工件每转一转，砂轮在纵向进给运动方向上所移动的距离	粗磨钢件 $f_a=$（0.3～0.7）b_s 粗磨铸件 $f_a=$（0.7～0.85）b_s 精磨 $f_a=$（0.1～0.3）b_s 式中　b_s——砂轮宽度，mm
纵向进给速度（m/min）	v_f	在单位时间内，工件相对于砂轮在纵向进给运动方向上所移动的距离	磨内孔、外圆 $v_f=\frac{f_a n_w}{1\,000}$

4. 磨削方法

(1) 磨削平面

磨削平面的方法有两种，一种是端磨法，即用砂轮端面进行磨削，因其接触面大，易发热，且切削液难以浇到工件表面，易发热变形，因而磨削精度较低，但生产效率较高；另一种是周磨法，刚好与端磨法相反，它磨削效率较低，但加工精度较高。

平面磨削方法如图 2—4—6 所示。

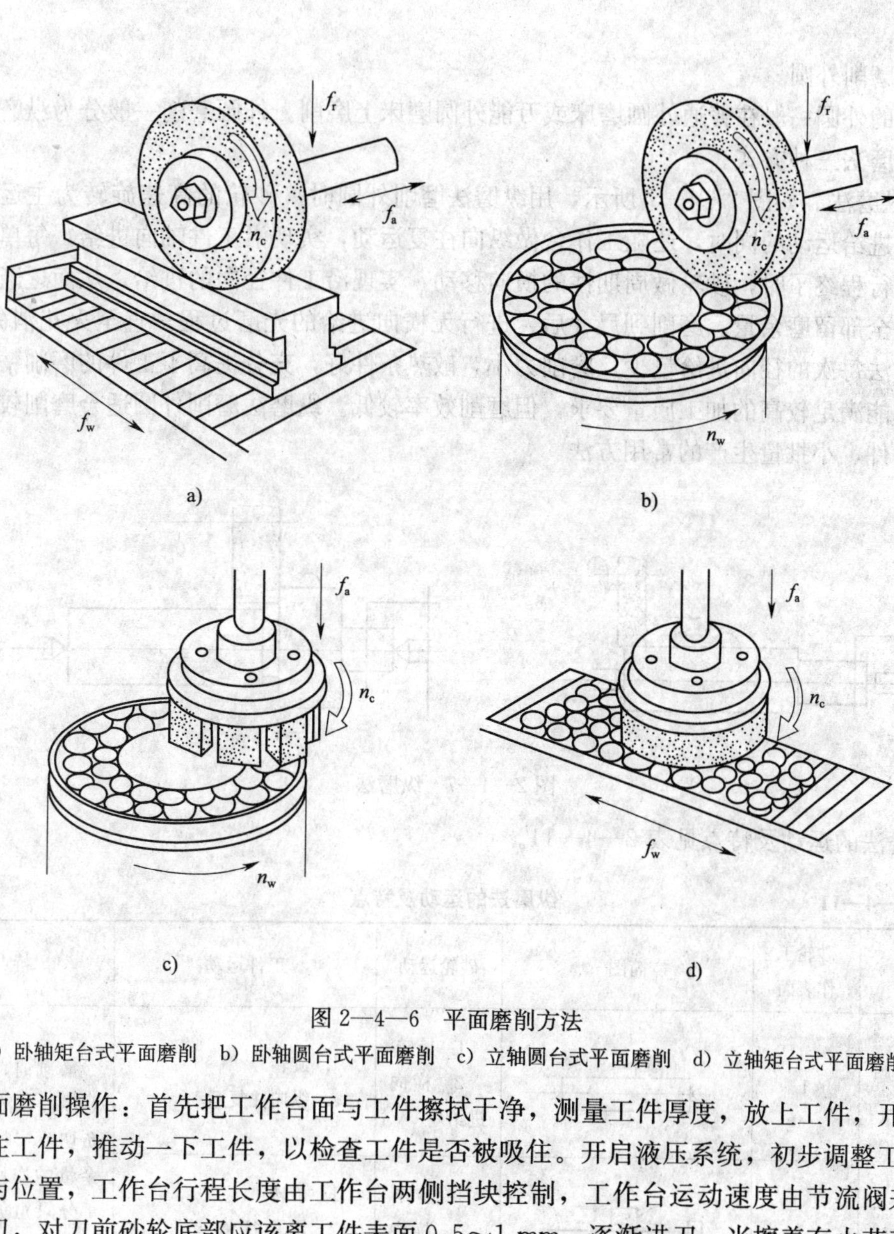

图 2—4—6　平面磨削方法

a）卧轴矩台式平面磨削　b）卧轴圆台式平面磨削　c）立轴圆台式平面磨削　d）立轴矩台式平面磨削

平面磨削操作：首先把工作台面与工件擦拭干净，测量工件厚度，放上工件，开启电磁吸盘吸住工件，推动一下工件，以检查工件是否被吸住。开启液压系统，初步调整工作台行程大小与位置，工作台行程长度由工作台两侧挡块控制，工作台运动速度由节流阀来调节。然后对刀，对刀前砂轮底部应该离工件表面 0.5～1 mm，逐渐进刀，当擦着有火花产生时，即开切削液，此时垂直进给刻度即为零位。先调整好工作台与砂轮架行程大小及位置，然后就可以让砂轮横向周期进给进行磨削，整个平面磨完一次后，如还有磨削余量，砂轮可重新做一次垂直进给。粗磨时横向进给量为（0.1～0.4）B（B 为砂轮宽度），垂直进给量为 0.02～0.05 mm。

精磨平面时横向进给量为（0.05～0.1）B（B 为砂轮宽度）。垂直进给量为 0.005～0.015 mm。垂直进给停止后，需光磨 1～2 遍，直到火花基本消失为止。

磨削将近结束时，垂直进给量要小，甚至不进给进行光磨，以保证磨削精度。磨完后退磁取下工件。操作时，人应站机床右边，以预防工件、砂轮碎片等飞出伤人。关机时，工作台应停在中心位置，砂轮架在工作台后部，并擦拭干净。

（2）磨削外圆

工件的外圆一般在普通外圆磨床或万能外圆磨床上磨削。外圆磨削一般分为纵磨法、横磨法和深磨法三种方式。

1）纵磨法。如图 2—4—7 所示，用纵磨法磨削外圆时，砂轮的高速旋转为主运动，工件做圆周进给运动的同时，还随工作台做纵向往复运动，实现沿工件轴向进给。每单次行程或每往复行程终了时，砂轮做周期性的横向移动，实现沿工件径向的进给，从而逐渐磨去工件径向的全部留磨余量。磨削到尺寸后，进行无横向进给的光磨过程，直至火花消失为止。由于纵磨法每次的径向进给量少，磨削力小，散热条件好，充分提高了工件的磨削精度和表面质量，能满足较高的加工质量要求，但磨削效率较低。纵磨法磨削外圆适合磨削较大的工件，是单件、小批量生产的常用方法。

图 2—4—7 纵磨法

纵磨法的运动及特点见表 2—4—11。

表 2—4—11 纵磨法的运动及特点

磨削表面特征	砂轮工作表面	简图	砂轮运动	工件运动	特点
光滑外圆面	1	1	1. 旋转 2. 横向进给	1. 旋转 2. 纵向往复运动	磨削时，砂轮左（或右）端面边角担负切除工件大部分余量的作用，其他部分只担负减小工件表面粗糙度值的作用。磨削深度小，工件余量需多次进给切除，故机动时间长，生产效率低
带端面及退刀槽的外圆面	1、2	2 1	1. 旋转 2. 横向进给	1. 旋转 2. 纵向往复运动，在端面处停靠	
带圆角及端面的外圆面	1、2、3	2 3 1	1. 旋转 2. 横向进给	1. 旋转 2. 纵向往复运动，在端面处停靠	

2）横磨法。如图 2—4—8 所示，采用横磨法磨削外圆时，砂轮宽度比工件需磨削的宽度大，工件不需做纵向（工件轴向）进给运动，砂轮以缓慢的速度连续地或断续地做横向进给运动，实现对工件的径向进给，直至磨削达到尺寸要求。其特点是：充分发挥了砂轮的切削能力，磨削效率高，同时也适用于成形磨削。然而，在磨削过程中砂轮与工件接触面积

大，使得磨削力增大，工件易发生变形和烧伤。另外，砂轮形状误差直接影响工件几何形状精度，磨削精度较低，表面粗糙度值较大。因而必须使用功率大、刚度高的磨床，磨削的同时必须给予充分的切削液，以达到降温的目的。使用横磨法时，要求工艺系统刚度要高，工件宜短不宜长。短台阶轴轴颈的精磨工序通常采用这种磨削方法。

横磨法的运动及特点见表 2—4—12。

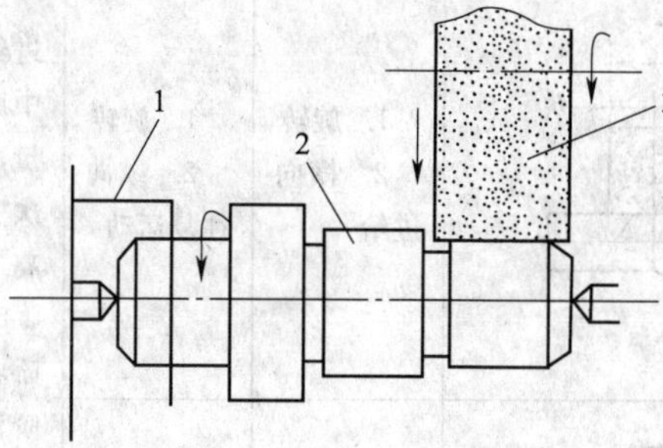

图 2—4—8　横磨法

1—卡箍　2—工件　3—砂轮

表 2—4—12　　**横磨法的运动及特点**

磨削表面特征	砂轮工作表面	简图	砂轮运动	工件运动	特点	备注
光滑短外圆面	1	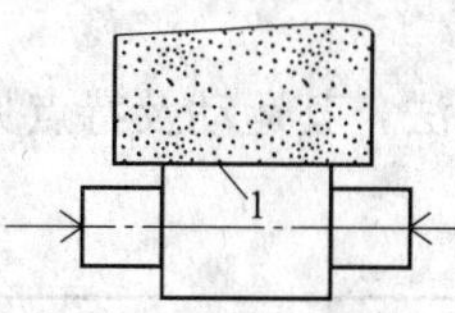	1. 旋转 2. 横向进给	旋转	1. 磨削时，砂轮工作面磨粒负荷基本一致，且在一次磨削循环中可分为粗磨、精磨、光磨，效率较高 2. 由于无纵向进给，故磨粒在工件上留下重复磨痕，表面粗糙度值较大，一般 Ra 为 0.32～0.16 μm	
带端面的短外圆面	1、2	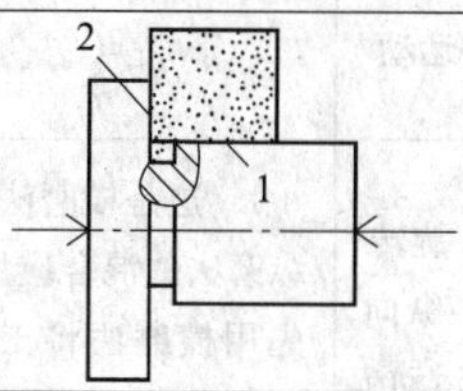	1. 旋转 2. 横向进给	1. 旋转 2. 纵向往复运动，在端面处停靠		
	1、2	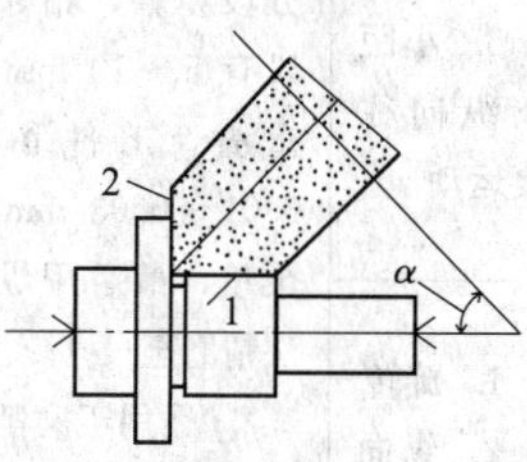	1. 旋转 2. 横向进给	旋转		α 为 10°、15°、26°、30°、45°

3）深磨法。深磨法是一种比较先进的方法，生产效率高，磨削余量一般为 0.1～0.35 mm。用这种方法可一次进给将所有余量磨掉。磨削时，进给量较小，一般取纵向进给量为 1～2 mm/r，约为纵磨法的 15%，加工工时为纵磨法的 30%～75%。

深磨法的运动及特点见表 2—4—13。

表 2—4—13　　深磨法的运动及特点

磨削表面特征	砂轮工作表面	简图	砂轮运动	工件运动	特点	备注
光滑外圆面	1、2	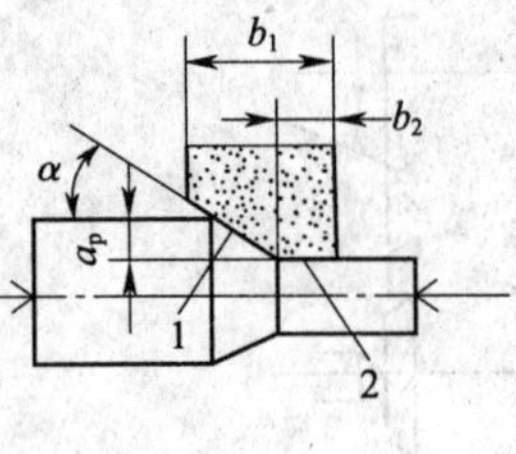	1. 旋转 2. 横向进给	1. 旋转 2. 纵向往复运动	1. 以较小的纵向进给量在一次磨削中磨去工件全部余量，粗磨、精磨一次完成，生产效率高 2. 将砂轮修成台阶状，台阶数及台阶深度按工件长度和磨削余量确定，一般一个台阶深度在 0.3 mm 左右 3. 适用于大批量生产 4. 要求磨床功率大、刚度高	砂轮主偏角 $\alpha=1.5°\sim5°$ $a_p=0.3$ mm
	1、2、3	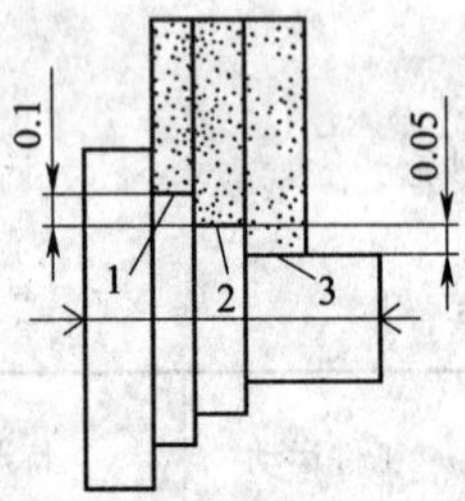	1. 旋转 2. 横向进给	1. 旋转 2. 纵向往复运动		$a_p=0.5$ mm

除此之外，还可综合采用以上三种方式构成混合磨削法，其运动及特点见表 2—4—14。

表 2—4—14　　混合磨削法的运动及特点

磨削表面特征	砂轮工作表面	简图	砂轮运动	工件运动	特点	备注
带端面的稍短外圆面	1、2	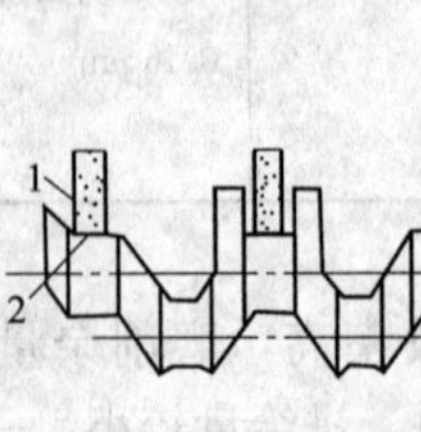	1. 旋转 2. 分段横向进给	1. 旋转 2. 纵向间歇运动 3. 小距离纵向往复运动	1. 这是横磨法和纵磨法的混合应用。先用横磨法将工件分段粗磨，相邻两段有 5～10 mm 的重叠，工件留有 0.01～0.03 mm 的余量，最后用纵磨法精磨至尺寸 2. 适用于磨削余量大、刚度高的工件 3. 加工表面长度为砂轮宽度的 2～3 倍时最适宜	纵磨法余量为 0.01～0.03 mm
曲轴轴颈	1、2	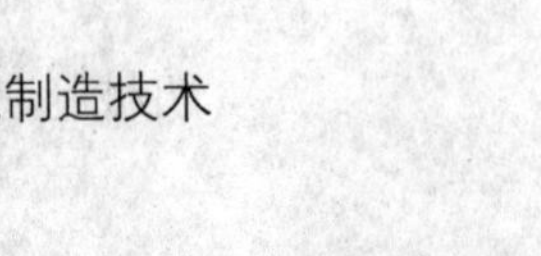	1. 旋转 2. 分段横向进给	1. 旋转 2. 纵向间歇运动 3. 小距离纵向往复运动		

（3）磨削端面

在万能外圆磨床上，可利用砂轮的端面来磨削工件的台肩面和端面。磨削开始前，应该让砂轮端面缓慢地靠拢工件的待磨端面，磨削过程中，要求工件的轴向进给量也应很小。这是因为砂轮端面的刚度很低，基本上不能承受较大的轴向力，所以，最好的办法是使用砂轮的外圆锥面来磨削工件的端面，此时，工作台应扳动一较大的角度。

（4）磨削内孔

利用外圆磨床的内圆磨具可磨削工件的内孔。如图 2—4—9 所示，磨削内孔时，工件大多数以外圆或端面作为定位基准，装夹在卡盘上进行磨削。磨内圆锥面时，只需将内圆磨具偏转一个圆周角即可。

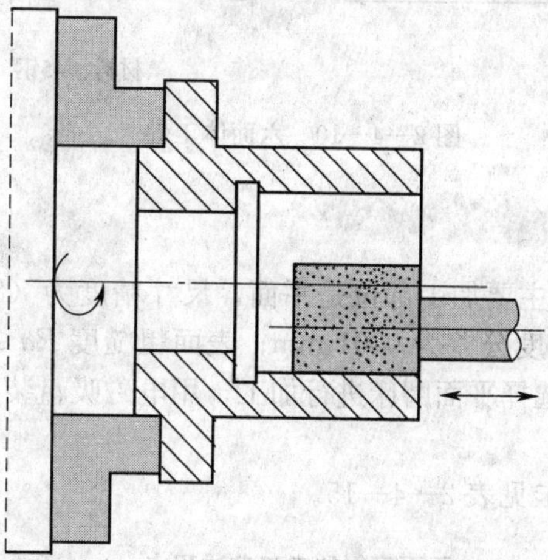

图 2—4—9　内孔的磨削

与外圆磨削不同，磨削内孔时，砂轮的直径受到工件孔径的限制，一般较小，故砂轮磨损较快，需经常修整和更换。磨削内孔使用的砂轮要比磨削外圆使用的砂轮软些，这是因为磨削内孔时砂轮与工件的接触面积较大。另外，砂轮轴直径比较小，悬伸长度较大，刚度很低，故磨削深度不能大，从而降低了生产效率。

任务 6　平面磨削加工

任务提出

磨削是一种应用十分广泛的精加工方法，它可以加工外圆、内孔、锥面、平面等，本任务以平面磨削为例，加工如图 2—4—10 所示的六面体工件，通过对一个工件的表面进行加工，使学生了解磨床的分类、结构和磨削方法，在教师的指导下，按照操作流程对工件进行磨削加工，掌握平面磨削加工方法。

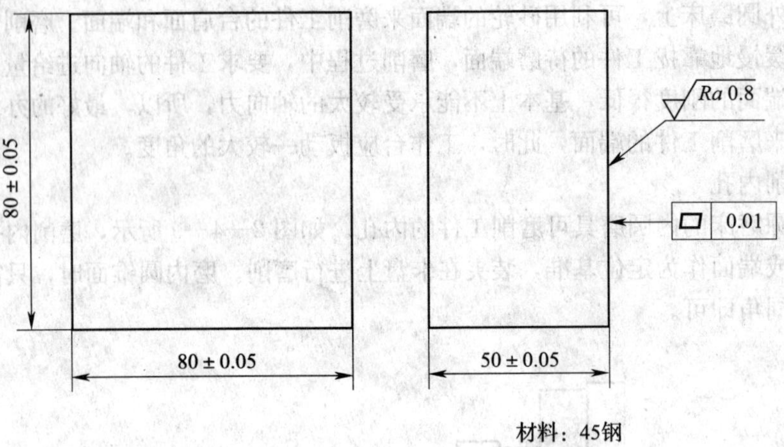

图 2—4—10 六面体工件

任务分析

图 2—4—10 所示工件的主要加工部位是平面，尺寸精度为（80±0.05）mm 和（50±0.05）mm，几何公差：平面度公差为 0.01 mm；表面粗糙度 $Ra \leqslant 0.8$ μm，由于平面度和表面质量要求较高，因此，选择平面磨床进行加工，用电磁吸盘装夹工件，检验项目为平面度和表面粗糙度。

平面磨削加工工艺过程卡见表 2—4—15。

表 2—4—15　平面磨削加工工艺过程卡

工序号	工序名称	工序内容	工艺装备
1	下料	85 mm×85 mm×55 mm	
		检测	
2	划线	按工件尺寸划线	
3	磨削	装夹工件	M7120D 型平面磨床
		磨削	表面粗糙度样板
4	钳工	检测	百分表、平台、千斤顶
5	入库		

任务实施

一、加工准备

1. 材料

45 钢，毛坯尺寸为 85 mm×85 mm×55 mm。

2. 设备

M7120D 型平面磨床。

3. 工艺装备

（1）刀具

1－400＊50＊203WA60K5V－35 m/s 平形砂轮。

（2）量具

千分表（带磁力表座）1 个、精密千斤顶 3 个、表面粗糙度样板、平台。

二、操作步骤与要领

1. 操作步骤

平面磨削操作流程，见表 2—4—16。

表 2—4—16　　**平面磨削操作流程**

操作流程	操作说明	作业流程图解
钳工划线	采用划针划线，确定工序余量	
打开电源开关	旋转开机按钮	
开机	依次释放紧急制动按钮 1、通电开关 2、液压启动开关 3	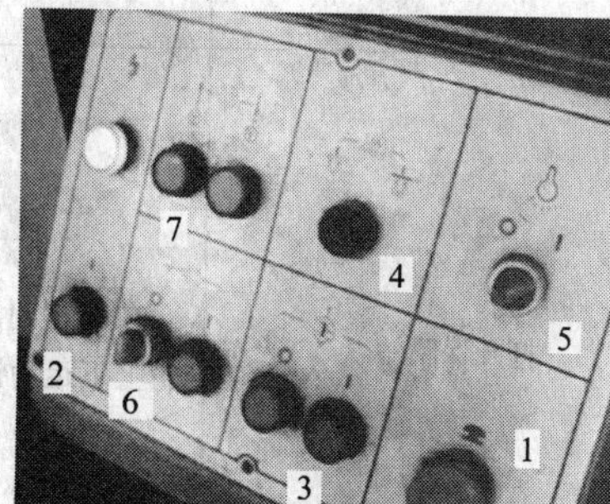

续表

操作流程	操作说明	作业流程图解
安装工件	擦净工作台的电磁吸盘和工件，并把工件放在工作台中央部位 按下电磁开关，把工件吸在工作台上，按下照明开关5	
调整纵向（左右）行程开关	根据工件在工作台上所处的位置调整横向行程开关1、2的位置，行程开关的距离应略大于加工部位长度	
调整横向（前后）行程开关	根据工件在工作台上所处的位置调整横向行程开关3、4的位置，行程开关的距离应略大于加工部位长度	
打开保险销	在磨削对刀前，务必拔出砂轮上下运动锁紧保险销	

续表

操作流程	操作说明	作业流程图解
对刀	按下控制面板上 6、7 右侧按钮或摇动上图所示手柄，控制砂轮主轴上下运动进行对刀，对刀结束后要按下保险销	
启动砂轮	按下控制面板上砂轮启动按钮 6	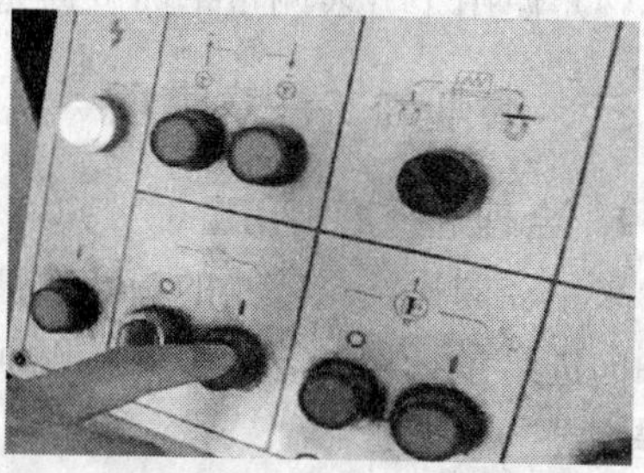
调整进给速度	扳动手柄 1，控制工作台纵向移动速度，粗磨快些，精磨慢些 扳动手柄 2 可控制砂轮横向移动速度	
磨削平面	根据工件情况进行磨削	

续表

操作流程	操作说明	作业流程图解
检验	使用千分表、三个精密千斤顶、磁力表座及平台配合检验平面度误差，用样板比对表面粗糙度	

2. 操作要领

(1) 选择合理的磨削用量。

(2) 保持充分的冷却，减小变形。

(3) 及时修整砂轮。

(4) 使用千分表测量平面度误差。

三、磨削加工注意事项

1. 合理选择磨削用量

采用径向进给量较小的精磨法甚至精细磨削时，如适当减小径向进给量及砂轮速度，增大轴向进给量，使砂轮与工件接触面积减小，散热条件得到改善，从而有效地控制表层温度的提高。

2. 合理选择和修整砂轮

采用白刚玉砂轮较好，它的性能硬而脆，且易产生新的切削刃，因此切削力小，磨削热较少。在粒度上使用中等粒度，如F40～F60较好，在砂轮硬度上采用中软和软（K、L和G、H、J），即粗粒度、低硬度的砂轮，自锐性好，可降低切削热。

精磨时选择适当的砂轮十分重要。当加工硬质合金、淬火硬度高的材料时，优先采用有机黏结剂的金刚石砂轮，有机黏结剂砂轮自锐性好，磨出的工件表面粗糙度 $Ra \leqslant 0.2\ \mu m$。近年来，随着新材料的应用，CBN（立方氮化硼）砂轮显示出十分好的加工效果，在数控成形磨床、坐标磨床、CNC内外圆磨床上精加工的效果优于其他种类砂轮。

在磨削加工中，要注意及时修整砂轮，保持砂轮锐利，当砂轮钝化后，会在工件表面划擦、挤压，造成工件表面烧伤，使其强度降低。

3. 合理使用切削液

切削液发挥冷却、洗涤、润滑的三大作用，保持切削液清洁，从而将磨削热控制在允许的范围内，以防止工件产生热变形。改善磨削时的冷却条件，如采用浸油砂轮或内冷却砂轮等措施，将切削液引入砂轮的中心，切削液可直接进入磨削区域，发挥有效的冷却作用，防止将工件表面烧伤。

4. 将热处理后的淬火应力降低到最低限度

因为淬火应力、网状碳化组织在磨削力的作用下，组织产生相变，极易使工件产生裂纹。

5. 消除磨削应力

将工件在260～315℃盐浴中浸1.5 min，然后在30℃油中冷却，这样硬度可下降

1HRC，残余应力降低40%～65%。

四、常见误差及原因分析

常见误差产生原因及排除方法见表2—4—17。

表2—4—17　　常见误差产生原因及排除方法

序号	误差现象	产生原因	排除方法
1	平面度超差	(1) 工件变形 (2) 砂轮垂向或横向进给量大 (3) 冷却不充分 (4) 砂轮钝化	(1) 采取措施适当减少工件变形 (2) 选用合理的磨削用量 (3) 保持充分冷却，减少变形 (4) 及时修整砂轮
2	平行度超差	(1) 工件定位基面或工作台面不干净或有缺陷 (2) 工件本身有缺陷 (3) 砂轮磨削不均匀	(1) 磨削前做好清理、修毛刺工作 (2) 做好工件的检测，及时修整缺陷 (3) 及时修整砂轮
3	垂直度超差	(1) 工件定位基面或工作台面不干净或有缺陷 (2) 砂轮钝化 (3) 砂轮进给速度过大 (4) 没找正	(1) 磨削前做好清理、修毛刺工作 (2) 及时修整砂轮 (3) 控制进给量 (4) 仔细找正
4	表面粗糙度不符合要求	(1) 砂轮钝化，表面烧伤 (2) 砂轮垂向或横向进给量大 (3) 冷却不充分	(1) 及时修整砂轮 (2) 选择合适的进给速度 (3) 保证磨削时充分冷却
5	喇叭口	(1) 纵向进给不均匀 (2) 砂轮有锥度 (3) 接长轴刚度低	(1) 适当控制停留时间，调整接长轴越出长度，使其不超过砂轮宽度的一半 (2) 正确、及时修整砂轮 (3) 根据工件内孔大小及深度合理选择接长轴
6	锥形孔	(1) 头架调整角度不正确 (2) 砂轮磨损	(1) 调整头架角度 (2) 及时修整砂轮
7	圆度超差	(1) 砂轮钝化 (2) 横向进给量大 (3) 头架主轴轴承精度降低	(1) 及时修整砂轮 (2) 减小进给量 (3) 调整头架主轴轴承

续表

序号	误差现象	产生原因	排除方法
8	同轴度超差	(1) 工件未找正 (2) 夹紧力不够 (3) 砂轮钝化	(1) 仔细找正工件 (2) 保证足够的夹紧力 (3) 及时修整砂轮

任务评价

评分标准见表 2—4—18。

表 2—4—18　评分标准

序号	考核内容	评分标准	配分	得分
1	工件的装夹	装夹牢固、迅速、安全	8	
2	砂轮的装夹	装夹位置准确、牢固、迅速、安全	8	
3	切削用量的调整	调整准确、迅速、安全	8	
4	对刀	调整准确、迅速、安全	8	
5	试切	试切过程正确，切削用量合理	8	
6	磨平面	尺寸精度正确，表面粗糙度符合规定	30	
7	测量工件	平面度符合规定	20	
8	安全文明生产	按照国家颁布的安全生产规定进行评定	10	
合计			100	

任务 7　某车床主轴外圆磨削加工

任务提出

对于精度要求较高的外圆加工，一般都通过磨削进行，工件的外圆一般在普通外圆磨床或万能外圆磨床上磨削。磨削加工应用范围很广泛，通常作为零件（淬硬零件）的精加工工序，可以获得很高的加工精度和表面质量，本任务以 C616 型车床主轴（见图 2—4—11）的磨削加工工序为例，介绍外圆磨床的操作方法。

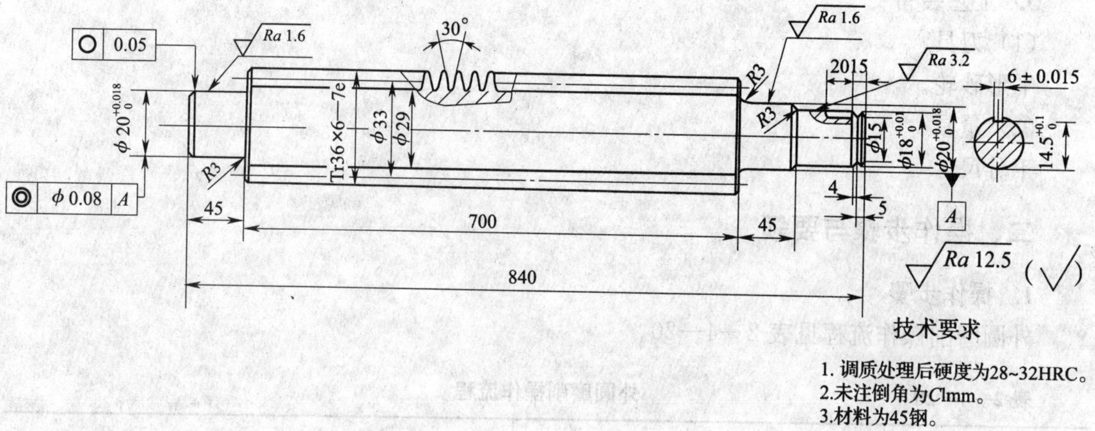

图 2—4—11　车床主轴

任务分析

本任务工件的主要加工部位是工件两端 $\phi20^{+0.018}_{0}$ mm 外圆和梯形螺纹 Tr36×6—7e 的大径。其中 $\phi20^{+0.018}_{0}$ mm 外圆的尺寸精度较高，梯形螺纹 Tr36×6—7e 的大径需要在淬火后加工。因此，必须采用外圆磨床进行加工。$\phi20^{+0.018}_{0}$ mm 的表面粗糙度 $Ra\leqslant1.6\ \mu$m。

外圆磨削加工工艺过程卡见表 2—4—19。

表 2—4—19　　外圆磨削加工工艺过程卡

工序号	工序名称	工序内容	工艺装备
1	下料	任务 3 车削加工后零件	
		检测	
2	磨削	装夹工件	M1432 型万能外圆磨床
		磨削外圆至尺寸要求	表面粗糙度样板、千分尺
3	钳工	检验	
4	入库		

任务实施

一、加工准备

1. 材料

45 钢，车床主轴。

2. 设备

M1432 型万能外圆磨床（顶尖）。

3. 工艺装备

（1）刀具

平形砂轮。

（2）量具

千分尺。

二、操作步骤与要领

1. 操作步骤

外圆磨削操作流程见表 2—4—20。

表 2—4—20　　　　外圆磨削操作流程

操作流程	操作说明	作业流程图解
通电	扳动手柄 1，机床通电	
装夹工件	1. 松开按钮 3，松开尾座 2. 移动尾座到合适位置 3. 拧紧按钮 3，锁紧尾座 4. 扳动扳手 2，把工件放在顶尖 1 和 4 之间	
开机	1. 抬起紧急制动按钮 8 2. 按下开机按钮 7，打开磨床	

续表

操作流程	操作说明	作业流程图解
启动液压系统	按下液压启动按钮 2	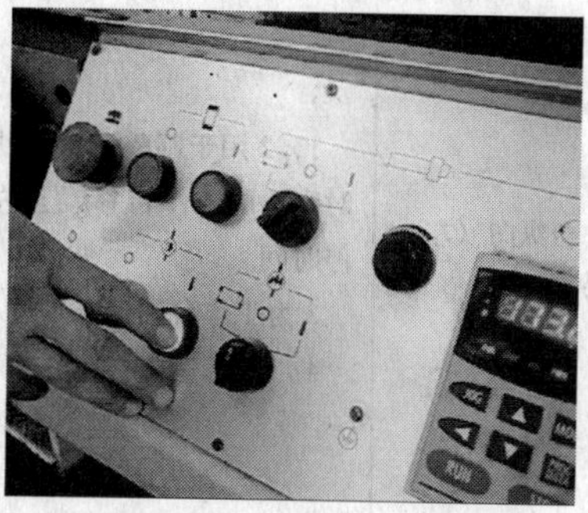
调整工件旋转速度	旋转旋钮 1，调整工件旋转速度	
启动砂轮	按下按钮 4，启动砂轮	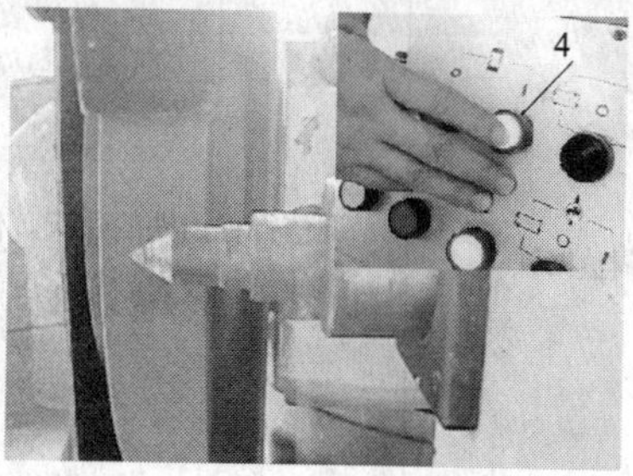
打开切削液	扳动旋钮 6，打开切削液	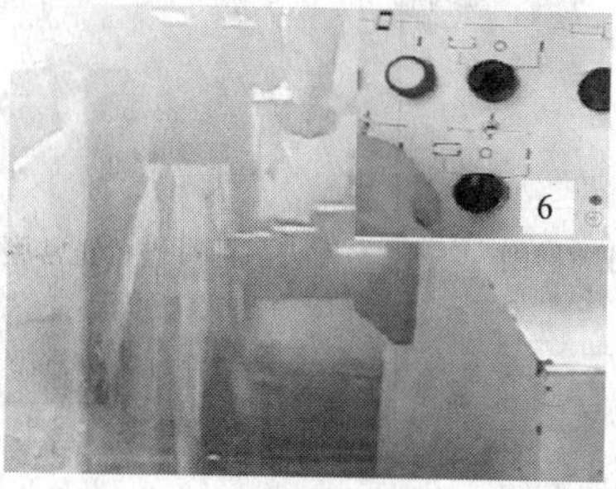

续表

操作流程	操作说明	作业流程图解
工作台纵向（左右）进给调整	1、2用于调整工作台纵向移动间歇时间，即工作台移动至左右两端时暂停时间 3为工作台移动开关 4用于控制工作台左右移动速度	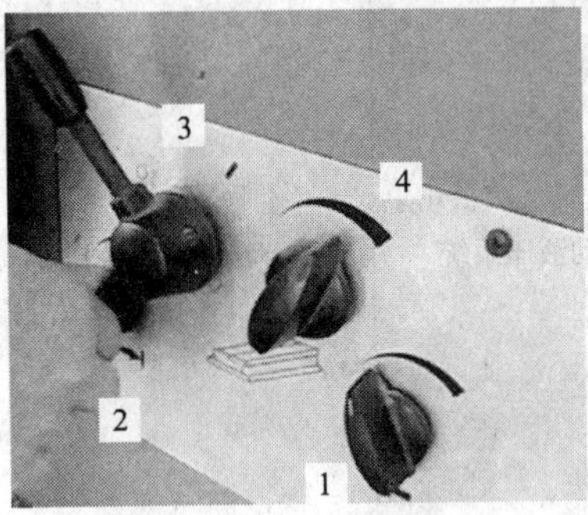
砂轮架横向（前后）进给调整	扳动手柄，控制砂轮架横向移动	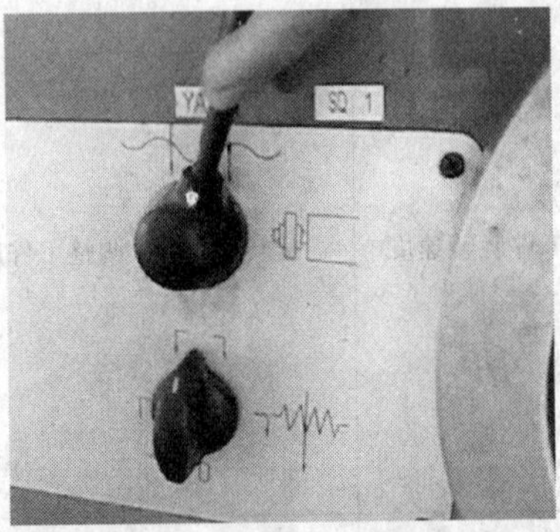
调整挡铁	调整行程挡铁的位置，使砂轮在工件两端伸出长度为砂轮宽度的1/3～1/2	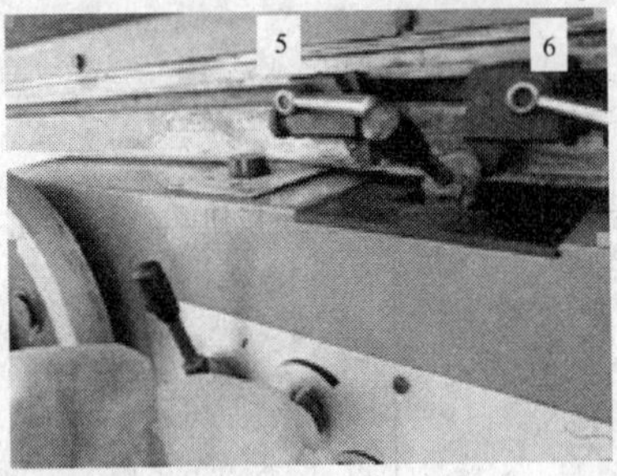
正常磨削	对刀后即可进行正常磨削	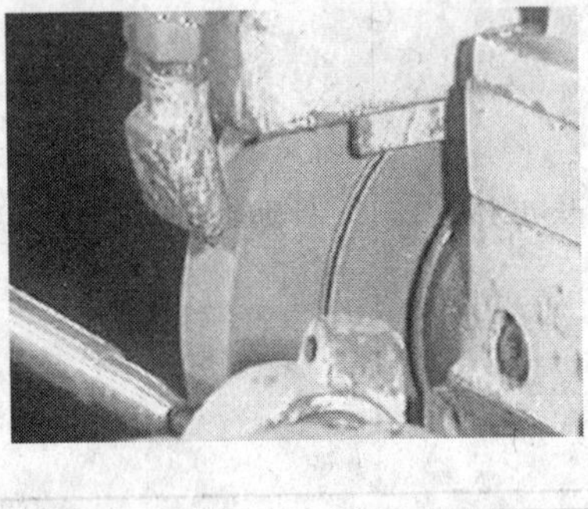

续表

操作流程	操作说明	作业流程图解
检验	检验圆度误差	

2. 操作要领

（1）及时修整砂轮，减小对工件的影响。

（2）用百分表检测工件时，砂轮应远离工件且停止旋转。

（3）操作前检查各手柄、旋钮等，应都在安全位置。

（4）砂轮架快速行进时，要控制进给位置，防止砂轮与工件或尾座相碰。

任务评价

评分标准见表 2—4—21。

表 2—4—21　　**评分标准**

序号	考核内容	评分标准	配分	得分
1	工件的装夹	装夹牢固、迅速、安全	8	
2	砂轮的装夹	装夹位置准确、牢固、迅速、安全	8	
3	切削用量的调整	调整准确、迅速、安全	8	
4	对刀	调整准确、迅速、安全	8	
5	试切	试切过程正确，切削用量合理	8	
6	磨外圆	尺寸精度正确，表面粗糙度符合规定	30	
7	测量工件	圆度符合规定	20	
8	安全文明生产	按照国家颁布的安全生产规定进行评定	10	
合计			100	

思考与练习

1. 磨削加工的本质是什么？

2. 砂轮硬度和磨料硬度的区别是什么？

3. 工程中常见到在磨削用的高速旋转的砂轮上都装有比较坚实的防护罩，这是什么原因？

4. 试述检验砂轮静平衡的步骤。

5. 试述判断砂轮是否存在裂纹的方法。

课题五　钻 削 加 工

◆ **教学目标**

◎ 掌握摇臂钻床钻头安装方法
◎ 能够正确装夹工件
◎ 熟悉钻床各操纵手柄的用途并能正确操作
◎ 能够正确划线并对孔进行钻削
◎ 掌握钻削切削用量的计算方法
◎ 掌握钻床的结构及各部分的功用

钻削知识思维导图如图 2—5—1 所示。

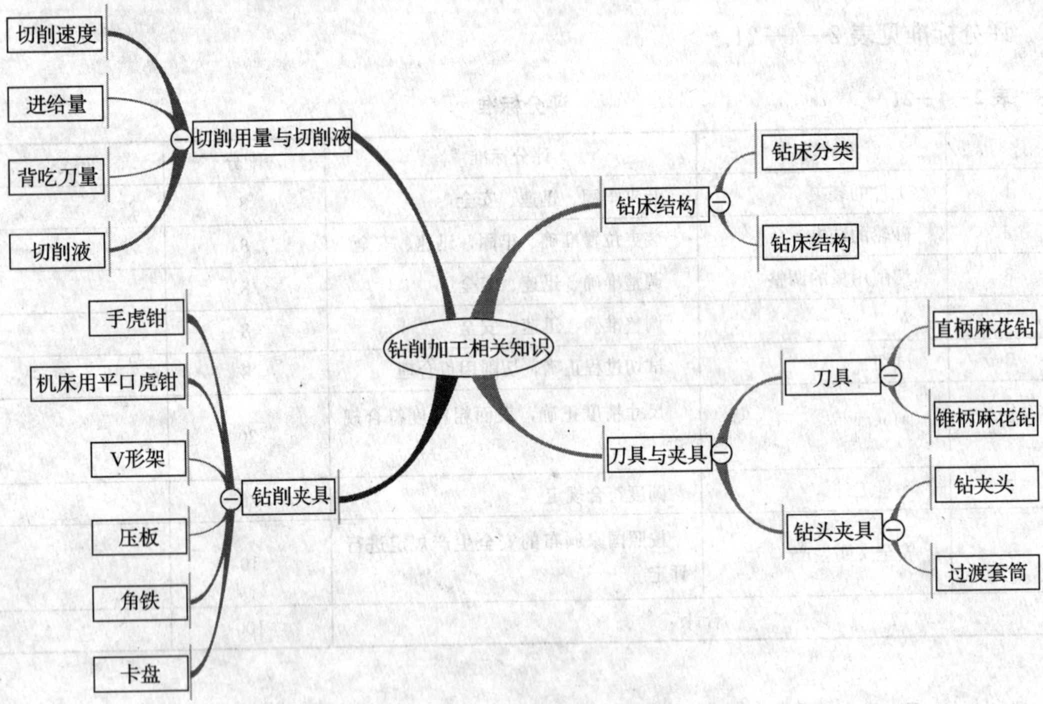

图 2—5—1　钻削知识思维导图

一、钻削机床结构

1. 钻床分类

钻削加工的主要设备有摇臂钻床、立式钻床、台式钻床和手电钻，是由主轴旋转运动带动刀具旋转并做轴向移动的孔加工设备。钻床的分类见表 2—5—1。钻削运动如图 2—5—2 所示，钻床的结构如图 2—5—3 所示。

表 2—5—1 钻床的分类

序号	设备名称	简图	说明
1	摇臂钻床		结构可靠，性能稳定，操作方法。适用于单件和中、小批量生产加工大、中型零件
2	立式钻床	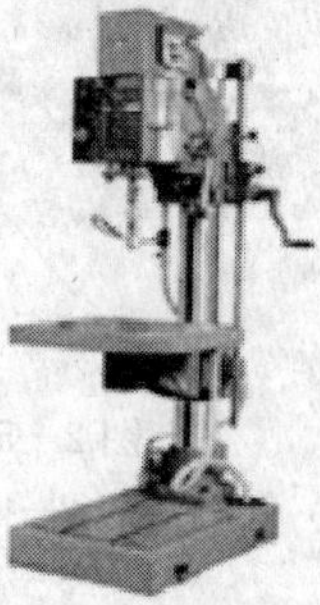	钻床主轴轴线在水平面内的位置是固定的，加工时为使刀具轴线与被加工工件轴线重合，必须移动工件。适用于加工中、小型工件上的孔。立式钻床最大钻孔直径有 25 mm、35 mm、40 mm 和 50 mm 等几种
3	台式钻床	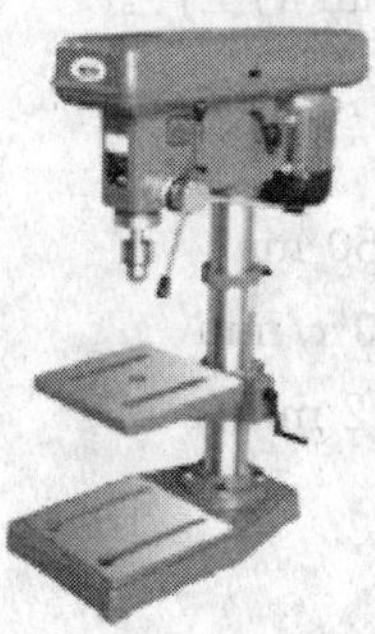	主要在机械加工车间对中、小型零件钻孔、扩孔、铰孔、攻螺纹、刮平面等，并可在机床修配车间使用，适用于加工小型工件，加工孔径一般小于 16 mm
4	手电钻	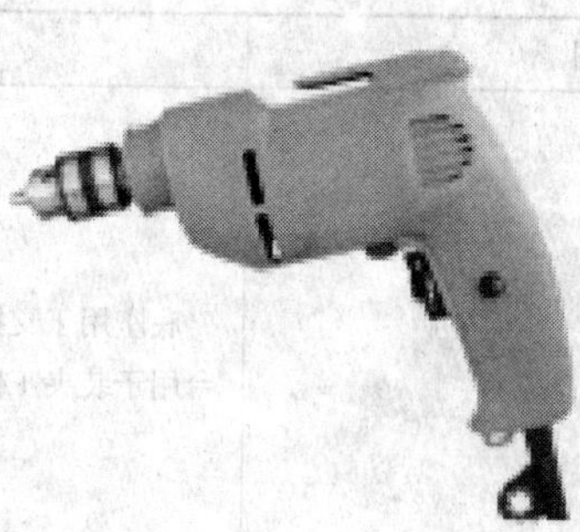	手电钻就是以交流电源或直流电池为动力的钻孔工具，可加工任意位置的孔，精度低

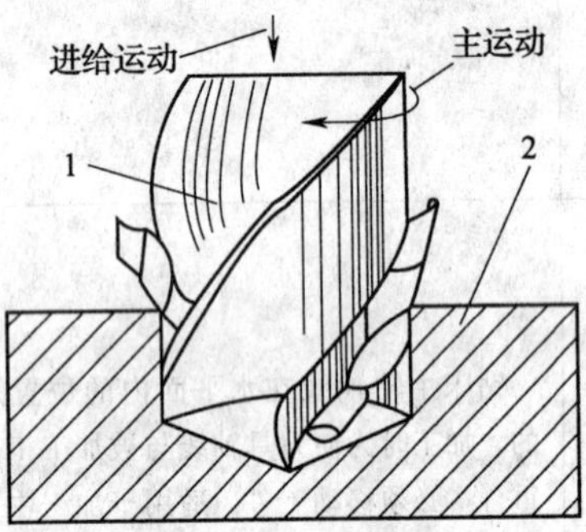

图 2—5—2 钻削运动

1—钻头 2—工件

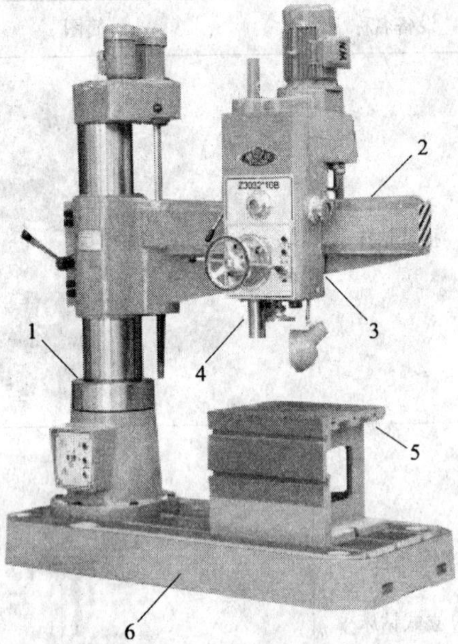

图 2—5—3 钻床的结构

1—立柱 2—摇臂 3—主轴箱 4—主轴

5—工件台 6—底座

Z35 型钻床一般用来加工直径不超过 35 mm 的工件。

主要技术参数：

最大钻孔直径	35 mm
主轴端面至底座工作面距离	350～1 250 mm
主轴转速范围（16 级）	25～2 000 r/min
主轴进给量范围（16 级）	0.04～3.2 mm/r

2. 摇臂钻床的主要部件

钻床的主要功能部件见表 2—5—2。

表 2—5—2　　钻床的主要功能部件

序号	名称	简图	说明
1	底座和工作台	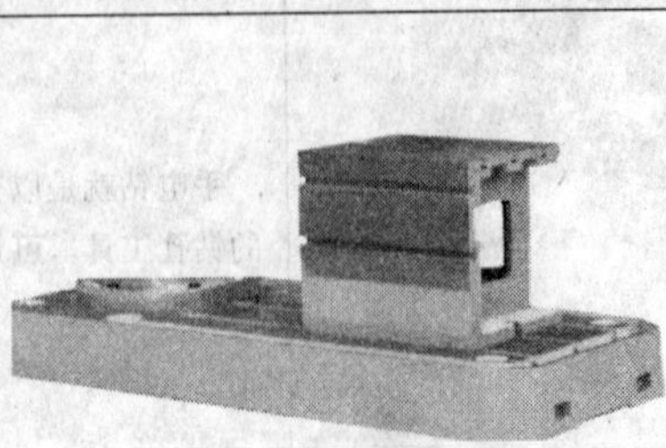	底座用于支撑钻床立柱和装夹工件。工作台用于装夹工件

续表

序号	名称	简图	说明
2	立柱		立柱由内外两层组成，调整主轴位置时，先将夹紧机构松开，外立柱和摇臂能绕内立柱转动
3	摇臂		摇臂钻床的主轴既能做旋转运动，又能做轴向运动
4	主轴箱与主轴		主轴箱装在可绕竖直轴线回转的摇臂水平导轨上，通过主轴箱在摇臂上的横向移动以及摇臂的回转，可以调整主轴的位置
5	机床控制按钮	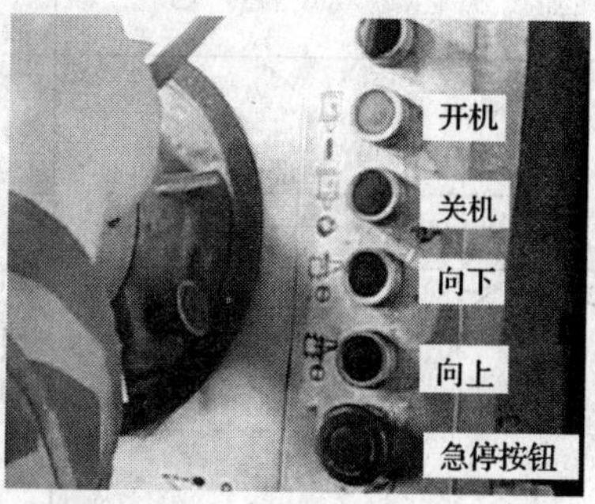	通过按下相应的按钮，实现机床的开机、关机，主轴向上、向下和急停

续表

序号	名称	简图	说明
6	立柱控制按钮		按下按钮 1 松开立柱；按下按钮 2 锁紧立柱

二、钻削加工刀具

麻花钻由工作部分、颈部和柄部组成，柄部是夹持部分，颈部供磨制钻头时退刀用，钻头的规格、材料和商标刻在颈部。工作部分又分为切削部分和导向部分。切削部分由五刃（两条主切削刃、两条副切削刃和一条横刃）和六面（两个前面、两个主后面和两个副后面）组成，如图 2—5—4 所示。钻削加工刀具及其装夹工具见表 2—5—3。

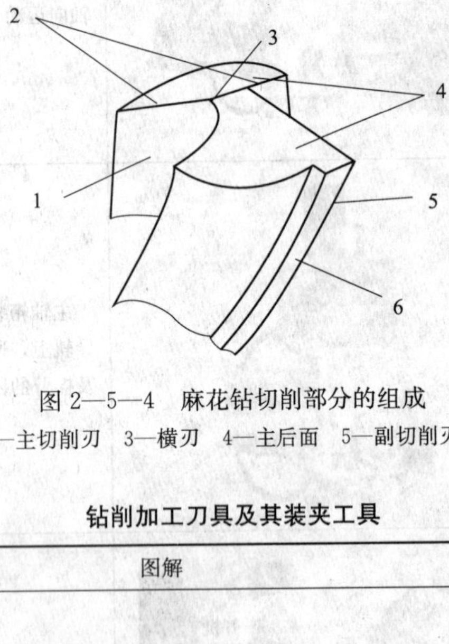

图 2—5—4 麻花钻切削部分的组成

1—前面 2—主切削刃 3—横刃 4—主后面 5—副切削刃 6—副后面

表 2—5—3 **钻削加工刀具及其装夹工具**

名称		图解	说明
钻头	直柄	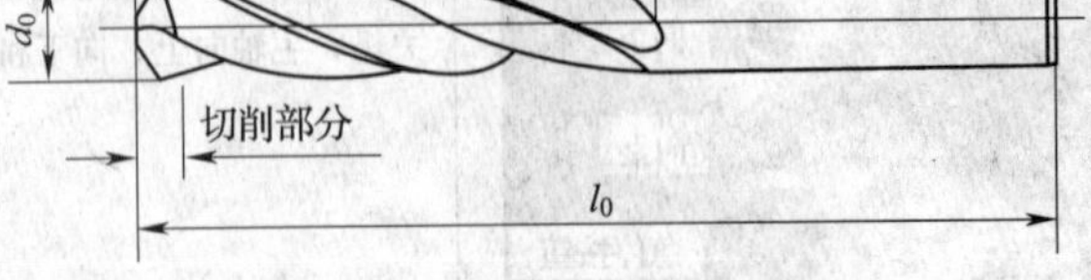	柄部是夹持部分，用于定心和传递动力，分为锥柄和直柄两种。一般直径小于 13 mm 的钻头做成直柄

续表

名称		图解	说明
钻头	锥柄	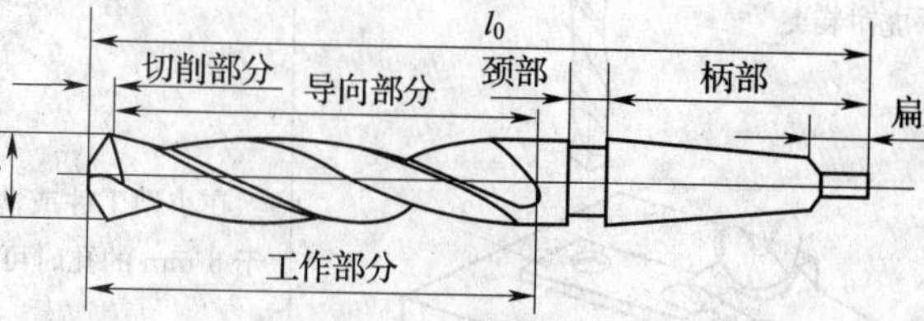	一般直径大于 13 mm 的钻头做成锥柄，锥柄可传递较大的转矩
装夹工具	钻夹头	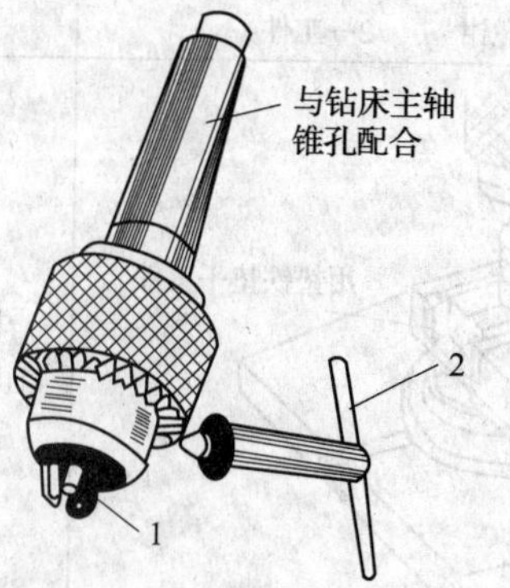1—自动定心卡爪　2—紧固扳手	用于装夹直柄钻头，且钻头直径一般小于 13 mm。钻夹头的柄部为圆锥面，与钻床主轴锥孔配合安装 当转动带有小锥齿轮的紧固扳手时，直柄钻头被夹紧或松开
	过渡套筒	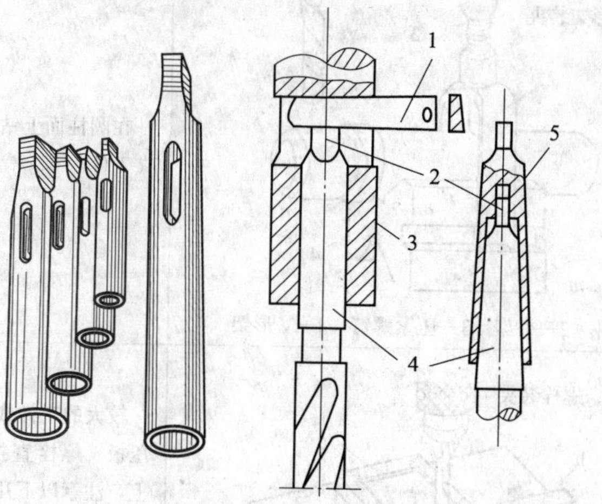1—楔铁　2—扁尾　3—钻轴　4—莫氏锥柄　5—过渡钻套	用于装夹大直径锥柄钻头。钻套均做成过渡连接式，由不同尺寸组成，并用编号以示区别

三、钻削加工夹具

常用钻床夹具见表 2—5—4。

表 2—5—4 **常用钻床夹具**

夹具	简图	说明
手虎钳	用手虎钳装夹 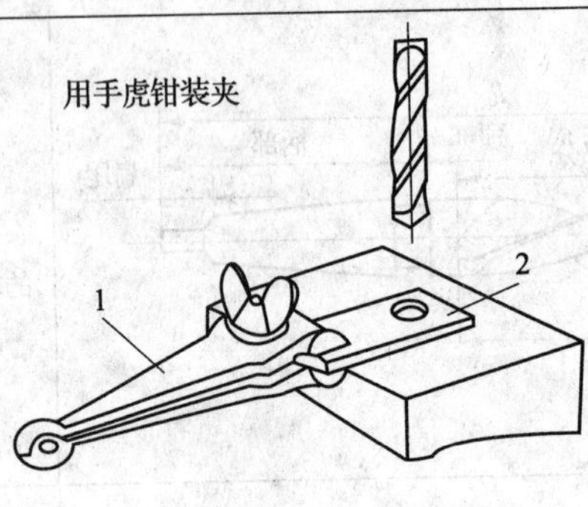 1—手虎钳 2—工件	在小型工件或薄板工件上钻直径小于 8 mm 的孔时可用手虎钳夹持工件
机床用平口虎钳	用平口虎钳装夹 用垫铁垫平工件 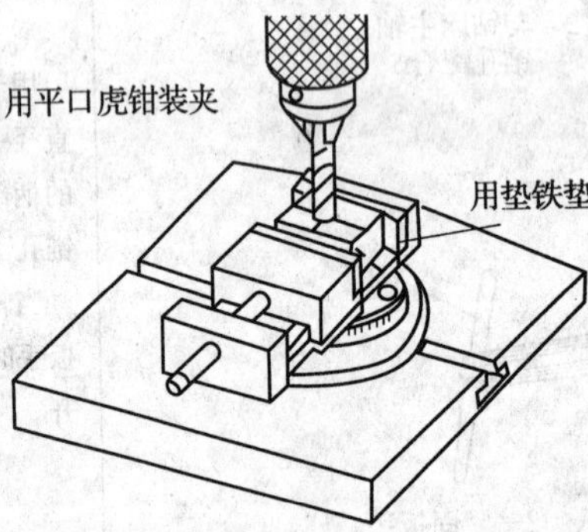	中、小型且形状规则的工件可用平口虎钳装夹
V 形架	用 V 形架装夹 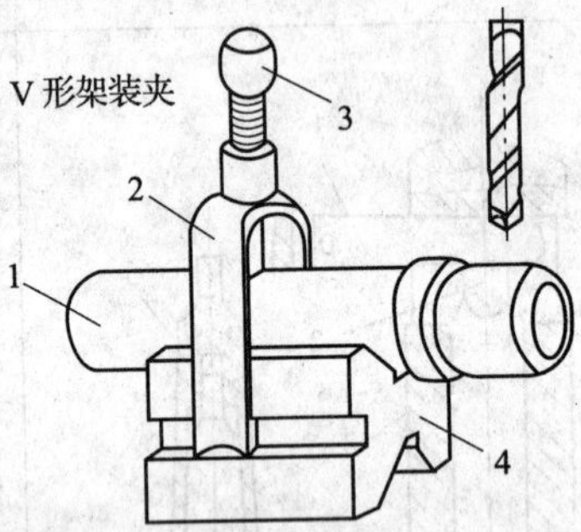 1—工件 2—弓架 3—压紧螺钉 4—V 形架	在圆柱面上钻孔时，可用 V 形架装夹工件
压板	用压板、螺栓装夹 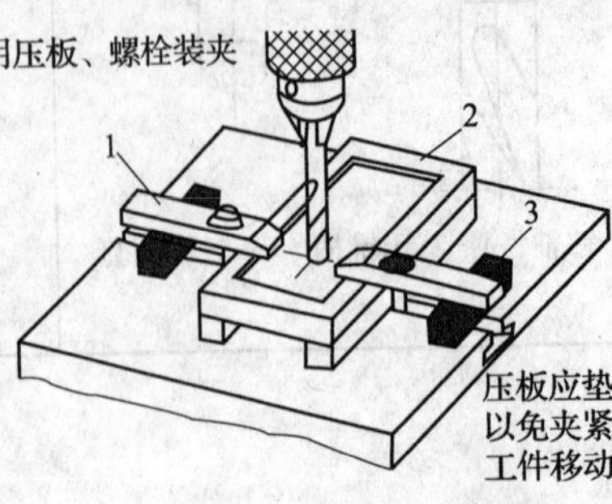 压板应垫平，以免夹紧时工件移动 1—压板 2—工件 3—垫铁	较大的工件或形状不规则的工件用压板、螺栓直接装夹在钻床工作台上，注意以下几点： 1. 螺栓应尽量靠近工件，以加大压紧力 2. 垫铁应高于工件的压紧面 3. 压紧精加工过的表面时应垫上铜皮等，以免压出印痕

续表

夹具	简图	说明
角铁	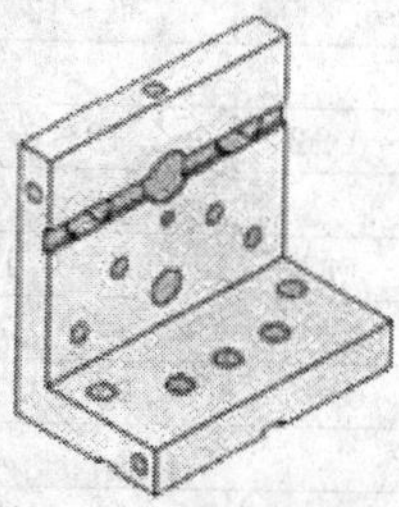	对于底面不平的工件或基准在侧面的工件，可采用角铁装夹，并且角铁必须用压板固定在钻床工作台上
卡盘		在圆柱形工件的端面钻孔时，用卡盘直接装夹

四、钻削加工工艺

1. 切削用量

（1）切削速度 v_c

切削速度是指钻削时钻头切削刃上最大直径处的线速度，可由下式计算：

$$v_c=\pi Dn/1\ 000\ \text{(m/min)}$$

式中 D——钻头直径，mm；

n——钻头转速，r/min。

（2）进给量 f

进给量是指主轴每转一转，钻头对工件沿主轴轴线相对移动的距离，单位为 mm/r。

（3）背吃刀量 a_p

背吃刀量是指已加工表面与待加工表面之间的垂直距离，即一次进给所能切下的金属层厚度，$a_p=D/2$，单位为 mm。

钻削切削用量如图 2—5—5 所示。

钻削加工的加工精度低，尺寸精度只能达到 IT11～IT10 级，表面粗糙度 Ra 值只能达到 12.5 μm。

常用高速钢钻头钻孔切削用量见表 2—5—5，Z35 摇臂钻床切削参数见表 2—5—6。

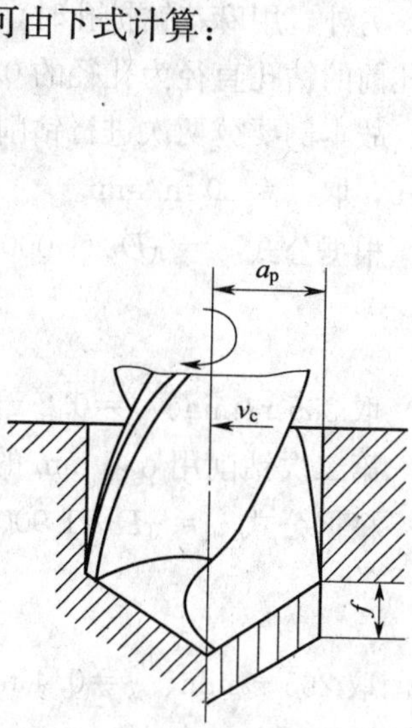

图 2—5—5 钻削切削用量

表 2—5—5　　**常用高速钢钻头钻孔切削用量**

工件材料	工件材料牌号或硬度	切削用量	钻头直径 d（mm）			
			1～6	6～12	12～22	22～50
铸铁	160～200HBW	v_c（m/min）	16～24			
		f（mm/r）	0.07～0.12	0.12～0.2	0.2～0.4	0.4～0.8
	200～240HBW	v_c（m/min）	10～18			
		f（mm/r）	0.05～0.1	0.1～0.18	0.18～0.25	0.25～0.4
	300～400HBW	v_c（m/min）	5～12			
		f（mm/r）	0.03～0.08	0.08～0.15	0.15～0.2	0.2～0.3
钢	35、45	v_c（m/min）	8～25			
		f（mm/r）	0.05～0.1	0.1～0.2	0.2～0.3	0.3～0.45
	15Cr、20Cr	v_c（m/min）	12～30			
		f（mm/r）	0.05～0.1	0.1～0.2	0.2～0.3	0.3～0.45
	合金钢	v_c（m/min）	8～15			
		f（mm/r）	0.03～0.08	0.05～0.15	0.15～0.25	0.25～0.35

表 2—5—6　　**Z35 摇臂钻床切削参数**

转速（r/min）	34、42、53、67、87、105、132、170、265、335、420、530、670、850、1 051、1 320、1 700
进给量（mm/r）	0.03、0.04、0.05、0.07、0.09、0.12、0.14、0.15、0.19、0.20、0.25、0.26、0.32、0.40、0.56、0.67、0.90、1.2

例如，试件材料为 HT180，硬度为 160～180HBW，钻孔直径为 30 mm，钻孔深度为 60 mm。

分析：直径小于 30 mm 的孔一次钻出；直径为 30～80 mm 的孔可分两次钻削，先用直径为（0.5～0.7）D（D 为要求加工的孔径）的钻头钻底孔，然后用直径为 D 的钻头将孔扩大。

另外，用麻花钻扩孔时，扩孔前的钻孔直径为孔径的 0.5～0.7 倍；用扩孔钻扩孔时，扩孔前的钻孔直径为孔径的 0.9 倍。

故本例要分两次进行钻削，第一次钻削时钻头直径为 15～21 mm，取 20 mm，查表 2—5—5，取 v_c＝20 m/min。

根据公式 $v_c=\pi Dn/1\ 000$

$$n=\frac{22\times1\ 000}{3.14\times20}\approx318.47\ (\text{r/min})$$

取 335 r/min、f＝0.2 mm/r。

第二次钻削用 ϕ30 mm 的麻花钻，查表 2—5—5，取 v_c＝22 m/min。

根据公式 $v_c=\pi Dn/1\ 000$

$$n=\frac{22\times1\ 000}{3.14\times30}\approx233.55\ (\text{r/min})$$

取 265 r/min、f＝0.4 mm/r。

2. 切削液

钻削时切削液的选用见表 2—5—7。

表 2—5—7　　钻削时切削液的选用

工件材料	切削液
不锈钢、耐热钢	3%的肥皂加 2%的亚麻油水溶液、硫化切削油
铸铁	一般不用切削液，但以除尘为目的时可用 5%～8%的乳化液、煤油
有机玻璃	5%～8%的乳化液、煤油
各类结构钢	3%～5%的乳化液、7%的硫化乳化液
纯铜、青铜、黄铜	不用，或用 5%～8%的乳化液
铝合金	不用，或用 5%～8%的乳化液、煤油与菜油的混合油

任务 8　钻削加工

任务提出

钻削加工主要是用来加工孔，包括在实体上钻孔，或者把已有的小孔扩大，并达到一定的技术要求。本任务欲在如图 2—5—6 所示的工件上钻两个孔。

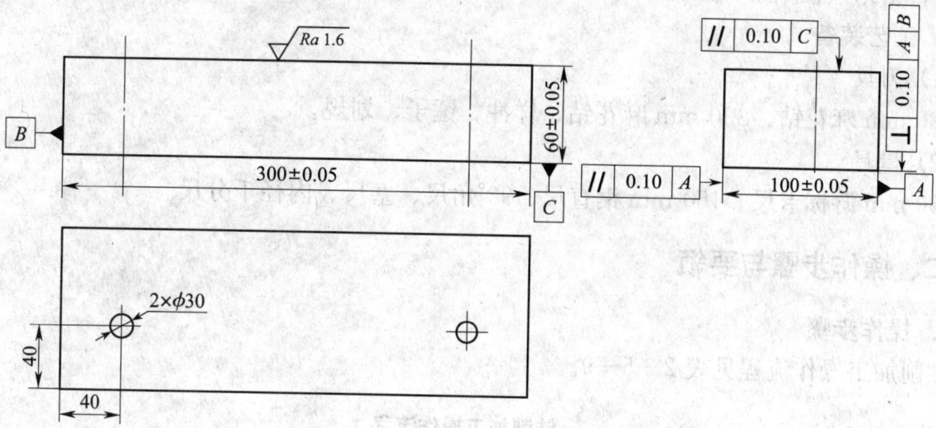

图 2—5—6　钻孔工件

任务分析

本任务以平面为加工对象，在平面上钻孔。由于工件较大，须采用压板装夹，并且 ϕ30 mm 的孔较大，为了保证钻削质量及保护钻头，应分两次钻削。钻削加工时，要充分考虑钻削用量和切削液的选用。

试件硬度为 160～180HBW，钻孔直径为 30 mm，钻孔深度为 60 mm。

钻削加工工艺过程卡见表 2—5—8。

表 2—5—8　　钻削加工工艺过程卡

工序号	工序名称	工序内容	工艺装备
1	下料	300 mm×100 mm×60 mm	
2	钳工	划线	
3	钻削	装夹工件	压板
		钻 ϕ20 mm 孔	ϕ20 mm 麻花钻
		钻 ϕ30 mm 孔	ϕ30 mm 麻花钻
4	钳工	检测	内径千分尺
5	入库		

任务实施

一、加工准备

1. 材料

铸铁 HT190：300 mm×100 mm×60 mm。

2. 设备

摇臂钻床（机床用平口虎钳）。

3. 工艺装备

（1）刀具

ϕ20 mm 麻花钻、ϕ30 mm 麻花钻、样冲、锤子、划规。

（2）量具

150 mm 游标卡尺、150 mm 钢直尺、90°角尺、塞尺、内径千分尺。

二、操作步骤与要领

1. 操作步骤

钻削加工操作流程见表 2—5—9。

表 2—5—9　　钻削加工操作流程

操作流程	操作说明	作业流程图解
操作者位置	站在钻床前侧，以便于操纵。若发生问题，可切断电源 注意：不可戴手套	

续表

操作流程	操作说明	作业流程图解
在工件上划线、打样冲眼	钻孔前应把孔中心的样冲眼用样冲再冲大一些，使钻头的横刃预先落入样冲眼的锥坑中，这样钻孔时钻头不易偏离孔的中心	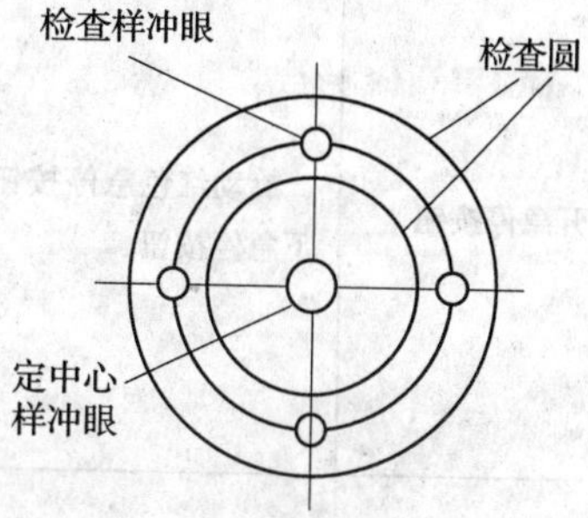 钻孔前
装夹工件	选用机床用平口虎钳装夹工件并找正	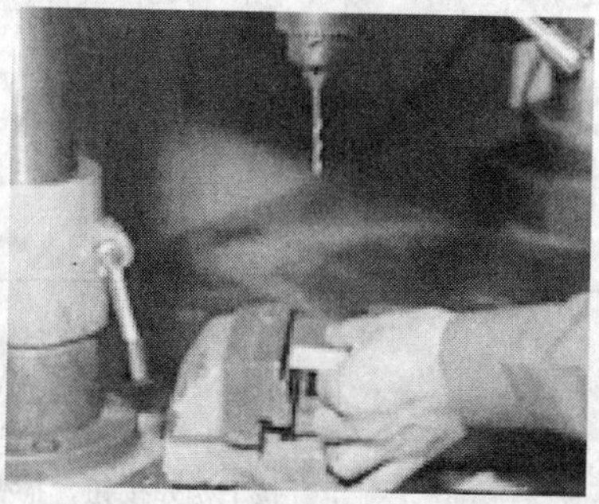
选择并安装钻头	直径小于 30 mm 的孔一次钻出；直径为 30～80 mm 的孔可分两次钻削，先用直径为（0.5～0.7）D（D 为要求加工的孔径）的钻头钻底孔，然后用直径为 D 的钻头将孔扩大	
打开电源	旋转红色按钮至打开位置	

续表

操作流程	操作说明	作业流程图解
打开急停按钮	旋动红色急停按钮，或在紧急情况下按下急停按钮	
开机	按下绿色开机按钮	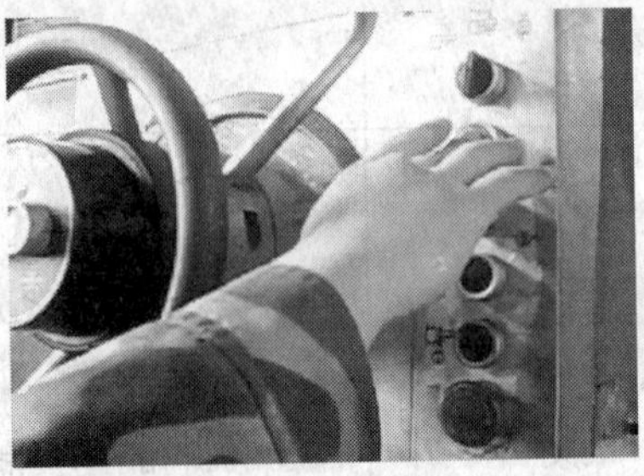
松开立柱	按下松开按钮，摇臂可沿立柱移动。旋转手轮，主轴箱沿摇臂左右移动	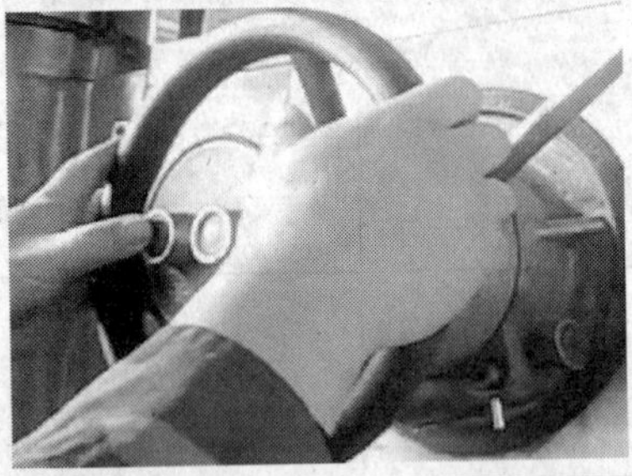
调整摇臂	按下按钮1、2，可控制摇臂沿立柱上下移动。对刀，到要钻孔位置的正上方，对好刀后锁紧摇臂	
变速	停车，调整主轴转速。图中白点对应的数字就是相应的切削用量	

续表

操作流程	操作说明	作业流程图解
主轴正转	扳动手柄 1，主轴正转	
进给	待转速正常后，顺时针旋转进给手柄进行钻削加工	
开机、对刀、试钻	慢慢地起钻，钻出一个浅坑，观察钻孔位置是否正确，如钻出的锥坑与所划的钻孔圆周线不同心，应及时借正	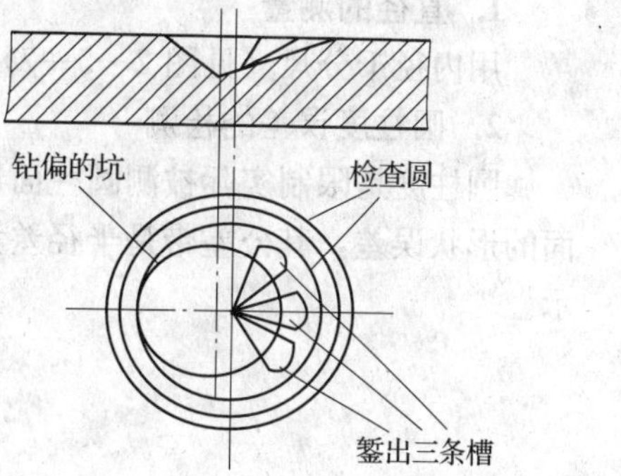
正常钻削	钻深孔时，钻进深度达到直径的 3 倍时，退出钻头排屑一次；合理浇注切削液；通孔将要钻穿时应减小进给量，如果采用自动进给，则应改为手动进给	

续表

操作流程	操作说明	作业流程图解
关机、测量	松开摇臂，关机、测量	

2. 操作要领

(1) 调整机床及测量时必须停机。

(2) 清理切屑时要用专用工具，不可用量具、手直接接触切屑，更不可用嘴吹切屑。

(3) 起钻和钻削结束时，进给速度要低。

三、质量检验

1. 直径的测量

用内径千分尺（见图 2—5—7）测量孔径。

2. 圆柱度误差的检测

圆柱度是限制实际被测圆柱面形状变动的公差项目，可以综合控制圆柱体轴剖面和纵截面的形状误差，其公差带是半径差为公差值 t 的两同轴圆柱面之间的区域，如图 2—5—8 所示。

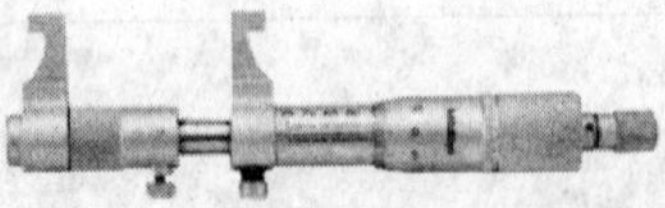

图 2—5—7　内径千分尺

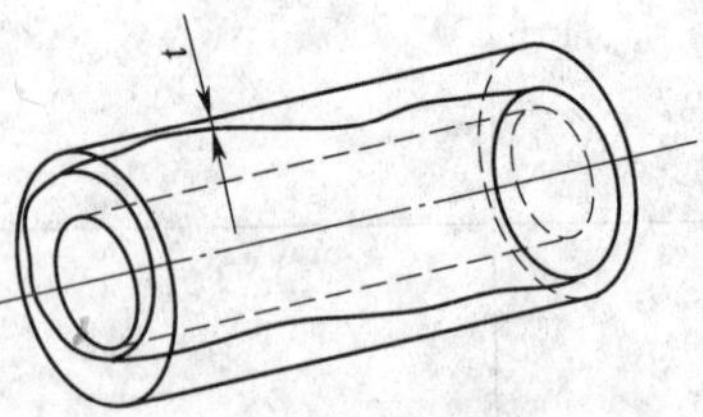

图 2—5—8　圆柱度公差带

用内径百分表测量零件上端截面一周上的最大、最小读数，按同样的方法测量零件中间、下端截面一周上的最大、最小读数，然后取各截面内所测得的所有读数中最大与最小读数差的一半作为该零件的圆柱度误差。

3. 垂直度误差的检测

为了检测孔轴线相对于工件表面的垂直度误差，可用 $\phi 30$ mm 的圆柱销插入孔内，把方箱放到工件上表面上，并紧紧靠住圆柱销，把塞尺插在两者之间的缝隙中，从而测量孔轴线与工件上表面的垂直度误差。

四、常见误差及原因分析

常见误差产生原因及排除方法见表 2—5—10。

表 2—5—10　　常见误差产生原因及排除方法

序号	误差现象	产生原因	排除方法
1	孔径扩大	（1）钻头装夹工具不好 （2）主轴本身跳动量过大 （3）钻头装夹不正确 （4）锋角不对称 （5）刃高差过大 （6）横刃偏心	（1）选用质量好的装夹工具 （2）校正主轴 （3）每次装夹钻头时应仔细测量与调整 （4）重新刃磨并校正 （5）刃磨后进行精度检查 （6）修磨钻头横刃
2	圆度超差	（1）锋角不对称 （2）刃高差过大 （3）横刃偏心 （4）钻头装夹工具不好 （5）主轴本身跳动量过大 （6）工件装夹不牢固 （7）后角过大 （8）钻头刚度不足	（1）重新刃磨并校正 （2）刃磨后进行精度检查 （3）修磨钻头横刃 （4）选用质量好的装夹工具 （5）校正主轴 （6）每次装夹工件时应仔细测量与调整 （7）重新刃磨并校正 （8）提高钻头刚度

任务评价

评分标准见表 2—5—11。

表 2—5—11　　评分标准

序号	考核内容	评分标准	配分	得分
1	在工件上划线	位置准确，线条清晰	10	
2	工件的装夹	装夹牢固、迅速、安全	10	
3	刀具的装夹	装夹位置准确、牢固、迅速、安全	10	
4	钻床调速	调整准确、迅速、安全	5	
5	开始钻削	起钻时进给速度要低	10	
6	起钻排屑	钻削深度为钻头直径的 2～3 倍时，起钻排屑	10	
7	钻削结束	钻透前进给速度要低	10	
8	清理场地	机床在安全工位，场地切屑清理干净	10	
9	加工表面检测	内孔直径符合要求	15	
10	安全文明生产	按照国家颁布的安全生产规定进行评定	10	
合计			100	

思考与练习

1. 钻削加工经常发生哪些伤害事故?

2. 简述摇臂钻床的组成。

3. 简述麻花钻切削部分的组成。

4. 已知试件材料为 HT180，硬度为 160～180HBW，钻 ϕ50 mm 的通孔，试通过计算选择钻头和主轴转速。

3 模块三 数控加工

本模块包括两个课题，主要介绍数控技术的相关知识。通过本模块的学习，学生能够对数控机床有初步的了解，能够编制简单的数控程序，并能对数控机床进行操作。

课题一　数控车削加工

◆ **教学目标**

◎ 正确识别数控车床的结构和组成

◎ 能够简单操纵数控车床

◎ 正确操作数控面板

◎ 掌握数控程序的创建和编辑

◎ 掌握数控程序的结构

◎ 能够正确进行对刀

数控车削思维导图如图 3—1—1 所示。

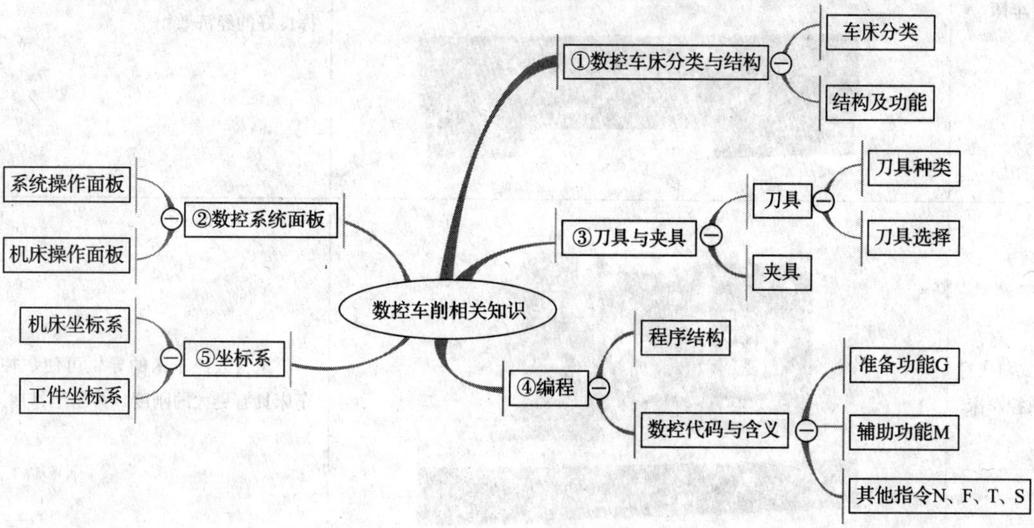

图 3—1—1　数控车削思维导图

一、数控车床分类与结构

1. 数控车床分类

数控车床按主轴形式主要分为立式数控车床、卧式数控车床，卧式数控车床还包括水平床身和斜床身两种，具体见表 3—1—1。

表 3—1—1　　数控车床分类

设备名称	简图	说明
立式数控车床	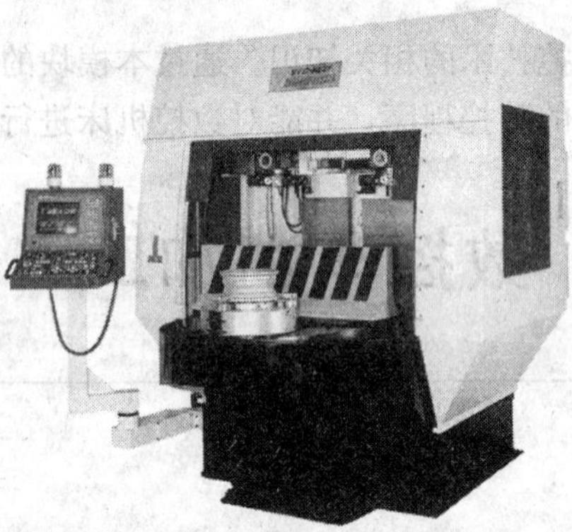	用来加工直径和质量比较大，或在卧式车床上难以装夹的工件
卧式水平床身数控车床		结构简单，工作可靠，生产效率高。具有圆弧插补等各种补偿功能，可在复杂零件的批量生产中发挥良好的经济效用
卧式斜床身数控车床		斜床身数控车床的导轨可使数控车床具有更大的刚度，并易于排屑

2. 数控车床的结构及功能

数控车床是通用性好的万能车床，它在生产加工中应用最为广泛，如图 3—1—2 所示。

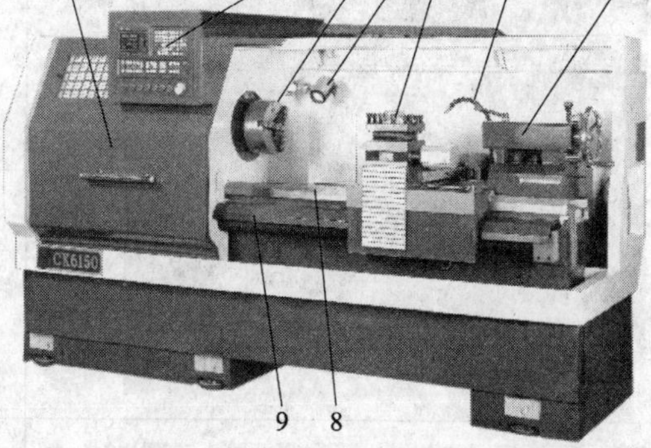

图 3—1—2　数控车床

1—防护门　2—控制面板　3—卡盘　4—照明装置　5—刀架

6—切削液喷管　7—尾座　8—导轨　9—床身

数控车床主要功能部件见表 3—1—2。

表 3—1—2　　**数控车床主要功能部件**

序号	名称	简图	说明
1	车床主体		它是数控车床机械本体，包括床身、主轴、刀架部分、进给系统等
2	主传动系统	 1—主轴脉冲编码器　2—同步齿形带 3—主轴电动机　4—主轴	产生不同的主轴速度以满足不同的加工要求。 基本要求如下： （1）较宽的调速范围 （2）足够的功率和转矩 （3）足够的传动精度

续表

序号	名称	简图	说明
3	进给传动系统	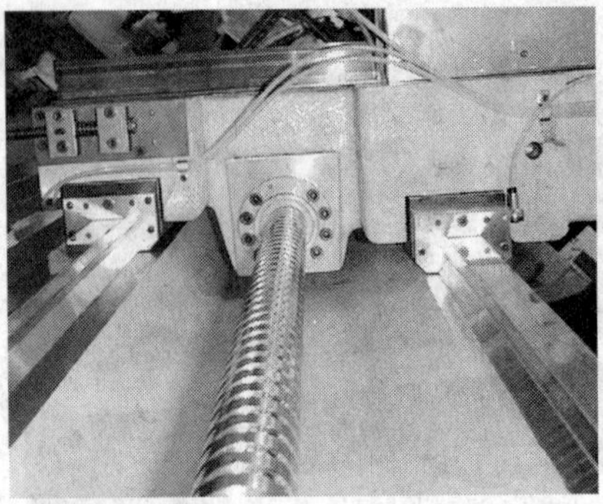	滚珠丝杠螺母副＋滑动导轨
4	数控系统	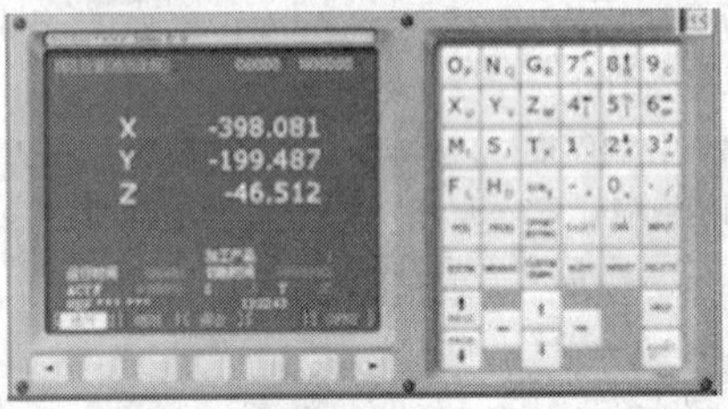	它是数控车床的控制核心部件，由各种数控系统完成对数控车床的控制
5	伺服驱动系统		伺服驱动系统是数控车床的执行机构，主要用来接收数控装置输出的指令信息；其输出端是数控车床刀架运动部分的驱动元件
6	辅助装置	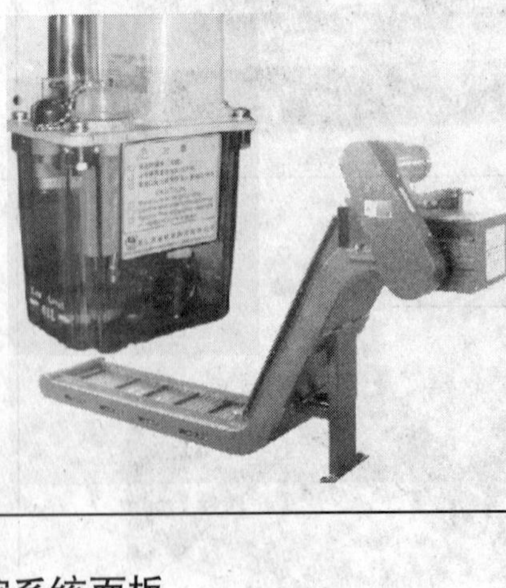	辅助装置包括冷却装置、润滑系统、排屑装置。冷却装置主要对加工过程起冷却作用；润滑系统对导轨、传动齿轮、滚珠丝杠及主轴箱等进行润滑；排屑装置的主要作用是将切屑从加工区域排出数控车床之外

二、数控车床数控系统面板

FANUC 0i 数控车床操作面板如图 3—1—3 所示，它由 CRT 显示屏、MDI 键盘和用户操作面板组成。

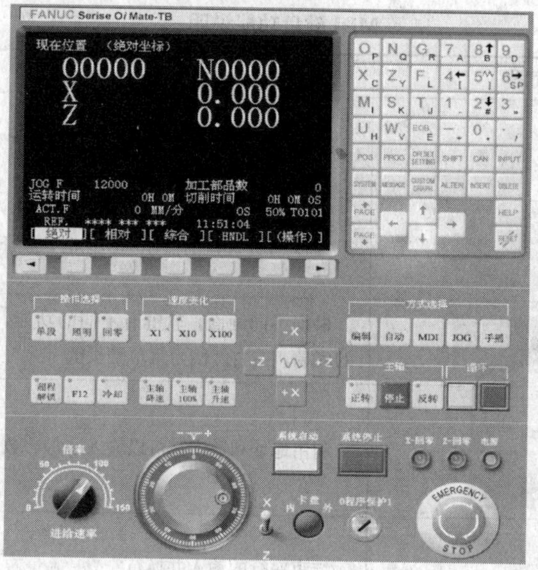

图 3—1—3　FANUC 0i 数控车床操作面板

1. 数控系统操作面板

数控系统操作面板由显示屏（见图 3—1—4）和 MDI 键盘（见图 3—1—5）两部分组成，其中显示屏主要用来显示相关坐标位置、程序、图形、参数、诊断和报警的信息。MDI 键盘功能说明见表 3—1—3。

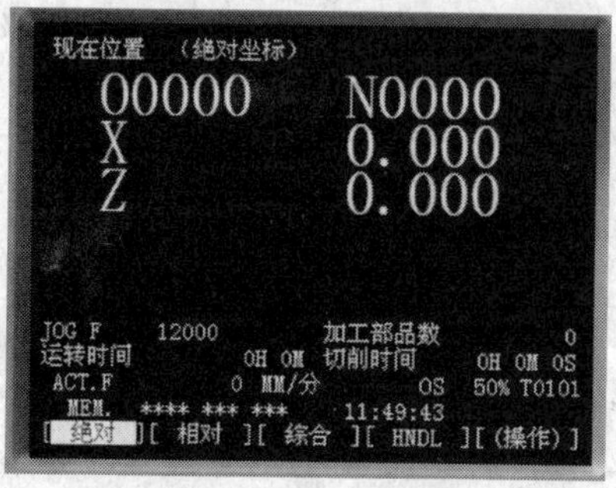

图 3—1—4　显示屏

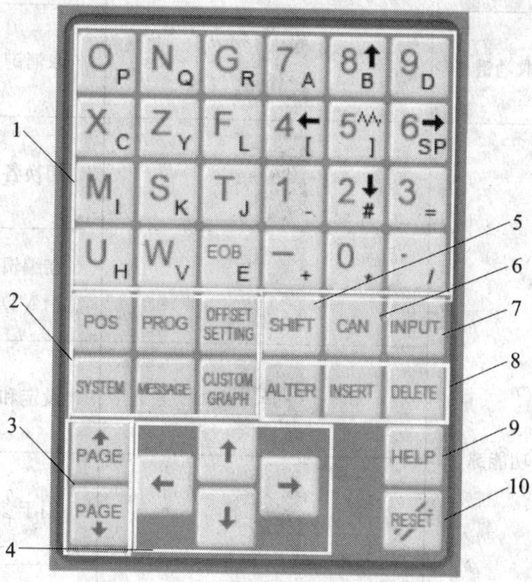

图 3—1—5　FANUC 0i Mate TC 数控车床 MDI 键盘

1—地址和数字键　2—功能键　3—翻页键
4—光标移动键　5—上挡键　6—取消键
7—输入键　8—编辑键　9—帮助键
10—复位键

表 3—1—3 **MDI 键盘功能说明**

名称	简图	功能说明
复位键		按下复位键可以使数控系统复位或者取消报警
帮助键		当对 MDI 键盘的操作不明白时，按下这个键可以获得帮助
软键		根据不同画面，软键有不同的功能。软键功能显示在 CRT 屏幕的底端，左右两侧为菜单翻页键
地址和数字键	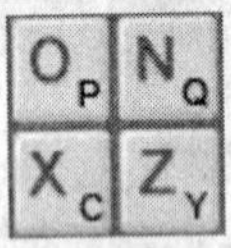	利用地址和数字键可以输入字母、数字或其他字符
回车换行键		结束一行的输入并换行
上挡键		利用上挡键可以输入字母、数字或其他字符
输入键		输入键一般用于输入参数等，有别于 INSERT 键
取消键		取消键用于删除最后一个进入输入缓存区的字符或符号
功能键		切换各个坐标系的画面
		在编辑方式下编辑、显示存储器里的程序，在 MDI 方式下输入及显示 MDI 数据，在自动方式下显示程序指令值
		设定和显示刀具补偿值、工件坐标系
		用于参数的设定、显示及自动诊断功能数据的显示
		报警信息显示和报警记录显示
		用于模拟刀具轨迹的图形显示

续表

名称	简图	功能说明
编辑键		用于程序字的替换
		插入键，用于程序字的插入
		删除键，用于删除程序字、程序段及整个程序
光标移动键	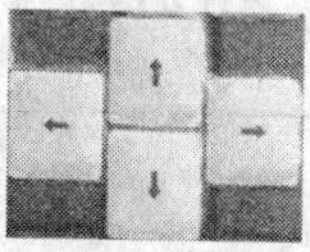	控制光标的移动
翻页键		用于将屏幕显示的页面前后翻页

2. FANUC 0i 数控车床的机床操作面板

FANUC 0i 数控车床的机床操作面板如图 3—1—6 所示，操作面板按键功能说明见表 3—1—4。

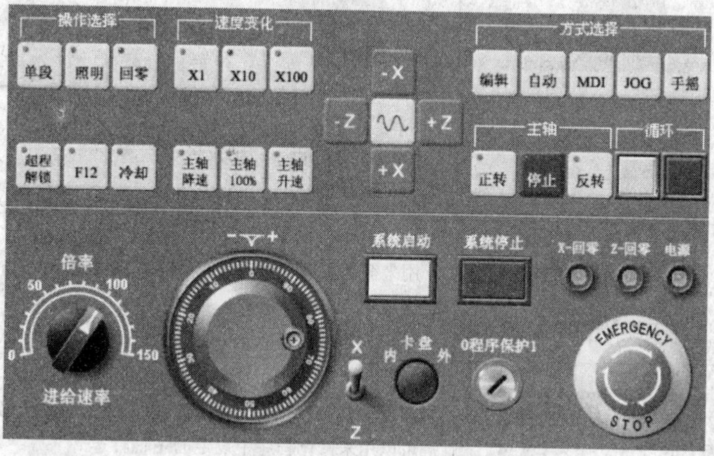

图 3—1—6　FANUC 0i 数控车床的机床操作面板

表 3—1—4　　　　操作面板按键功能说明

名称	图形	功能说明
运行方式键	编辑	按下该键进入编辑运行方式
	自动	按下该键进入自动运行方式
	MDI	按下该键进入 MDI 运行方式（手动数据输入）
	JOG	按下该键进入 JOG（手动）运行方式
	手摇	按下该键进入手轮运行方式
	单段	按下该键进入单段运行方式
	回零	按下该键可以进行返回车床参考点操作
主轴控制键	正转 停止 反转	按下 反转 键，主轴反转
		按下 停止 键，主轴停止
		按下 正转 键，主轴正转
循环启动与停止键		用来循环启动和循环停止程序，在自动加工运行和 MDI 方式运行时会用到（左键为启动，右键为停止）
主轴倍率键	主轴降速 主轴100% 主轴升速	在自动和 MDI 方式中，当 S 指令的主轴速度偏高或偏低时，这些键可以用来修调程序中设定的主轴转速

续表

名称	图形	功能说明
进给轴与方向选择键	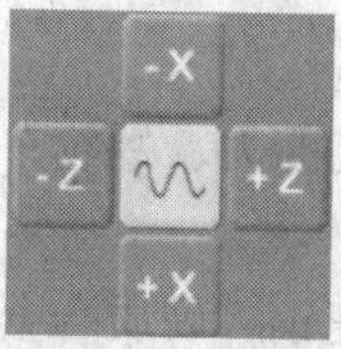	用来选择车床的移动轴和方向，其中  为快进键，当按下该键后，该键变为红色，表明快进功能开启；再按一下该键，该键恢复成白色，则表示快进功能关闭
进给倍率旋钮		用来调节进给倍率，进给倍率范围从 0～150%，每格为 10%
系统启动/停止键		用来启动和关闭数控系统，在通电开机和断电关机时使用
急停键		用于锁住车床，按下急停键时，车床立即停止运动。顺时针旋转即可释放
手摇进给倍率键	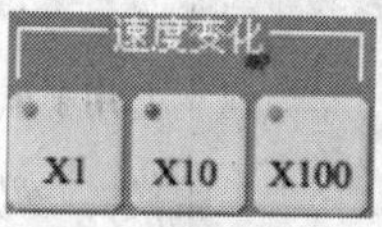	用于选择手摇移动倍率，按下所选倍率键后，该键左上方的红灯亮。其中  为 0.001 mm， 为 0.01 mm， 为 0.1 mm
手摇轮		在手摇轮模式下用来使车床移动。手摇轮逆时针旋转时，刀架向远离卡盘方向移动；手摇轮顺时针方向旋转时，刀架向靠近卡盘方向移动
进给轴选择键		在手摇轮模式下用来选择所要移动的轴

三、数控车削加工刀具与夹具

1. 刀具

（1）数控车削刀具的种类

在数控车床上使用的刀具有外圆车刀、钻头、镗刀、切断刀、螺纹车刀等，其中以外圆车刀、镗刀、钻头最为常用。

数控车削刀具与普通车削刀具一样，常用的材料有高速钢、硬质合金、立方氮化硼、金刚石等，但是数控车床的刀具中机夹刀具和涂层刀具的应用更为普遍。数控车刀的种类与用途见表3—1—5。

表3—1—5 **数控车刀的种类与用途**

车刀的种类	简图	用途
外圆车刀		用于外圆和端面的车削
内孔车刀	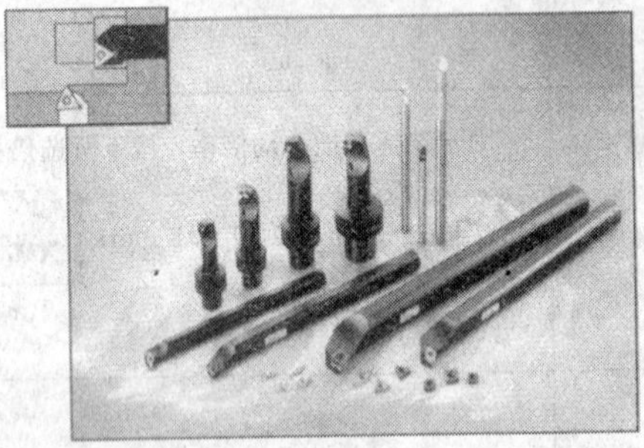	用于车削内孔
螺纹车刀	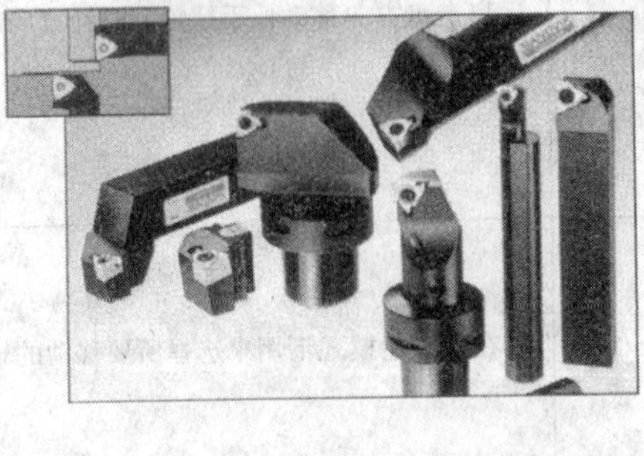	用于车削螺纹，工件的螺纹轮廓形状决定螺纹车刀的选择

续表

车刀的种类	简图	用途
切断刀		用于车槽和切断

（2）数控车削刀具的选择

由于数控车削加工特性的要求，在选择刀具时，对刀具的形状特别是切削部分的几何参数必须进行特别的处理，才能满足数控车削加工的要求，充分发挥出数控车床的效益。

选择刀具时，根据数控车床回转刀架的刀具安装尺寸、工件材料、加工类型、加工要求及加工条件从刀具样本中查表确定，具体步骤如下：

1）根据工件材料和加工类型（如外圆、孔或螺纹等）选择刀片，如图 3—1—7 所示为外圆和内孔加工类型。

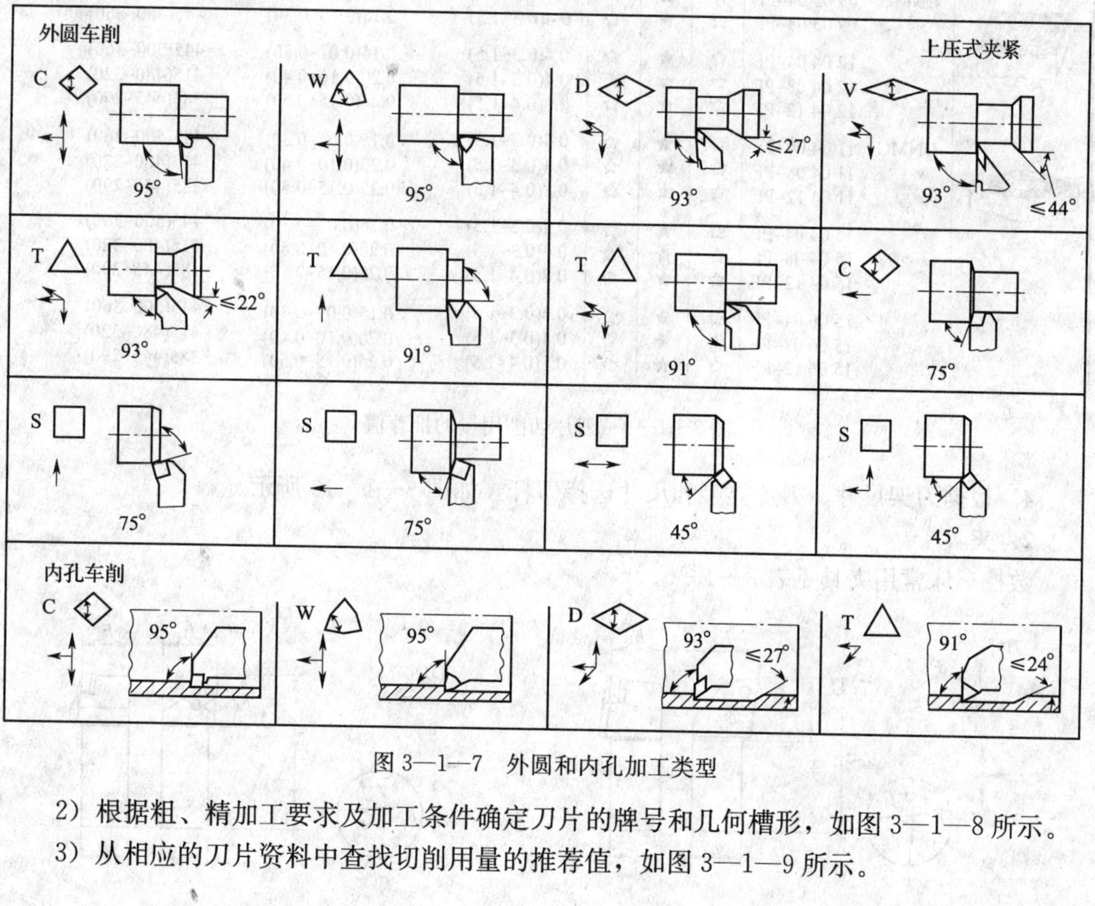

图 3—1—7 外圆和内孔加工类型

2）根据粗、精加工要求及加工条件确定刀片的牌号和几何槽形，如图 3—1—8 所示。

3）从相应的刀片资料中查找切削用量的推荐值，如图 3—1—9 所示。

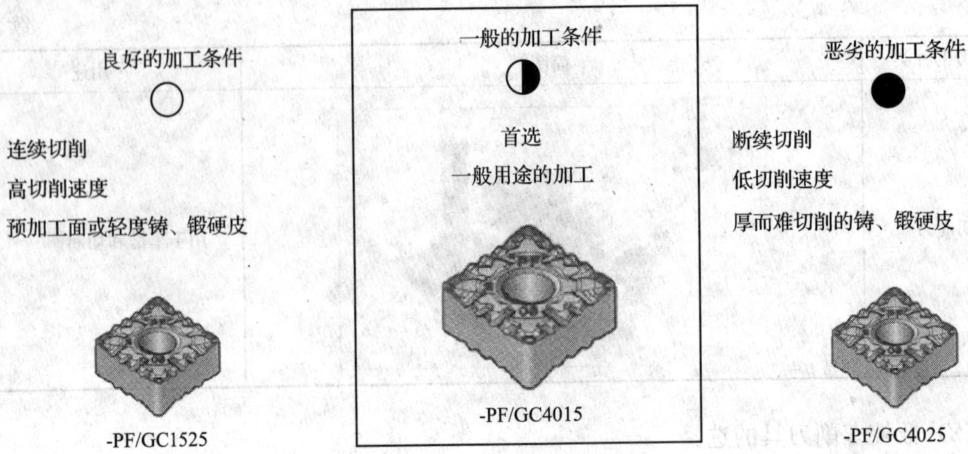

图 3—1—8　刀片的牌号和几何槽形的选择

订货号 刀杆, 48-55页 双面刀片			○ GC1525	◑ GC4015	● GC4025	COROKEY切削参数, CMC 02.1/HB 180* ◑ GC4015 初始值(范围) a_p(mm)	f_n(mm/r)	v_c(m/min)
	CNMG	09 03 04–PF	☆	★	☆	0.4(0.3~1.5)	0.15(0.07~0.30)	445(500~360)
		09 03 08–PF	☆	★	☆	0.4(0.3~1.5)	0.15(0.10~0.30)	445(480~360)
		12 04 04–PF	☆	★	☆	0.4(0.3~1.5)	0.15(0.07~0.30)	445(500~360)
		12 04 08–PF	☆	★	☆	0.4(0.3~1.5)	0.20(0.10~0.40)	415(480~320)
		12 04 12–PF	☆	★	☆	0.8(0.4~1.5)	0.25(0.15~0.50)	385(445~290)
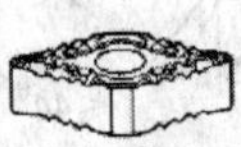	DNMG	11 04 04–PF	☆	★	☆	0.4(0.3~1.5)	0.15(0.07~0.30)	445(500~360)
		11 04 08–PF	☆	★	☆	0.4(0.3~1.5)	0.20(0.10~0.40)	415(480~320)
		11 04 12–PF	☆	★	☆	0.8(0.4~1.5)	0.25(0.15~0.50)	385(445~290)
		15 04 04–PF	☆	★	☆	0.4(0.3~1.5)	0.15(0.07~0.30)	445(500~360)
		15 04 08–PF	☆	★	☆	0.4(0.3~1.5)	0.20(0.10~0.40)	415(480~320)
		15 04 12–PF	☆	★	☆	0.8(0.4~1.5)	0.25(0.15~0.50)	385(445~290)
		15 06 04–PF	☆	★	☆	0.4(0.3~1.5)	0.15(0.07~0.30)	445(500~360)
		15 06 08–PF	☆	★	☆	0.4(0.3~1.5)	.0.20(0.10~0.40)	415(480~320)
		15 06 12–PF	☆	★	☆	0.8(0.4~1.5)	0.25(0.15~0.50)	385(445~290)

图 3—1—9　刀片切削用量的推荐值

4）根据刀架尺寸、刀片类型和尺寸选择刀杆，如图 3—1—10 所示。

2. 夹具

数控车床常用夹具见表 3—1—6。

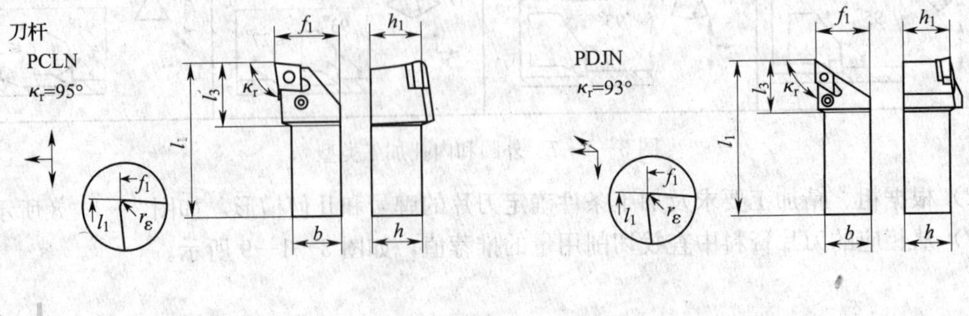

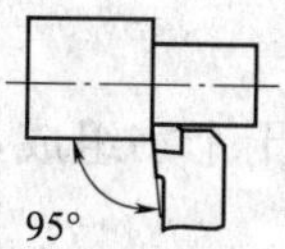

刀片 iC	订货号		直径(mm) h	h_1	b	l_1	l_3	f_1	r_ε
09	PCLNR/L	2020K09	20	20	20	125	27	25	0.8
		2525M09	25	25	25	150	27	32	0.8
C 12		2020K12	20	20	20	125	29.4	25	0.8
		2525M12	25	25	25	150	30	32	0.8
		3225P12	32	32	25	170	30	32	0.8
16		3225P16	32	32	25	170	32.6	32	1.2

图 3—1—10　刀杆的选择

表 3—1—6　　**数控车床常用夹具**

名称	简图	使用特点说明	应用
三爪自定心卡盘	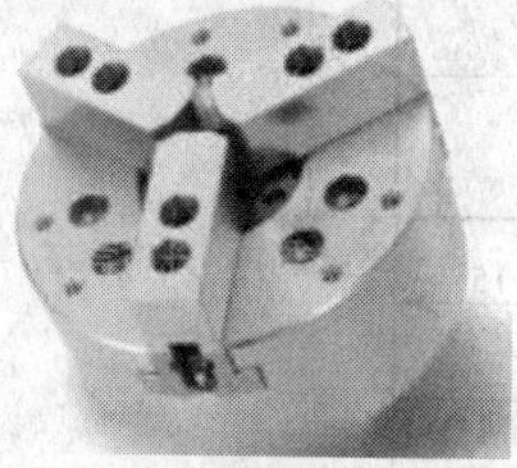	（1）三个卡爪同步运动，能自动定心，工件装夹后一般不需要找正 （2）装夹工件方便、迅速 （3）夹紧力小	适用于装夹外形规则的中、小型工件 说明：与普通车床相比，液压卡盘应用比较广泛
四爪单动卡盘		（1）四个卡爪单独移动，装夹时不能自动定心 （2）找正比较费时 （3）夹紧力比三爪自定心卡盘大	适用于装夹大型或形状不规则的工件
组合夹具	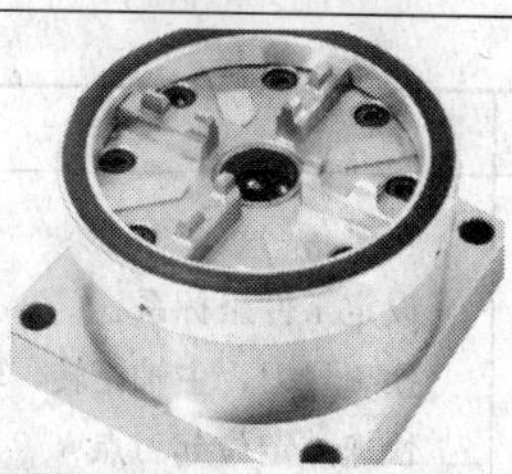	由一套预先制造的具有不同几何形状、不同尺寸和不同规格的高精度、高硬度且有良好互换性的元件组成	适用于大型复杂、较重的、不规则零件的装夹
顶尖	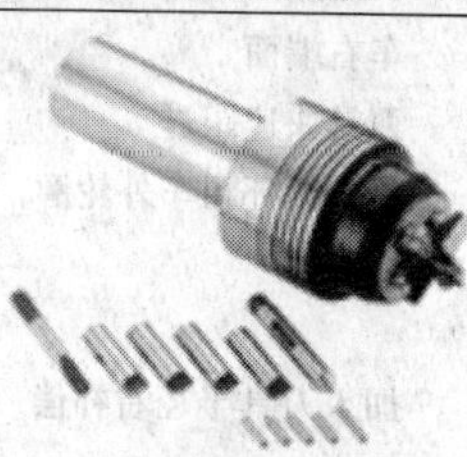	拨齿顶尖的壳体可通过标准变径套或直接与车床主轴孔连接，壳体内装有用于坯料定心的顶尖，拨齿套筒通过螺钉与壳体连接，止退环可防止螺钉松动	适用于加工直径为 10～60 mm 的轴类工件
花盘		盘面上有很多长短不同呈辐射状分布的通槽（或 T 形槽），花盘直接安装在车床主轴上，其盘面必须与主轴轴线垂直，且盘面平整，表面粗糙度 $Ra \leqslant 1.6\ \mu m$	适用于复杂的、不规则零件的装夹及加工

四、数控编程

1. 程序结构

NC 程序由各个程序段组成，每个程序段执行一个加工步骤。程序段由若干个字组成，字由地址符和数值组成，程序结束包含程序结束符 M02 或 M30。

例 在数控车床上加工一个轴类零件，如图 3—1—11 所示，其中 ϕ40 mm 的外圆不加工（可用于装夹），其材料为 45 钢。选择毛坯尺寸为 ϕ40 mm×45 mm。

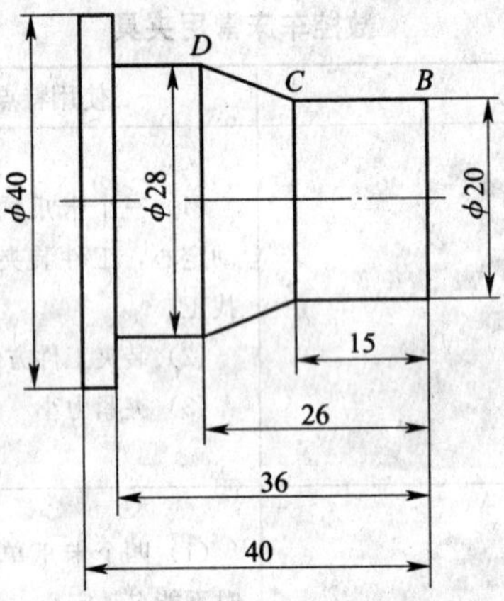

图 3—1—11 轴类零件

该零件的数控程序见表 3—1—7。

表 3—1—7 **数控程序**

主 程 序（精加工）	注 释
O0006；	程序名
N001 G99 G97 G40；	设定工件坐标系
N002 S620 M03 T0101；	换 1 号刀，主轴正转，转速为 620 r/min
N003 G00 X42.0 Z2.0 M08；	快速点定位起刀点
N004 G94 X−0.5 Z0 F0.12；	车右端面
N005 G00 X40.0；	刀具快速跟进
N006 G71 U2.0 R0.5；	复合循环粗车外轮廓
N007 G71 P8 Q12 U1.0 W0 F0.2；	
N008 G00 X20.0 S800；	
N009 G01 G42 Z−15.0 F0.12；	加入刀具半径右补偿
N010 X28.0 Z−26.0；	
N011 Z−36.0；	
N012 X40.0；	
N013 G70 P8 Q12；	精车
N014 G00 X100.0 Z100.0 M9；	快速退回换刀点
N015 M05；	主轴停止转动
N016 M02；	程序结束

一个程序段包含程序标号字（N字）、程序主体部分和结束符三部分。

（1）程序标号字（N字）

程序标号字也称程序段号，是用以识别和区分程序段的标号，不是所有的程序段都要有标号，但有标号便于查找，对于跳转程序来说，必须有程序段号，程序段号与执行顺序无关。

（2）程序段主体部分

一个完整的加工过程包括各种控制信息和数据，由一个以上功能字组成。功能字包括准备功能字（G）、坐标字（X、Y、Z）、辅助功能字（M）、进给功能字（F）、主轴功能字（S）、刀具功能字（T）等。

例　/　N3　G00　X10.0　Z10.0　M3　S650　;

- ; ——程序段结束符
- M3　S650——辅助功能代码
- X10.0　Z10.0——坐标值
- G00——准备功能代码
- N3——程序段序列号
- / ——选择程序段跳过符

（3）结束符

结束符用“;”，有些系统用“＊”或“LF”，任何程序段都必须有结束符，否则不予执行（一般情况下，在数控系统中直接编程时，按回车键可自动生成结束符，但在计算机中编程时，需手工输入结束符）。

2. 数控代码与含义

数控指令包括准备功能指令（G功能）、辅助功能指令（M功能）、刀具功能指令（T功能）、主轴功能指令（S功能）和进给功能指令（F功能），各主要指令的代码名称和含义见表3—1—8。

表3—1—8　　**数控代码的名称和含义**

功能	地址	含义
程序号	O	程序号
顺序号	N	顺序号
准备功能	G	指令移动方式
尺寸字	X、Y、Z、U、V、W、A、B、C	坐标轴移动指令
	I、J、K	圆弧中心坐标
	R	圆弧半径
进给功能	F	每分钟进给速度、每转进给速度
主轴转速功能	S	主轴转速
刀具功能	T	刀号
辅助功能	M	机床上的开/关控制
	B	工作台分度等

续表

功能	地址	含义
偏置号	D、H	偏置号
暂停	P、X	暂停时间
程序号指定	P	子程序号
重复次数	P	子程序重复次数
参数	P、Q	固定循环参数

(1) 准备功能

准备功能 G 又称“G 功能”或“G 代码”，是由地址字和后面的两位数字来表示的，它规定了选择坐标系、刀具的具体切削动作等，其图示与说明见表 3—1—9。

表 3—1—9　　G 代码图示与说明

代码	分组	图示	说明
G00		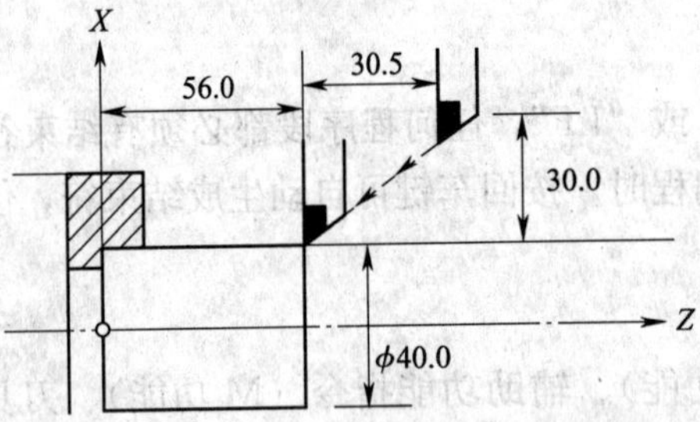	快速进给、定位，其格式为： G00 X__ Z__； 例　G00 X40. 0 Z56. 0；
G01	01	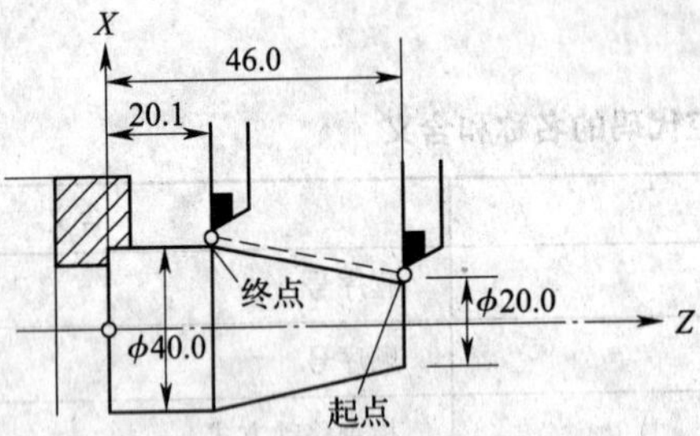	直线插补，其格式为： G01　X (U) _ Z (W) _ F_； 例　G01 X40. 0 Z20. 1；
G02 G03		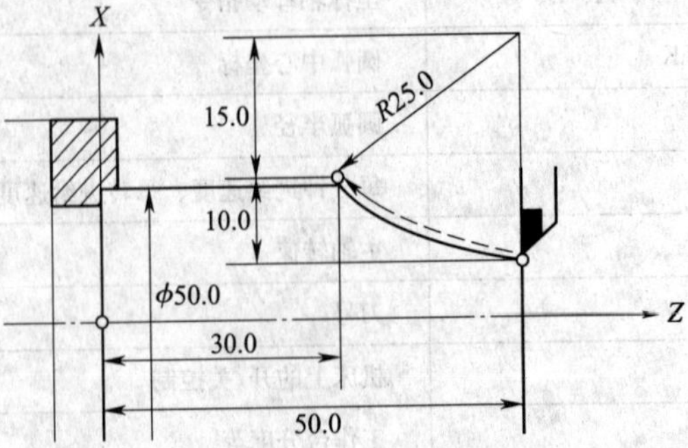	用圆弧半径 R 指定圆心位置，其格式为： {G02/G03} X (U)_ Z (W)_ R_ F_； 用 I、K 指定圆心位置，其格式为： {G02/G03} X (U)_ Z (W)_ I_ K_ F_； 例　G02 X40. 0 Y10. 0 R10. 0； G02 X40. 0 Y10. 0 I10. 0 J10. 0；

续表

代码	分组	图示	说明
G04	00		在进行锪孔、车槽、车台阶轴清根等加工时，实现无进给光整加工，此时进给暂停，主轴不停，暂停结束后，继续执行下一段程序。其格式为： G04　P__；(ms) 或 G04　X（U）__；(s） 其中，X、U、P 为暂停时间，P 后面的数值为整数，单位为 ms；X（U）后面为带小数点的数，单位为 s
G20	06		如果一个程序段开始用 G20 指令，则表示程序中相关的一些数据为英制（in）
G21	06		用 G21 指令时，则表示程序中相关的一些数据为米制（mm）
G32	01	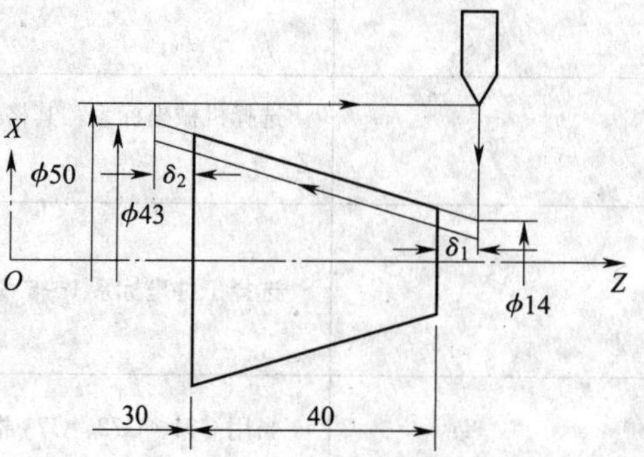	指令格式为： G32 X（U）__ Z（W）__ F__； F 为螺纹的导程
G40			刀具补偿取消
G41	07	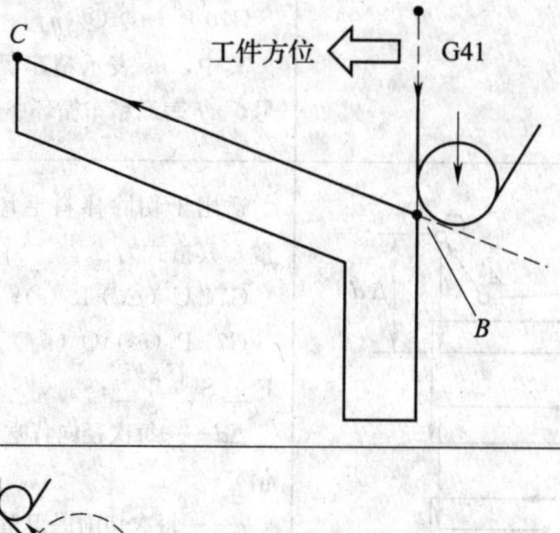	G41—刀具半径左补偿，按程序路径前进方向刀具偏在零件左侧进给 G42—刀具半径右补偿，按程序路径前进方向刀具偏在零件右侧进给 （一定在 G00 或 G01 指令后加入半径补偿） 可以这样记：当刀具从右向左进给时，车外圆时即用 G42，车内孔时用 G41 注意：刀具半径补偿指令 G41 或 G42 要在 G00 或 G01 指令中使用，不要紧跟在 G02 或 G03 指令中使用。同样，在使用 G40 指令取消刀具半径补偿时也是一样
G42	07	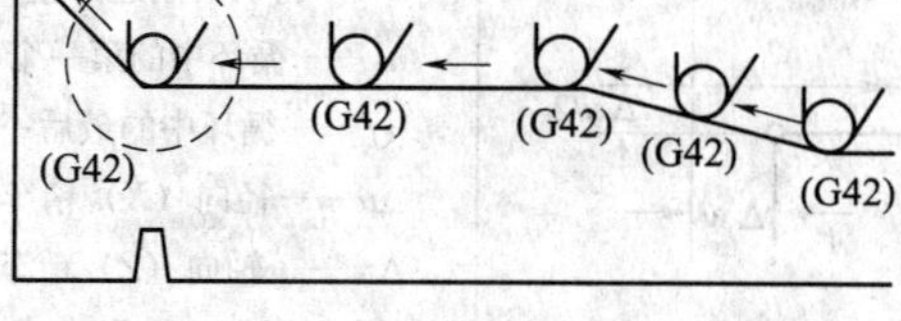	

续表

代码	分组	图示	说明
G50	00	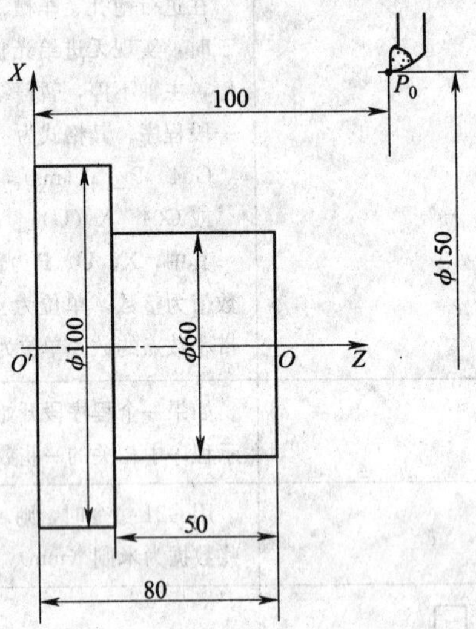	设定工件坐标系：G50 X＿ Z＿； 偏移工件坐标系：G50 U＿ W＿； 例　G50 X100.0 Z150.0；
G53			选择机械坐标系，其格式为：G53 X＿ Z＿；
G54 至 G59	12		选择工件坐标系 1～6 G××；
G70			当用 G71、G72、G73 指令粗车工件后，用 G70 指令来指定精车循环，切除粗加工的余量。其格式为： G70 P（ns）Q（nf）； 其中，ns 表示精车循环的第一个程序号，nf 表示精车循环中的最后一个程序号
G71	00	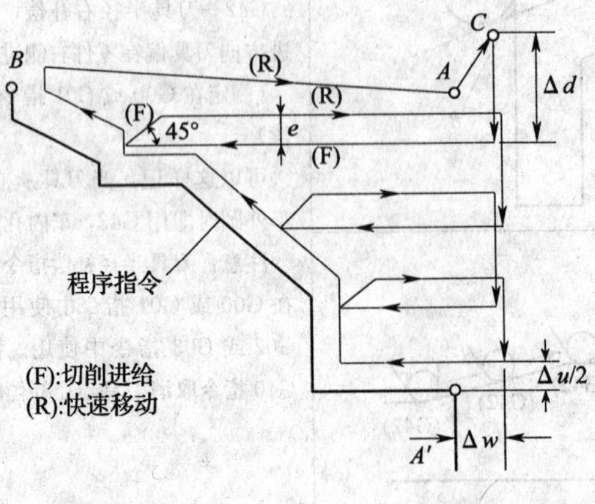	适用于切除棒料毛坯的大部分加工余量。其格式为： G71 U（Δd）R（e）； G71 P（ns）Q（nf）U（Δu）W（Δw）F＿ S＿ T＿； Δd——每次径向背吃刀量（半径值、正值） e——每次切削退刀量 ns——循环中的第一个程序号 nf——循环中的最后一个程序号 Δu——径向（X）精车余量 Δw——轴向（Z）精车余量

续表

<table>
<tr><th>代码</th><th>分组</th><th>图示</th><th>说明</th></tr>
<tr><td>G72</td><td></td><td>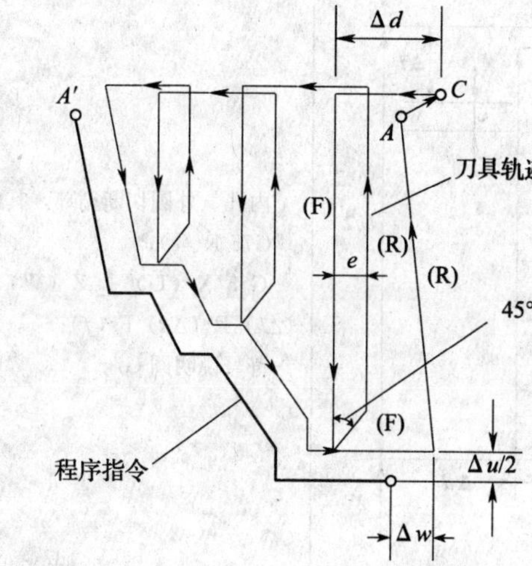
</td><td>端面粗车循环，其格式为：
G72 W（Δd）R（e）；
G72 P（ns）Q（nf）U（Δu）W（Δw）F（f）S（s）T（t）
Δd——背吃刀量
e——退刀量
ns——精加工形状程序段组第一个程序段的顺序号
nf——精加工形状程序段组最后一个程序段的顺序号
Δu——X 方向精加工余量的距离及方向
Δw——Z 方向精加工余量的距离及方向</td></tr>
<tr><td>G73</td><td>00</td><td>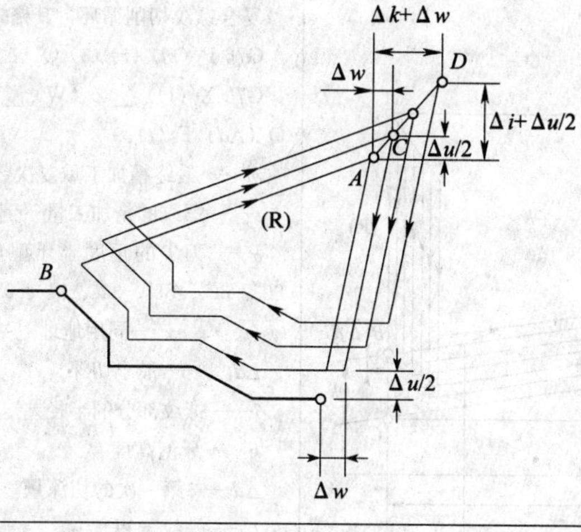
</td><td>固定形状粗车循环，它适用于毛坯轮廓形状与零件轮廓形状基本接近的铸、锻件，其格式：
G73 U（Δi）W（Δk）R（Δd）；
G73 P（ns）Q（nf）U（Δu）W（Δw）F_ S_ T_；
Δi——粗车时径向退刀量（半径值，正值）
Δk——粗车时轴向退刀量（正值）
Δd——粗车循环次数
其他符号与 G71 指令的符号含义相同</td></tr>
<tr><td>G74</td><td></td><td>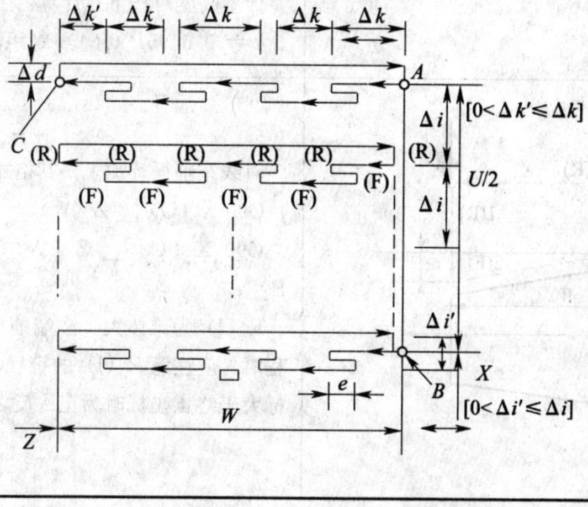
</td><td>端面切断循环，其格式为：
G74 R（e）；
G74 X（U）_ Z（W）_ P（Δi）Q（Δk）R（Δd）F（f）；
e——返回量
Δi——X 方向的移动量
Δk——Z 方向的切深量
Δd——孔底的退刀量
f——进给速度</td></tr>
</table>

续表

<table>
<tr><th>代码</th><th>分组</th><th>图示</th><th>说明</th></tr>
<tr><td>G75</td><td></td><td>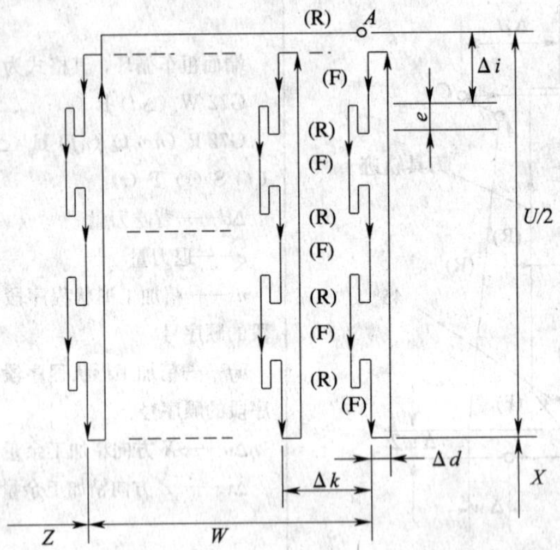</td><td>内孔、外圆切断循环，其格式为：
G75 R（e）；
G75 X（U）__ Z（W）__ P（Δi）Q（Δk）R（Δd）F（f）；
符号说明同 G74</td></tr>
<tr><td>G76</td><td>00</td><td>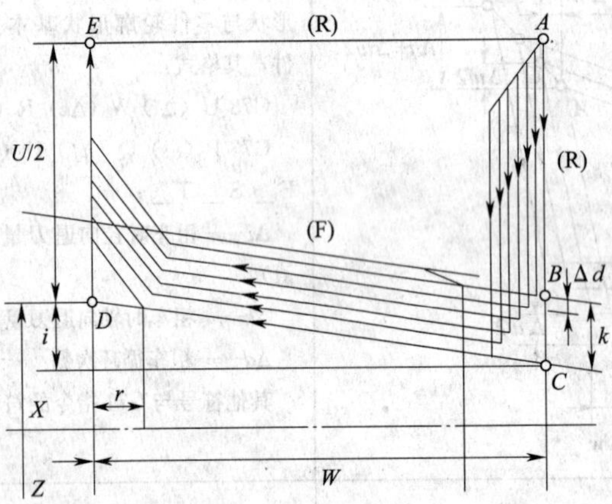</td><td>复合螺纹切削循环，其格式为：
G76 P（m）（r）（α）Q（Δd_{min}）R（d）；
G76 X（U）__ Z（W）__ R（i）P（k）Q（Δd）F（l）；
m——最终精加工重复次数为 1～99
r——螺纹的精加工量（倒角量）
α——刀尖的角度（牙型角度）可选择 80°、60°、55°、32°、31°、0°六种
m、r、α——同用地址 P 一次指定
Δd_{min}——最小切深
i——螺纹部分的半径差
k——牙型高度
Δd——第一次的切深量
l——螺纹导程
牙型高度可按下式计算：
$h = 0.6495P$（P——螺距，mm）</td></tr>
<tr><td>G90</td><td>01</td><td>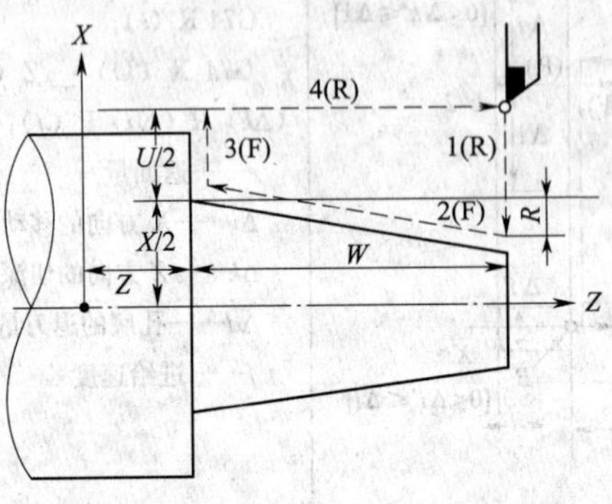</td><td>直线车削循环加工，其格式为：
G90 X（U）__ Z（W）__ F__；
G90 X（U）__ Z（W）__ R（I）__ F__；
R（I）为锥体大、小端的半径差。在编程时，应注意 R（I）的符号，锥面起点坐标大于终点坐标时为正；反之为负</td></tr>
</table>

续表

<table>
<tr><th>代码</th><th>分组</th><th>图示</th><th>说明</th></tr>
<tr><td>G92</td><td rowspan="2">01</td><td>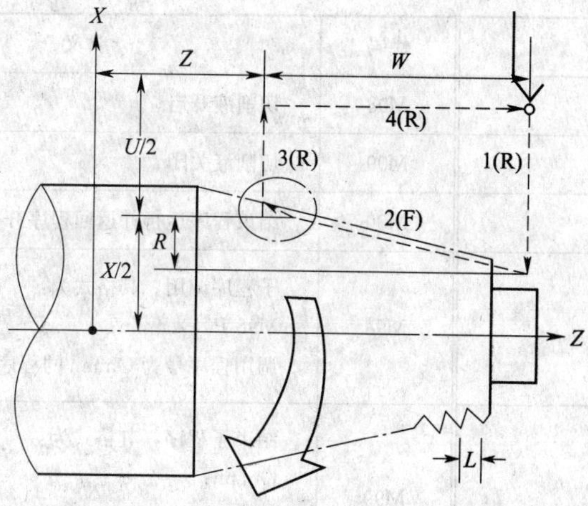
</td><td>简单螺纹循环，该指令可以切削锥螺纹和圆柱螺纹，其循环路线与前面讲述的单一形状固定循环指令基本相同，只需将 F 后的进给量改为螺距值即可，其格式为：
G92 X（U）＿Z（W）＿I＿F＿；</td></tr>
<tr><td>G94</td><td>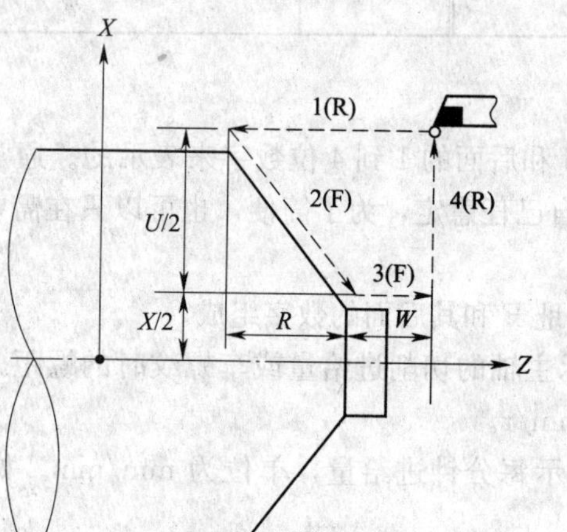
</td><td>端面车削循环，其格式为：
G94 X（U）＿Z（W）＿F＿；
G94 X（U）＿Z（W）＿R＿F＿；
X、Z 为端面切削终点的坐标值，U、W 为端面切削终点相对于循环起点的坐标分量</td></tr>
<tr><td>G98</td><td rowspan="2">05</td><td></td><td>每分钟进给速度</td></tr>
<tr><td>G99</td><td></td><td>每转进给速度</td></tr>
</table>

注：00 组的 G 代码为非模态代码，其他均为模态代码。

准备功能 G 代码有模态代码和非模态代码之分，模态代码具有续效性，在后续程序段中，只要同组其他 G 代码未出现之前一直有效；非模态代码只在被指定的程序段中有效。

G 代码按其功能的不同分为若干组，如果在同一程序段中指令了两个或两个以上属于同一组的 G 代码时，只有最后的 G 代码有效。

（2）辅助功能

辅助功能是用地址 M 及两位数字表示的，它用于指定主轴启动、正转、反转及程序结束等，其含义见表 3—1—10。

表 3—1—10　　M 代码的含义

代码	含义	代码	含义
M00	停止程序运行	M08	切削液开启
M01	选择性停止	M09	切削液关闭
M02	结束程序运行	M30	结束程序运行并返回程序开头
M03	主轴正向转动开始	M98	子程序调用，其格式为： M98 P××nnnn； 调用程序号为 Onnnn 的程序××次
M04	主轴反向转动开始	M99	结束子程序，其格式为： Onnnn； … M99；
M05	主轴停止转动		

（3）其他功能指令

1）N 功能。程序段号是用地址 N 和后面的 1 到 4 位数字来表示的。通常是按顺序在每个程序段前加上编号，编号间隔可以自己任意定，为了简便，也可以只在需要的地方写程序段号，其他程序段号都不写。

2）F 功能。指定进给速度，由地址 F 和其后面的数字组成。

在 G99 状态下，F 后面的数值表示主轴的切削进给量或车螺纹时的螺距，单位为 mm/r。如“G99 F0.3；”表示进给量为 0.3 mm/r。

在 G98 状态下，F 后面的数值表示每分钟进给量，单位为 mm/min。如“G98 F200；”表示进给量为 200 mm/min。

3）T 功能。指令数控系统进行选刀或换刀。用地址和后面的数字来指定刀具号和刀具补偿号，数控车床上一般采用 T×××× 的形式，即：

T××　××
刀补号（后两位）
刀具号（前两位）

例　N3 T0303；　　（3 号刀、3 号刀补）
N4 G01 Z60.0 F30；
N5 T0300；　　（取消 3 号刀补）

4）S 功能

①恒线速度控制（G96）。G96 是恒线速度控制的指令。S 是切削速度 v_c（m/min）。如“G96 S120；”表示切削点的速度始终保持在 120 m/min。

用恒线速度控制加工端面、锥面或圆弧面时，由于 X 坐标不断变化，当刀具逐渐接近工件的旋转中心时，主轴转速越来越高，工件有从卡盘中飞出的危险，所以，为防止事故的发生，有时需用 G50 指令限定主轴的最高转速。

G50 S××××；（主轴最高转速的限制）

如“G50 S1800；”表示主轴最高转速被限制为 1 800 r/min。

②主轴转速控制（G97）。G97 是取消恒线速度控制的指令。此时，S 指定的数值表示主轴转速。如“G97 S500；”表示主轴转速为 500 r/min。

五、坐标系

数控车床的坐标系分为机床坐标系和工件坐标系。无论哪种坐标系都规定：与车床主轴轴线平行的坐标轴为 Z 轴，刀具远离工件的方向为 Z 轴的正方向。在水平面内与车床主轴轴线垂直的坐标轴为 X 轴，且规定刀具远离主轴轴线的方向为 X 轴的正方向。

1. 机床坐标系

由机床坐标原点与机床的 X、Z 轴组成的坐标系称为机床坐标系。机床坐标系是机床固有的坐标系，在出厂前已经预调好，一般情况下用户无须再做改动。数控车床的机床原点定义在主轴端面与主轴旋转中心线的交点，如图 3—1—12 所示，O 点即为机床原点。

机床通电，当完成回参考点操作后，CRT 显示屏上显示的是刀位点在机床坐标系中的坐标值，就相当于数控系统内部建立了一个以机床原点为坐标原点的机床坐标系。

机床参考点也是机床的一个固定点，其固定位置由 Z 向与 X 向的机械挡块来确定。该点与机床原点的相对位置如图 3—1—12 所示，O' 点即为机床参考点，它是 X、Z 轴最远离工件的那一个点，往往可设置在机床参考点上进行自动换刀，以避免刀具与工件发生碰撞。

2. 工件坐标系

进行数控编程时，应该首先确定工件原点和工件坐标系，如图 3—1—13 所示。

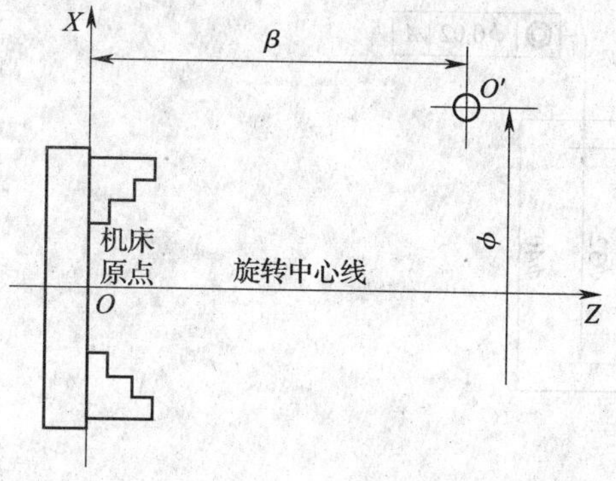

图 3—1—12 数控车床坐标系

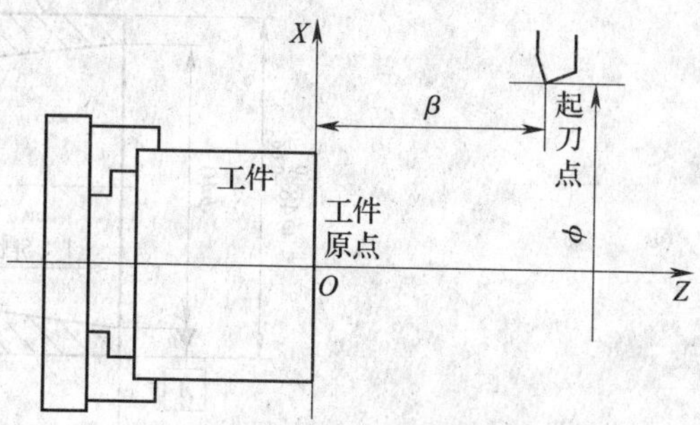

图 3—1—13 工件坐标系的设定

零件图给出后，首先应找出图样上的设计基准点，如在加工过程中有工艺基准，一般要尽量保证工艺基准与设计基准统一，该基准点称为工件原点。

工件原点也叫设计基准点（编程原点），是人为设定的。它的设定依据标注习惯，以便于编程，一般车削时的工件原点设在工件的左、右端面或卡盘端面与主轴轴线的交点处。工件坐标系是由工件原点与 X、Z 轴组成的坐标系。图 3—1—13 所示为以工件右端面为工件原点的工件坐标系。

任务 1　配合三件套数控车削加工

任务提出

车削如图 3—1—14 所示的配合三件套，包括端面、外圆、圆锥面、槽和内螺纹、外螺纹。

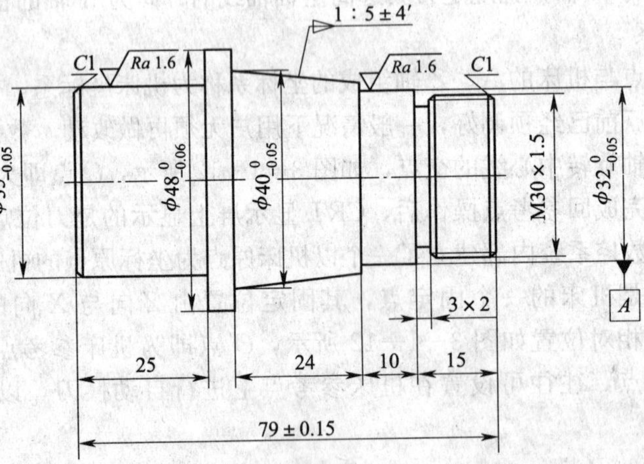

件1

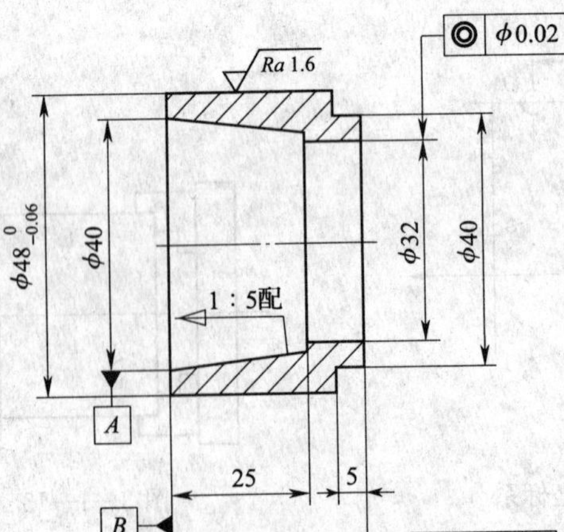

件2

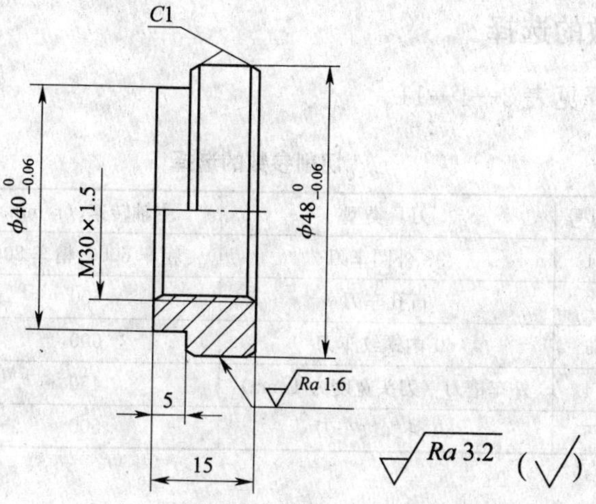

件3

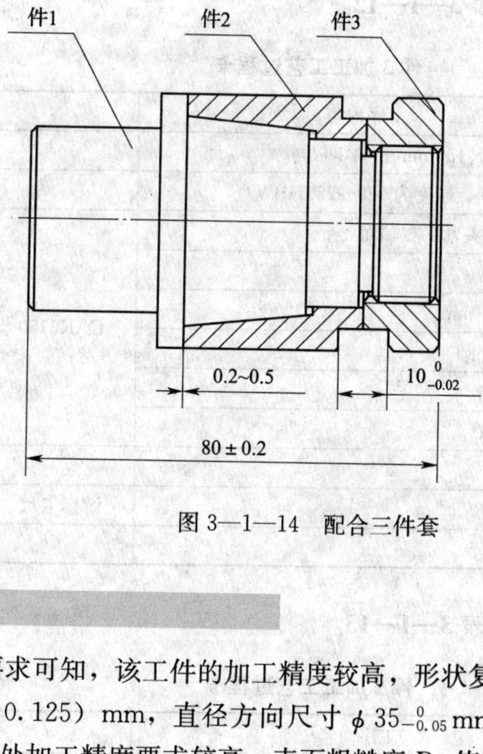

图 3—1—14　配合三件套

任务分析

通过识读图样要求可知，该工件的加工精度较高，形状复杂。其中长度方向尺寸（79±0.15）mm 和（35±0.125）mm，直径方向尺寸 $\phi 35_{-0.05}^{0}$ mm、$\phi 48_{-0.06}^{0}$ mm、$\phi 40_{-0.05}^{0}$ mm 和 $\phi 32_{-0.05}^{0}$ mm 等多处加工精度要求较高，表面粗糙度 Ra 值最小为 1.6 μm，故本任务适合用卧式数控车床加工。

一、刀具的选择

T1 号刀：93°外圆车刀；T2 号刀：盲孔车刀；

T3 号刀：60°内螺纹车刀；T4 号刀：外车槽刀（刀头宽度为 3 mm）；

T5 号刀：60°外螺纹车刀。

二、切削参数的选择

切削参数的选择见表 3—1—11。

表 3—1—11　切削参数的选择

序号	加工面	刀具号	刀具类型	主轴转速（r/min）	进给速度（mm/r）
1	车外形	T1	93°外圆车刀	粗车 600、精车 800	粗车 0.2、精车 0.1
2	车内孔	T2	盲孔车刀	600	0.15
3	车内螺纹	T3	60°内螺纹车刀	600	1.5
4	车外槽	T4	外车槽刀（刀头宽度为 4 mm）	450	0.06
5	车外螺纹	T5	60°外螺纹车刀	600	1.5

三、加工工艺过程卡

1. 件 3 加工工艺过程卡见表 3—1—12。

表 3—1—12　件 3 加工工艺过程卡

工序号	工序名称	工序内容	工艺装备
1	下料	ϕ50 mm×150 mm 棒料 1 根	
2	热处理	调质处理，硬度为 220～250HBW	
3	数控车	A：三爪夹紧：右端面	CAK6150 型数控车床
		车端面	
		钻孔 ϕ24 mm	
		车左端外圆	
		车内孔	
		车内螺纹	
		切断	
4	检验		游标卡尺、千分尺
5	入库		

2. 件 2 加工工艺过程卡见表 3—1—13。

表 3—1—13　件 2 加工工艺过程卡

工序号	工序名称	工序内容	工艺装备
1	数控车	A：三爪夹紧：右端面	CAK6150 型数控车床
		扩孔 ϕ30 mm	
		车左端面	
		粗车左侧孔	
		精车左侧孔	
		车右端	
		切断	

续表

工序号	工序名称	工序内容	工艺装备
2	检验		游标卡尺、千分尺
3	入库		

3. 件 1 加工工艺过程卡见表 3—1—14。

表 3—1—14　　件 1 加工工艺过程卡

工序号	工序名称	工序内容	工艺装备
1	数控车	A：三爪夹紧：右端面	CAK6150 型数控车床
		车左端 程序 O1019	
		B：三爪夹紧：左端面	
		车右端面 程序 O1119	
		车退刀槽	
		车螺纹	
2	检验		游标卡尺、千分尺
3	入库		

任务实施

一、加工准备

1. 材料

45 钢，尺寸 ϕ50 mm×150 mm 的圆棒料 1 根。

2. 设备

CAK6150 型数控车床（三爪自定心卡盘）。

3. 刀具和量具

（1）刀具

93°外圆车刀、盲孔车刀、60°内螺纹车刀、外车槽刀（刀头宽度为 3 mm）、60°外螺纹车刀、ϕ24 mm 麻花钻、ϕ30 mm 麻花钻。

（2）量具

150 mm 游标卡尺、百分表、0～50 mm 千分尺。

二、车削削加工操作

1. 操作流程

操作流程见表 3—1—15。

表 3—1—15　　　　操作流程

流程	操作说明	作业流程图解
通电	检查机床无问题后，打开车床电控柜按钮	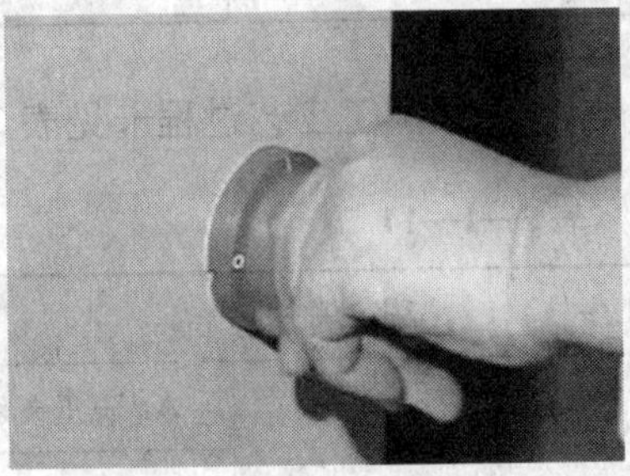
开机	按下 CNC 装置电源启动键，在 CRT 显示屏上应出现机床的初始位置坐标	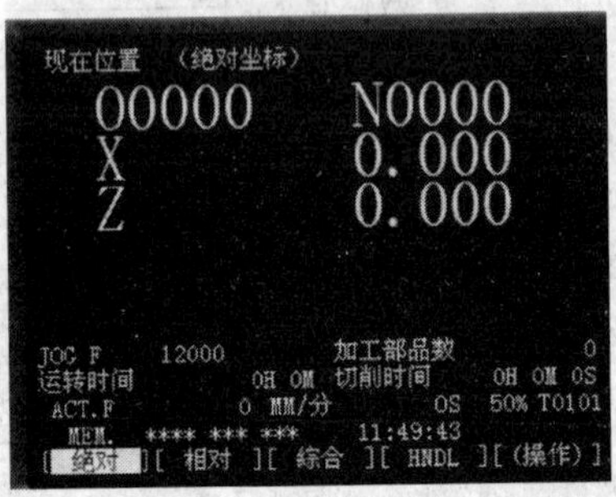
打开急停按钮	顺时针旋起急停按钮	
返回参考点	1. 按下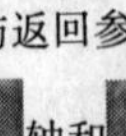开关 2. 按与返回参考点相应的进给轴和方向选择开关（通常为轴和轴的正方向） 3. 返回参考点，此时指示灯亮	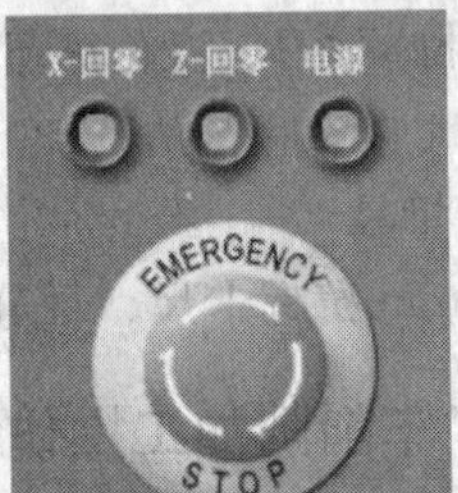

续表

流程	操作说明		作业流程图解
装夹工件	用三爪自定心卡盘夹持工件的一端，夹持长度约为 30 mm		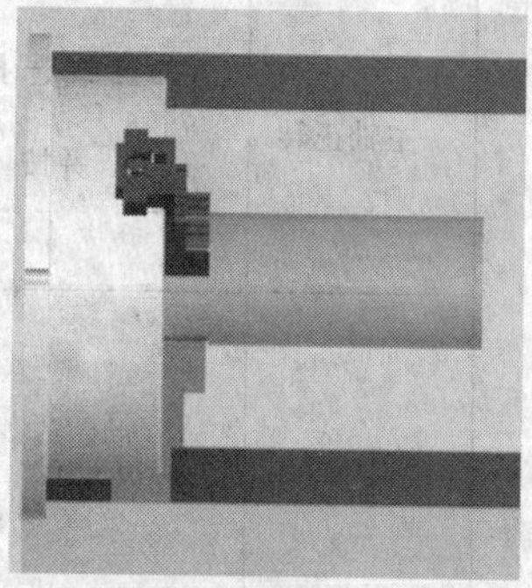
安装车刀	T1 号刀：93°外圆车刀 T4 号刀：外车槽刀（刀头宽度为 3 mm） T5 号刀：60°外螺纹车刀		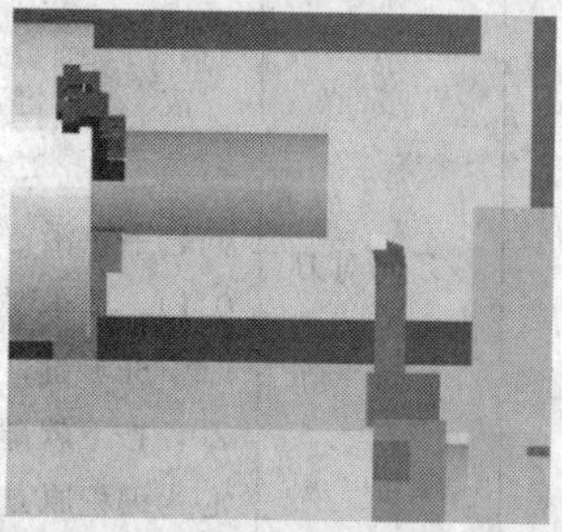
对刀	选择机床对刀转速	按 MDI 键，进入 MDI 方式下，输入合理的主轴转速，如 S500 M03 本例以夹紧后工件的右端面中心为编程原点	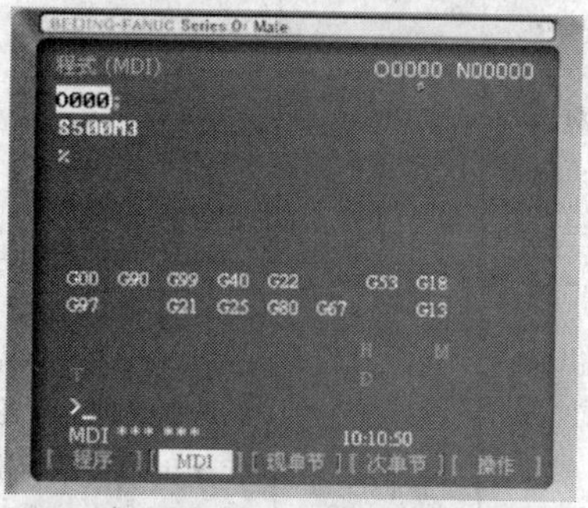
	选择手动运行	按 JOG 键，选择手动运行（JOG）方式	
	快速移动刀架，使其靠近工件	点击控制面板上 -X ，使刀具沿 X 轴移动；点击 -Z ，刀具沿 Z 轴移动；使刀具移到与工件较近的位置，但不要接触	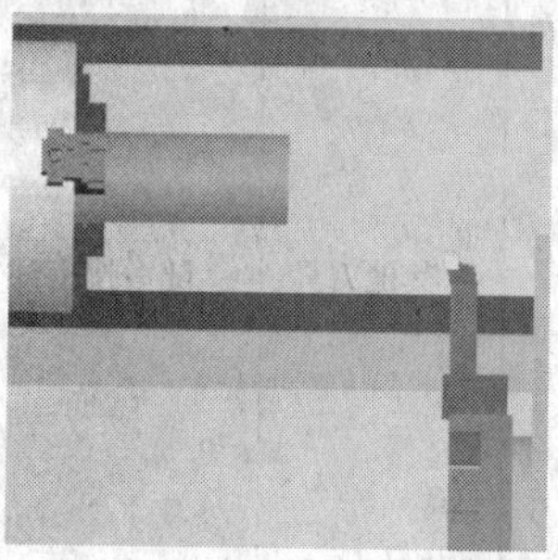

续表

流程	操作说明		作业流程图解
	主轴正转	在方式选择键中选择手轮运行方式，并按键启动主轴正转	
对刀	Z 向对刀	按键，将进给轴选择键选择 X 向，手轮沿－X 向转动（进给倍率选择 0.1），试车削端面，并按＋X 向退刀。按下 OFFSET 键，在工件补正/形状界面下输入 Z0，按下软键测量（假设以工件右端面中心为编程原点）	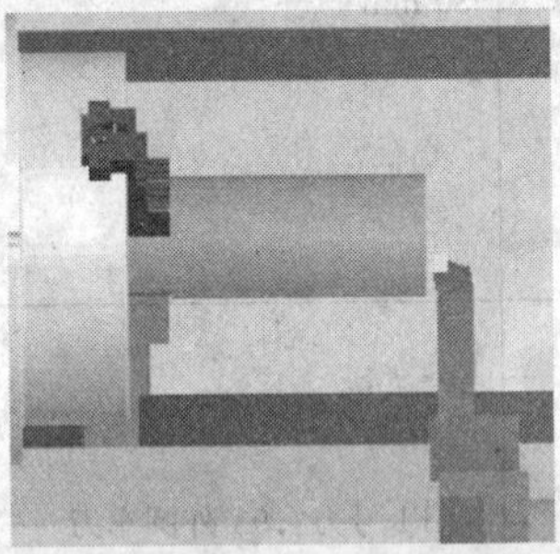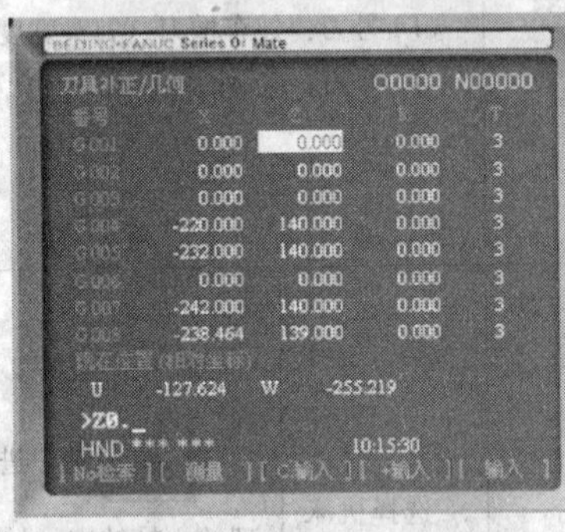
	X 向对刀	选择 Z 向，手轮沿－Z 向转动（进给倍率选择 0.1），试车削外圆，并按＋Z 向退刀，按下主轴停止，测量试车削外圆直径。按下 OFFSET 键，在工件补正/几何界面下输入测量的读数，按下软键测量	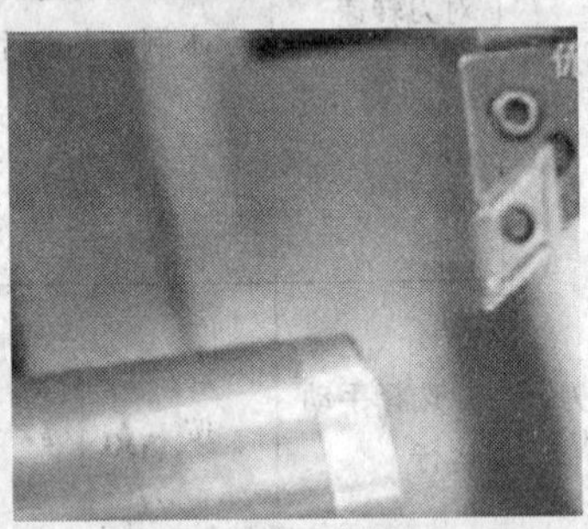
	其他刀具	随后按上述方法进行其他刀具的对刀	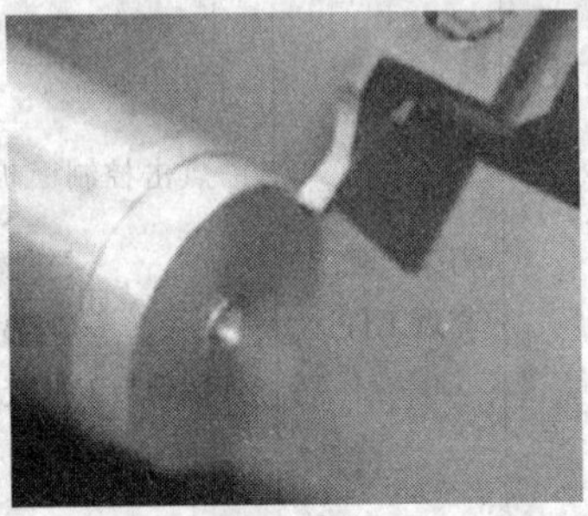

续表

流程	操作说明		作业流程图解
程序	建立程序	按 编辑 按钮，进入编辑状态，按 PROG 按钮，进入程序编辑状态，输入新程序名：用大写字母“O”开头，后跟四位数字，如 O1234，按 INSERT 键，新建程序 O1234	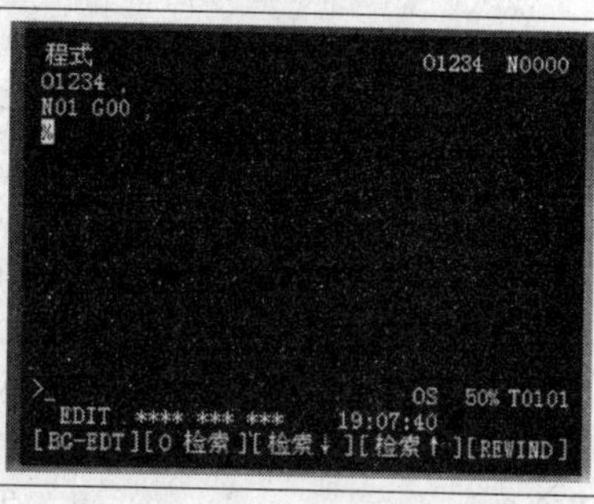
	输入程序	在编辑状态，一行程序输入结束，按 EOB E 键和 INSERT 键换行，按 CAN 键可依次删除最后一个字符，按 ← ↑ ↓ → 键移动光标，按 DELETE 键删除，按 ALTER 键替换，逐渐完成输入	
	删除程序	按 编辑 键，使机床处于编辑模式，按 PROG 键，显示程序画面。输入要删除的程序号后按 DELETE 键，可把程序删除；如输入 0～9999，再按 DELETE 键，将删除所有程序	
检查	检查程序是否正确		
循环启动	在  中选择 自动 ，把光标移到程序头，按循环启动键		
车削	通过 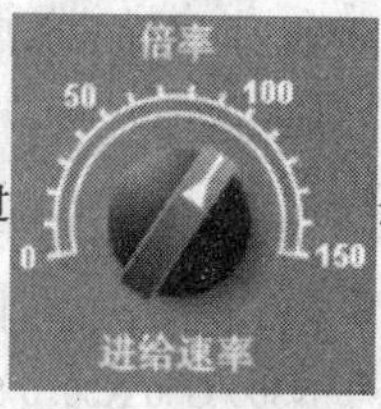 选择合理的进给倍率		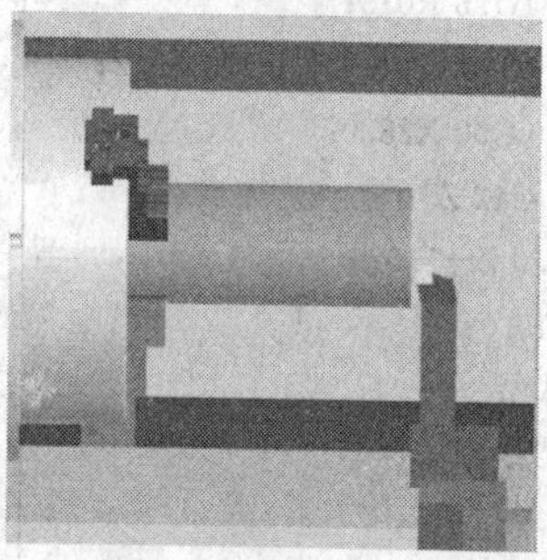
检验	使用游标卡尺和千分尺检验工件各部位尺寸		

2. 参考程序

参考程序见表 3—1—16。

表 3—1—16　　参考程序

加工件 1	加工件 2	加工件 3
加工左端： O1019； G99 G97 G40； T0101 S600 M03； G00 Z2.0； X52.0； G94 X−0.5 Z0 F0.1； G00 X50.0； G71 U1.5 R 0.5； G71 P100 Q200 U1.0 W0 F0.2； N100 G00 X33.0 S800； G01 G42 Z0； X35.0 Z−1.0； Z−25.0； X48.0； Z−32.0； N200 G40 X52.0； G70 P100 Q200 F0.15； G00 X100.0 Z100.0； M05； M30； 加工右端： O1119； G99 G97 G40； T0101 S600 M03； G00 Z2.0； X52.0； G94 X−0.5 Z0 F0.1； G00 X50.0； G71 U1.5 R0.5； G71 P100 Q200 U1.0 W0 F0.2； N100 G00 X28.0； G01 G42 Z0； X30.0 Z−1.0； Z−15.0； X32.0； Z−25.0； X35.2； X40.0 Z−49.0；	（使用 ϕ30 mm 麻花钻扩孔，孔深为 45 mm） O2019； N1； G99 G97 G40； T0101 S600 M03； G00 Z2.0； X50.0； G94 X28.0 Z0 F0.1； G00X100.0 Z100.0； M05； M00； N2； T0202 S600 M03； G00 X30.0； Z2.0； G71 U1.0 R0.5； G71 P100 Q200U−0.5 W0 F0.2； N100 G00 X40.0 S800； G01 G41Z0； X35.0 Z−25.0； X32.0； Z−37.0； N200 G40 X30.0； G70 P100 Q200 F0.15； G00 Z100.0； X200.0； M05； M00； N3； T0404 S450 M03； G00 Z−34.0； X50.0； G01 X40.0 F0.06； X50.0 F0.3； W−2.0； X40.0 F0.06； X50.0 F0.3； Z−39.0；	（使用 ϕ24 mm 麻花钻钻孔，孔深为 65 mm） O3019； N1； G99 G97 G40； T0101 S600 M03； G00 Z2.0； X52.0； G94 X−0.5 Z0 F0.1； G00 X100.0 Z100.0； M05； M00； N2； T0101 S600 M3； G00 Z2.0； X50.0； G71 U1.5 R0.5； G71 P100 Q200 U1.0 W0 F0.2； N100 G00 X40.0； G01 G42 Z0 S800； Z−5.0； X46.0； X48.0 Z−6.0； Z−65.0； N200 G40 X52.0； G70 P100 Q200 F0.15； G00 X100.0； Z100.0； M05； M00； N3； T0202 S600 M03； G00 X24.0； Z2.0； G71 U1.0 R0.5； G71 P300 Q400 U−0.5 W0 F0.2； N300 G00 X30.0 S800； G01 G42 Z0； X28.5 Z−1.0；

续表

加工件 1	加工件 2	加工件 3
X48.0； N200 G40 X50.0； G70 P100 Q200 F0.15； G00 X100.0 Z100.0； M05； M00； N2； T0404 S450 M03； G00 Z−15.0； X34.0； G01 X26.0 F0.06； X32.0 F0.3； W2.0； U−4.0 W−2.0 F0.06； G00 X100.0； Z100.0； M05； M00； （换刀，装外螺纹车刀） N3； T0505 S600 M03； G00 X32.0 Z7.0； G76 P011060 Q50 R0.05； G76 X28.2 Z−12.0 P820 Q1000 F1.5； G00X100.0 Z100.0； M05； M30；	X28.0 F0.06； G00 X100.0； Z100.0； M05； M30；	Z−20.0； N400 G40 X24.0； G70 P300 Q400 F0.1； G00 Z100.0； X200.0； M05； M00； N4； T0303 S600 M03； G00 X26.0； Z7.0； G76 P011060 Q50 R−0.05； G76 X30.0 Z−16.0 P820 Q500 F1.5； G00 X100.0 Z100.0； M05； M00； N5； T0404 S450 M03； G00 Z−19.0； X50.0； G01 X45.0 F0.06； X50.0 F0.3； W2.0； U−4.0 W−2.0 F0.06； X28.0； G00 X100.0； Z100.0； M05； M30；

3. 操作要领

（1）机床开始工作前要进行预热，认真检查润滑系统工作是否正常，如机床长时间未开动，可先采用手动方式向各部位供油润滑。

（2）使用的刀具应与机床允许的规格相符，有严重破损的刀具要及时更换。

（3）调整刀具时所用的工具不要遗忘在机床内。

（4）大尺寸轴类零件的中心孔应合适，如中心孔太小，工作中易发生危险。

（5）刀具安装好后应进行一两次试切削。

（6）检查卡盘夹紧工件的状态。

（7）机床开动前必须关好防护门。

三、数控车削常见质量问题与排除

数控车削常见故障产生原因与排除方法见表 3—1—17。

表 3—1—17　　数控车削常见故障产生原因与排除方法

序号	故障现象	产生原因	排除方法
1	润滑系统故障	（1）导轨无润滑油 （2）加油孔堵塞 （3）手动润滑泵的单向阀损坏	（1）检查润滑系统，保证油路畅通 （2）用油枪加机油，清洗油孔 （3）检查润滑泵，修复单向阀
2	主轴转动时显示屏无转速显示，或机床分进给时主轴转动，进给轴不转动	（1）主轴位置编码器与主轴连接的齿形带断裂 （2）主轴位置编码器连接电缆断路 （3）主轴位置编码器连接插头接触不良 （4）主轴位置编码器损坏	（1）更换齿形带 （2）测试及检查，找出断线点和原因，更换断线 （3）重新将主轴位置编码器连接插头插接牢固 （4）检查确认后更换损坏的主轴位置编码器
3	切削液箱漏液	（1）切削液加得过满 （2）冷却管老化破裂	（1）减少切削液箱中的切削液 （2）更换冷却管
4	切削液流量不够	（1）切削液箱过脏，导致水泵堵塞 （2）冷却管堵塞或变形	（1）清洗切削液箱和水泵，更换过脏的切削液 （2）清洗冷却管或更换变形的冷却管
5	回零重复性差或参考点位置偏差	滚珠丝杠间隙增大	修磨滚珠丝杠螺母，调整垫片，重调间隙
6	回零重复性不稳定	回零轴轴承座润滑不良，轴承磨损或损坏	加润滑脂，更换损坏的轴承
7	机床加工零件时噪声大	（1）棒料弯曲，直接影响机床的工作 （2）机床使用已久，滚珠丝杠间隙增大 （3）运动轴轴承座润滑不良，轴承磨损或损坏 （4）夹具、刀具或切削参数选择不当 （5）伺服电动机、主轴电动机轴承润滑不良或损坏	（1）对棒料进行矫直 （2）修磨滚珠丝杠螺母，调整垫片，重调间隙 （3）加注长效润滑脂，更换已损坏的轴承，重调轴承预紧力 （4）根据所加工的工件重新选择夹具、刀具和切削参数 （5）检查确认后加润滑脂，更换已损坏的轴承
8	刀架换刀时不到位或过位	（1）液压流量变化，液压不稳定 （2）正、反转的时间常数未调节好 （3）计数开关未调节好 （4）电源工作不正常	（1）调节液压流量 （2）调节正、反转的时间常数 （3）调节计数开关 （4）检查电路

续表

序号	故障现象	产生原因	排除方法
9	电动刀架不转位	（1）主板上控制继电器损坏 （2）电源缺相 （3）电源电压太低	（1）更换控制继电器 （2）检查输入的 380 V 电压 （3）调整电源电压至 380 V
10	电动刀架转位	主板上控制继电器损坏	更换控制继电器
11	电动刀架不转位，电动机发出“嗡嗡”声	电源相序接反	切断电源，调整任意两相位接线
12	加工螺纹产生乱牙	（1）联轴器损坏 （2）联轴器松动 （3）主轴箱输出轴与光电编码器轴同轴度超差	（1）更换损坏的联轴器 （2）紧固联轴器 （3）调整主轴箱输出轴与光电编码器轴的同轴度
13	零件加工尺寸不稳定或不准确	（1）滚珠丝杠支撑轴或钢球有损坏 （2）滚珠丝杠的反向器磨损 （3）传动链松动 （4）反向间隙变化或设置不适当 （5）滚珠丝杠的预紧力不适当	（1）更换轴承或钢球 （2）更换反向器 （3）检查传动系统并排除松动现象 （4）重新测量反向间隙，修改补偿 （5）调整滚珠丝杠的预紧力
14	车削工件表面呈圆弧	（1）主轴编码器的信号电缆短路 （2）两坐标轴伺服装置工作不正常	（1）消除短路现象 （2）排除伺服装置故障
15	主轴电动机紧固螺钉经常被切断	刹车灵敏度过高，冲击过大	降低刹车灵敏度
16	CRT 显示准备不足	（1）限位 （2）急停 （3）断路器故障 （4）变频器报警	（1）按住限位释放键，手动退出限位位置 （2）将急停按钮顺时针旋转抬起 （3）排除短路、缺相、过载等故障，合上断路器 （4）根据变频器报警内容查变频器手册并予以排除
17	单段运行	（1）单段选择 （2）自动润滑油位低	（1）关掉单段 （2）加润滑油
18	主轴不转	（1）液压卡盘未夹紧 （2）PLC 参数设置错误	（1）夹紧液压卡盘，调整其检测开关 （2）检查变频器、继电器、接触器、主电动机
19	X 轴经常出现原点漂移，且每次移动量相同	X 轴回参考点有问题，减速撞块检测脉冲过近	重新调整减速撞块位置
20	X 轴回不到原点	参数设置不当	修改参数

任务评价

评分标准见表 3—1—18。

表 3—1—18 评分标准

序号	考核内容	评分标准	配分	得分
1	工件的装夹	装夹牢固、迅速、安全	6	
2	刀具的装夹	装夹位置准确、牢固、迅速、安全	6	
3	切削用量的调整	调整准确、迅速、安全	8	
4	对刀	调整准确、迅速、安全	10	
5	试切	试切过程正确，切削用量合理	8	
6	各部位尺寸	尺寸精度正确	30	
7	表面粗糙度	表面粗糙度符合设计要求，每升高 1 级扣 3 分	12	
8	程序	程序正确、简单、明确，格式规范	10	
9	安全文明生产	按照国家颁布的安全生产规定进行评定	10	
		合计	100	

思考与练习

1. 数控车削常见故障有哪些?

2. 如何进行试切对刀?

3. 如图 3—1—15 所示，毛坯为 ϕ40 mm×80 mm 的 45 钢，采用复合固定循环指令 G71 编写其粗加工程序，采用 G70 指令编写其精加工程序，螺纹加工采用 G92 指令。

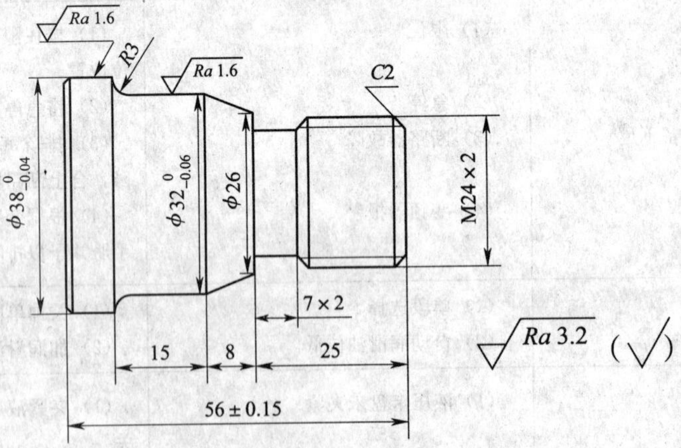

图 3—1—15 练习件一

4. 如图 3—1—16 所示，毛坯为 ϕ40 mm×80 mm 的 45 钢，采用复合固定循环指令 G71 编写其粗加工程序，采用 G70 指令编写其精加工程序，螺纹加工采用 G92 指令。

5. 如图 3—1—17 所示，毛坯为 ϕ40 mm×80 mm 的 45 钢，采用复合固定循环指令 G71 编写其粗加工程序，采用 G70 指令编写其精加工程序，螺纹加工采用 G92 指令。

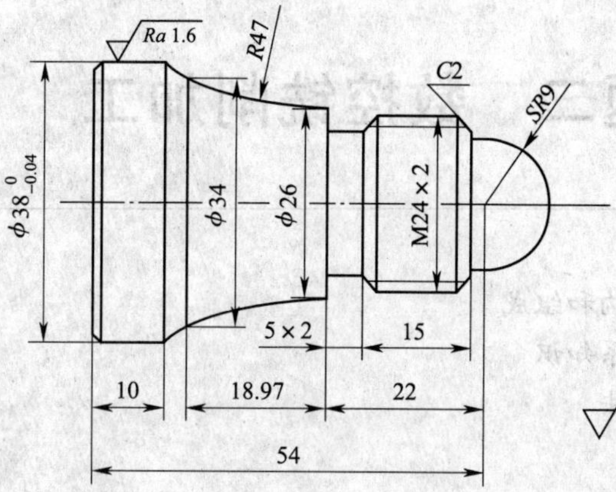

$\sqrt{Ra\ 3.2}$ （√）

图 3—1—16　练习件二

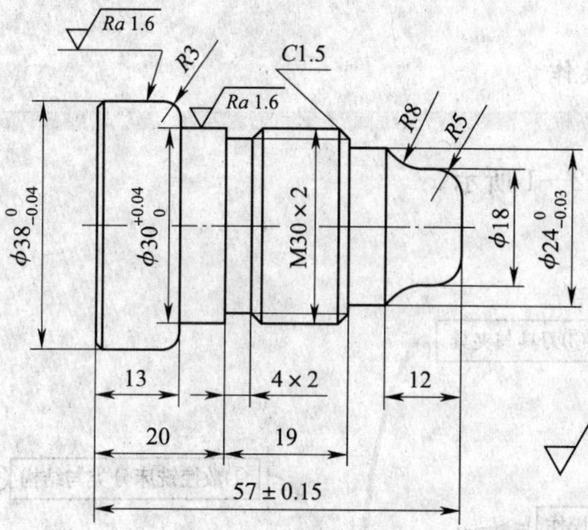

$\sqrt{Ra\ 3.2}$ （√）

图 3—1—17　练习件三

6. 如图 3—1—18 所示，毛坯为 ϕ40 mm×100 mm 的 45 钢，采用复合固定循环指令 G71 编写其粗加工程序，采用 G70 指令编写其精加工程序，螺纹加工采用 G92 指令。

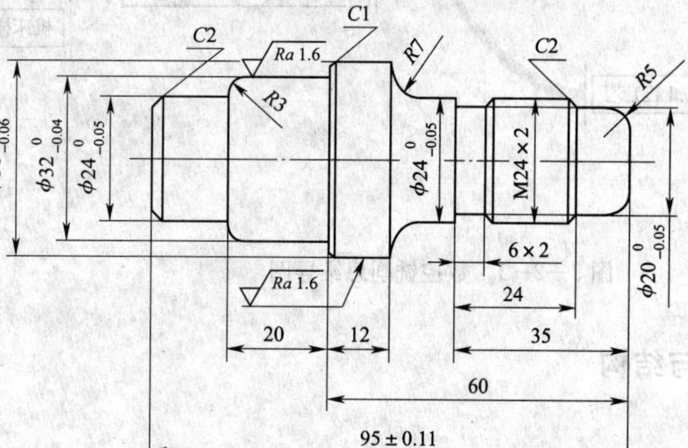

$\sqrt{Ra\ 3.2}$ （√）

图 3—1—18　练习件四

课题二　数控铣削加工

◆ **教学目标**

◎ 正确识别数控铣床的结构和组成
◎ 掌握数控铣床机床坐标系知识
◎ 掌握回参考点的操作方法
◎ 能够简单操纵数控铣床
◎ 能够正确操作数控面板
◎ 掌握数控程序的创建、编辑和删除方法
◎ 掌握数控程序的结构
◎ 能够正确进行试切对刀操作

数控铣削思维导图如图 3—2—1 所示。

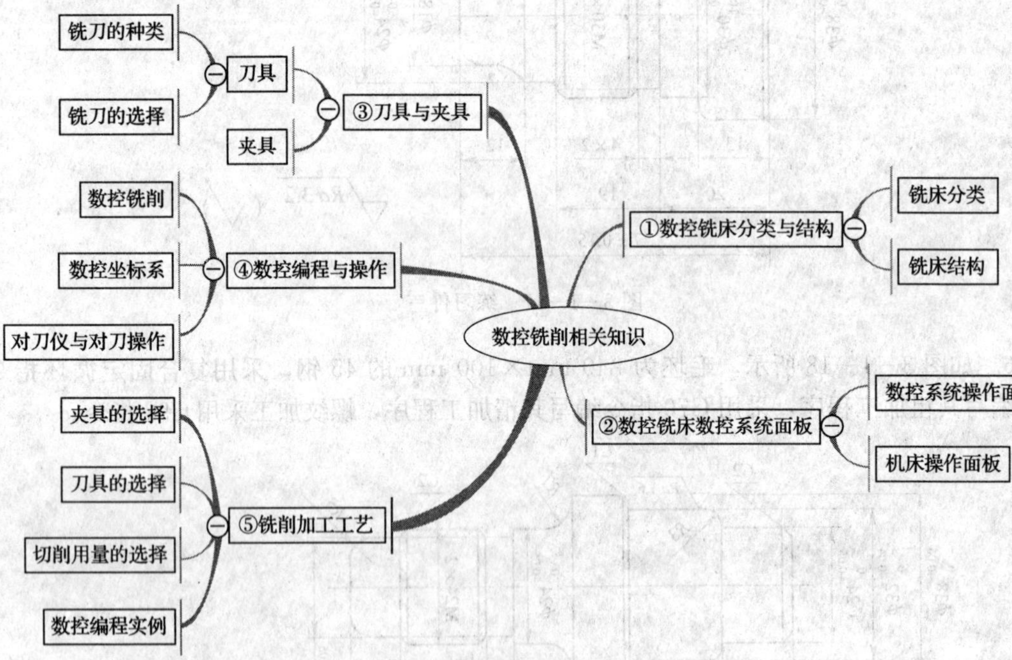

图 3—2—1　数控铣削思维导图

一、数控铣床分类与结构

1. 数控铣床分类

数控铣床根据主轴形式主要分为立式数控铣床、卧式数控铣床和立卧两用数控铣床三种，具体见表 3—2—1。

表 3—2—1 **数控铣床分类**

种类	特点应用说明	简图
立式数控铣床	立式数控铣床的主轴轴线垂直于水平面，是数控铣床中最常见的一种分布形式，应用最为广泛	
卧式数控铣床	卧式数控铣床的主轴轴线平行于水平面，主要用来加工箱体类零件。为扩大功能和加工范围，常通过增加数控转盘来实现四轴或五轴加工，这样工件在一次加工中可以通过转盘改变工位，进行多方位加工。配有数控转盘的卧式数控铣床在加工箱体零件和需要在一次装夹中改变工位时具有明显的优势	
立卧两用数控铣床	立卧两用数控铣床的主轴轴线可以靠手动或自动任意变换方向（有的在工作台上增设了数控转盘，以实现对零件的“五面加工”），这就使一台数控铣床具有立式和卧式两个功能。这类铣床适应性更强，使用范围更广泛，其生产成本也低	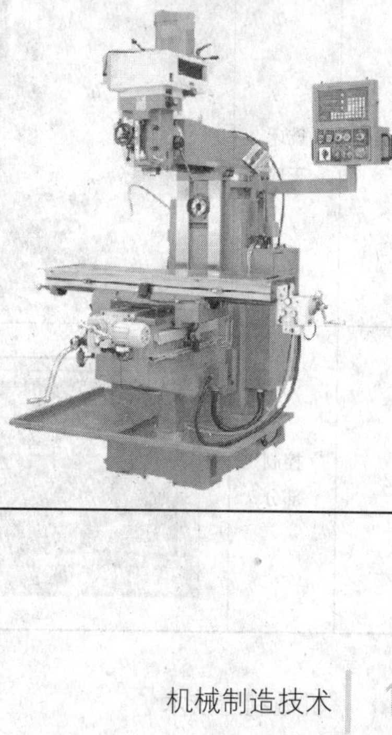

2. 数控铣床结构

数控铣床的结构如图 3—2—2 所示。

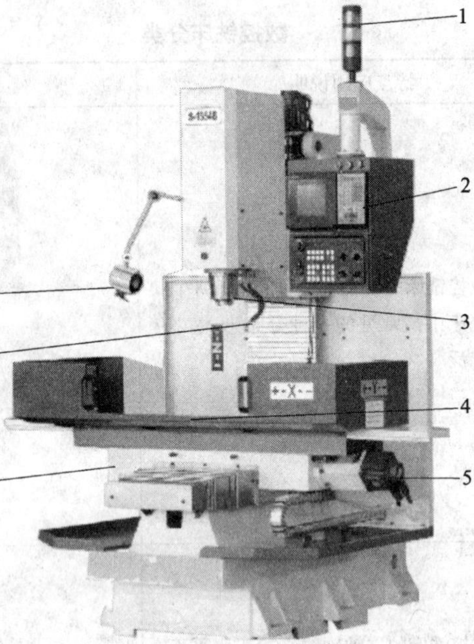

图 3—2—2　数控铣床的结构

1—指示灯　2—控制面板　3—主轴头　4—工作台　5—伺服电动机
6—床身　7—切削液喷管　8—照明装置

3. 数控铣床各部分部件功能

数控铣床主要部件的功能见表 3—2—2。

表 3—2—2　　数控铣床主要部件的功能

序号	名称	简图	说明
1	铣床主体		它是数控铣床机械本体，包括床身、工作台、立柱、主轴箱等
2	控制部分	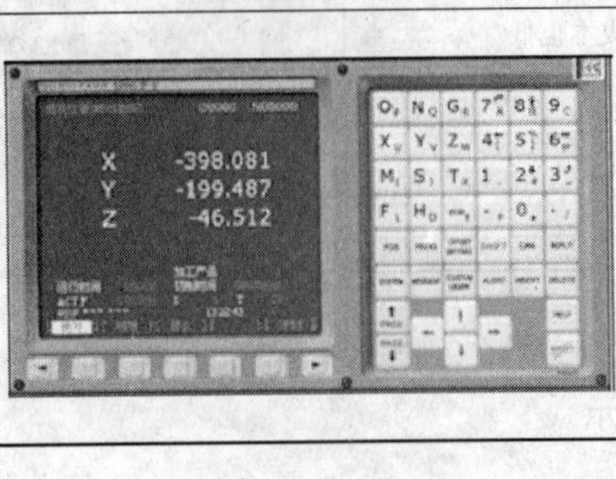	它是数控铣床的控制核心部件，由各种数控系统完成对数控铣床的控制

续表

序号	名称	简图	说明
3	驱动部分		它是数控铣床的执行机构，包括主轴电动机和进给伺服电动机
4	辅助装置		它是数控铣床的一些配套部件，包括液压装置、气动装置、冷却系统、润滑系统、自动清屑器等

二、FANUC 0i 数控铣床数控系统面板

FANUC 0i 数控系统的操作面板如图 3—2—3 所示，它由 CRT 显示屏、MDI 键盘和机床操作面板组成。

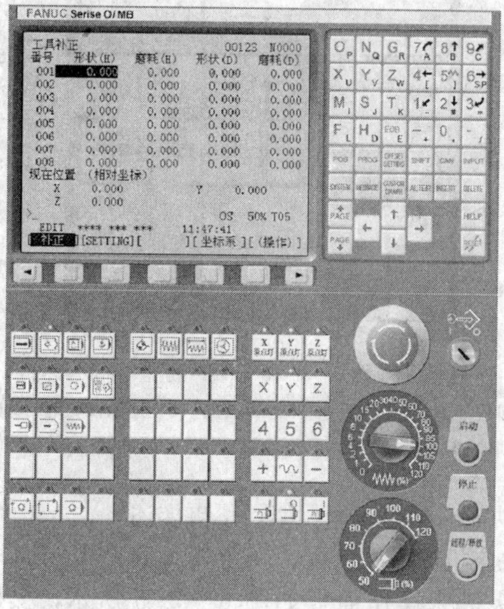

图 3—2—3　FANUC 0i 数控系统的操作面板

1. 数控系统操作面板

数控系统操作面板由显示屏（见图 3—2—4）和 MDI 键盘（见图 3—2—5）两部分组成，其中显示屏主要用来显示相关坐标位置、程序、图形、参数、诊断和报警的信息。

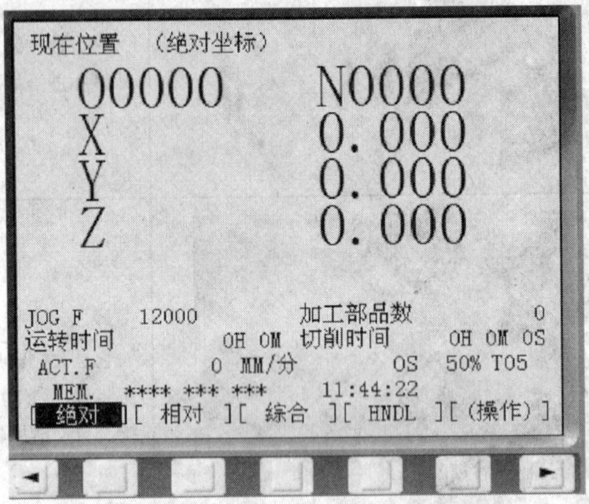

图 3—2—4　显示屏

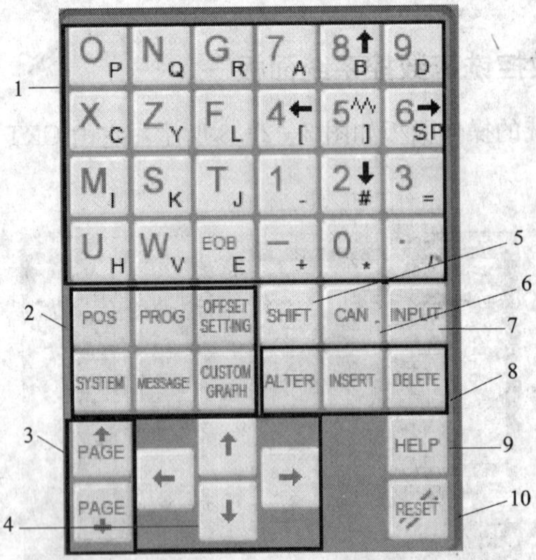

图 3—2—5　MDI 键盘

1—地址和数字键　2—功能键　3—翻页键　4—光标移动键　5—上挡键
6—取消键　7—输入键　8—编辑键　9—帮助键　10—复位键

数控铣床 MDI 键盘功能与数控车床相似，不再详述。

2. FANUC 0i 数控铣床机床操作面板

FANUC 0i 数控铣床机床操作面板如图 3—2—6 所示，操作面板按键功能说明见表 3—2—3。

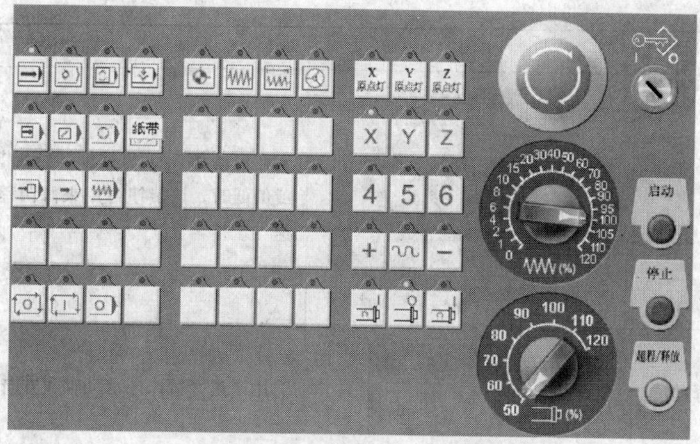

图 3—2—6　机床操作面板

表 3—2—3　　**操作面板按键功能说明**

名称	图形	功能说明
运行方式键		按下该键进入编辑运行方式
		按下该键进入自动运行方式
		按下该键进入 MDI 运行方式
		按下该键进入 JOG（手动）运行方式
		按下该键进入手轮运行方式
		按下该键进入单段运行方式
		按下该键可以进行返回铣床参考点操作
主轴控制键	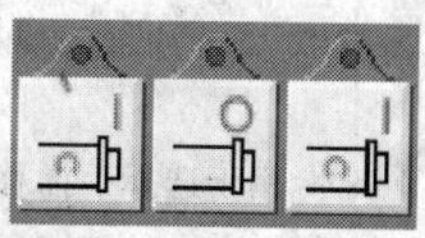	按下  键，主轴反转
		按下 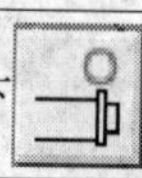 键，主轴停止
		按下 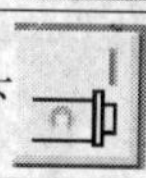 键，主轴正转
循环启动与停止键	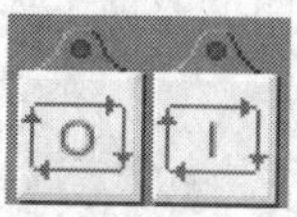	用来启动和停止程序，在自动加工运行和 MDI 方式运行时会用到

续表

名称	图形	功能说明
主轴倍率旋钮	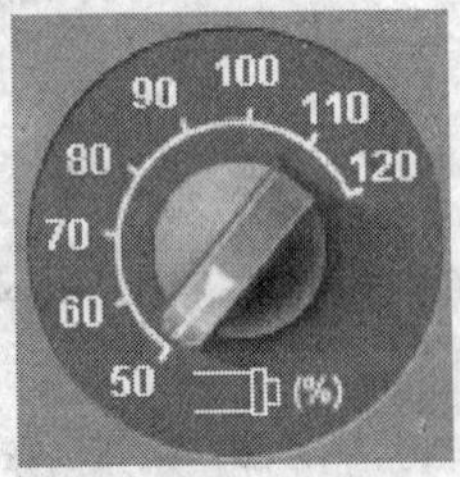	在自动和MDI方式中，当S指令的主轴速度偏高或偏低时，该旋钮可用来修调程序中设定的主轴转速
进给轴与方向选择键	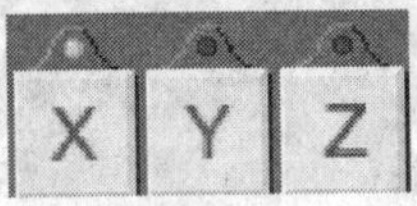	用来选择铣床的移动轴和方向
JOG手轮进给倍率旋钮		用来调节JOG（手轮）进给倍率。倍率进给范围从0～120%，每格为10%
系统启动/停止键	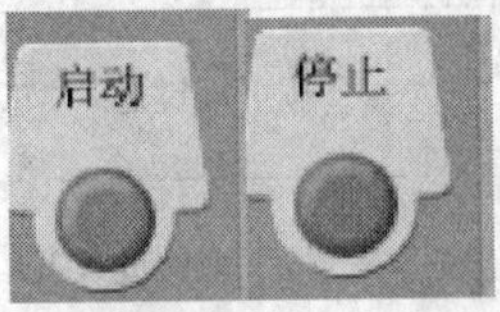	用来启动和关闭数控系统，在通电开机和断电关机时使用
急停按钮		用于锁住车床。按下急停按钮时，铣床立即停止运动
手摇进给倍率旋钮	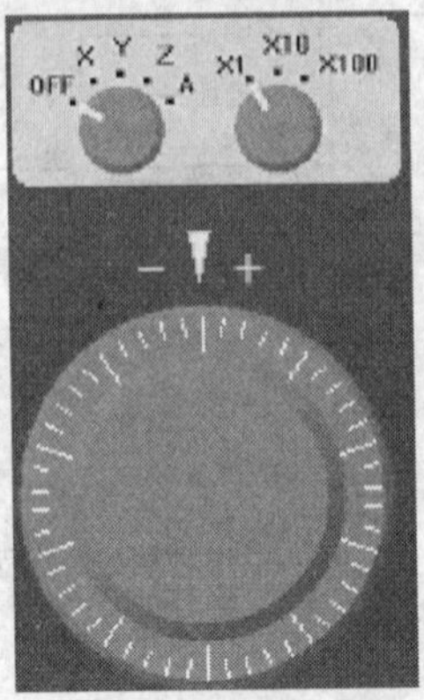	用于选择手摇移动倍率，按下所选倍率键后，该键左上方的红灯亮。其中×100为0.1 mm，×10为0.01 mm，×1为0.001 mm

三、数控铣削加工刀具与夹具

1. 刀具

在数控铣削中，根据被加工工件材料、热处理状态、切削性能和加工余量等来选择刚度高、耐用度高的铣刀，这是充分发挥数控铣床生产效率的前提要求。

（1）常用铣刀的种类

常用铣刀的种类见表 3—2—4，可转位数控铣刀分类与用途见表 3—2—5。

表 3—2—4　　常用铣刀的种类

种类	图解	说明
圆柱铣刀		一般为整体式，其主切削刃分布在圆柱面上，无副切削刃。该铣刀有粗齿和细齿之分，主要用于卧式铣床加工平面
面铣刀		也称为端铣刀，其直径大，刚度高，主切削刃分布在铣刀的圆柱面或圆锥面上，副切削刃分布在铣刀的端面上，按结构不同分为整体式、硬质合金整体焊接式、硬质合金机夹焊接式、硬质合金可转位式等形式，主要用于加工平面、台阶面等
立铣刀	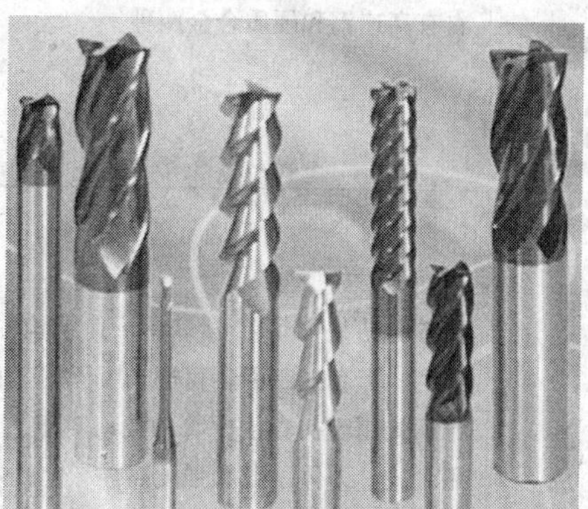	其圆柱表面和端面上都有切削刃，圆柱表面的切削刃为主切削刃，端面上的切削刃为副切削刃。立铣刀一般为螺旋齿，用以增加切削平稳性并提高加工精度，但由于立铣刀端面中心处无切削刃，因而立铣刀不能做轴向进给，端面刃主要用来加工与侧面相垂直的底平面，一般不能沿垂直于铣刀轴线的方向进给

续表

<table>
<tr><th>种类</th><th>图解</th><th>说明</th></tr>
<tr><td>键槽铣刀</td><td></td><td>键槽铣刀有两个刀齿，圆柱面和端面上都有切削刃，端面刃延至中心，键槽铣刀可以轴向进刀，因而在加工时先轴向进给达到槽深后，再沿键槽方向铣出键槽全长
键槽铣刀有直柄和锥柄两种结构，国家标准规定：直柄键槽铣刀直径 $d=2\sim63$ mm；锥柄键槽铣刀直径 $d=14\sim50$ mm</td></tr>
<tr><td>模具铣刀</td><td></td><td>模具铣刀由立铣刀发展而成，它有圆锥式、球头式、圆锥形球头式三种形式，其柄部有直柄和锥柄之分，国家标准规定其直径 $d=4\sim63$ mm，适用于加工空间曲面零件</td></tr>
<tr><td>组合成形铣刀</td><td></td><td>用多把铣刀组合而成，同时加工一个或多个零件。这种铣刀不但可以提高生产效率，还能保证零件的加工质量</td></tr>
<tr><td rowspan="2">孔加工刀具</td><td></td><td>麻花钻用于钻孔，是应用最为广泛的刀具，其材料有高速钢和硬质合金两种</td></tr>
<tr><td></td><td>扩孔钻是多切削刃刀具，其结构形式有直柄式、锥柄式和套式三种。直柄式用于加工直径较小的孔；锥柄式用于扩直径中等的孔；对于直径大的孔则采用套式。刀体刚度和强度高，导向性好，切削平稳</td></tr>
</table>

续表

种类	图解	说明
孔加工刀具	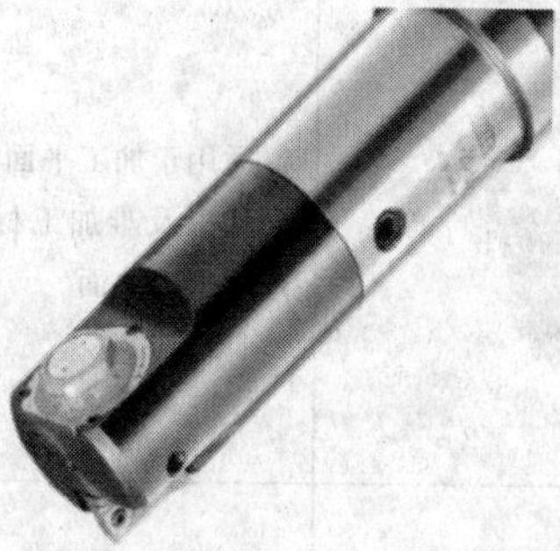	镗刀用于镗孔，其种类很多，按切削刃数量分为单刃镗刀和双刃镗刀。单刃镗刀刚度低，切削时易引起振动，故其主偏角选得较大，但其结构简单，应用广泛；双刃镗刀用于铣削大直径的孔，以提高生产效率，并能消除切削力对镗刀杆的影响
	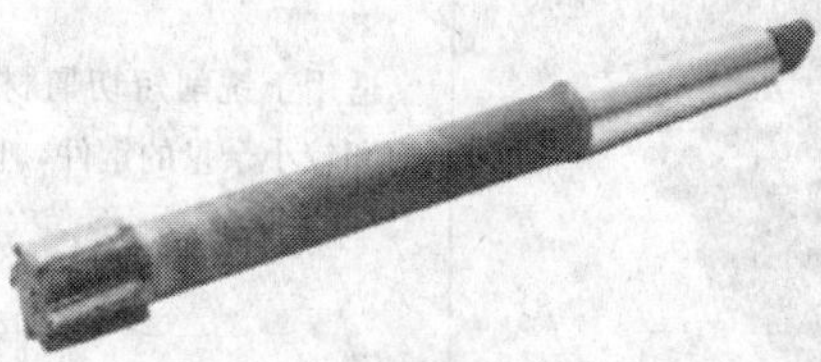	通用标准铰刀有直柄、锥柄和套式三种。锥柄铰刀直径为 10～32 mm；直柄铰刀直径为 6～20 mm，小孔直柄铰刀直径为 1～6 mm；套式铰刀直径为 25～80 mm 标准铰刀有 4～12 齿，铰刀的齿数除与铰刀的直径有关外，主要还应根据加工精度的要求选择

表 3—2—5　可转位数控铣刀分类与用途

刀具名称		简图	用途
可转位面铣刀	普通形式面铣刀		适用于铣削大的平面，用于不同深度的粗加工、半精加工
	可转位精密面铣刀		适用于表面质量要求高的场合，用于精铣
	可转位立装面铣刀		适用于钢、铸钢、铸铁的粗加工，能承受较大的切削力，适用于重切削

续表

刀具名称		简图	用途
可转位面铣刀	可转位圆刀片面铣刀		适用于加工平面或根部有圆角肩台、肋条以及难加工材料，小规格的还可用于加工曲面
	可转位密齿面铣刀		适用于铣削短切屑材料以及较大平面和较小余量的钢件，切削效率高
可转位三面刃铣刀			适用于铣削较深和较窄的台阶面和沟槽
可转位两面铣刀			适用于铣削深的台阶面，可组合起来用于多组台阶面的铣削
可转位立铣刀			适于铣削浅槽、台阶面以及加工盲孔

续表

刀具名称		简图	用途
可转位螺旋立铣刀（玉米铣刀）	平装形式螺旋立铣刀	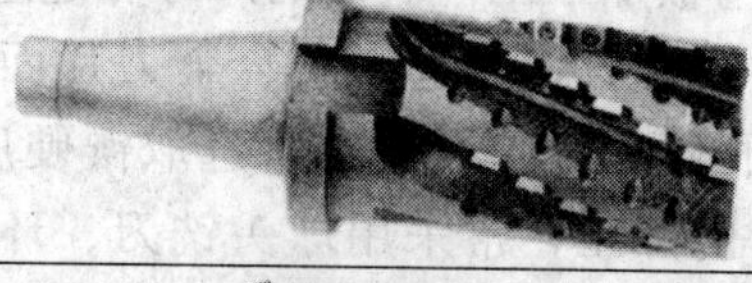	适用于直槽、台阶、特殊形状及圆弧插补的铣削，适用于高效率的粗加工或半精加工
	立装形式螺旋立铣刀	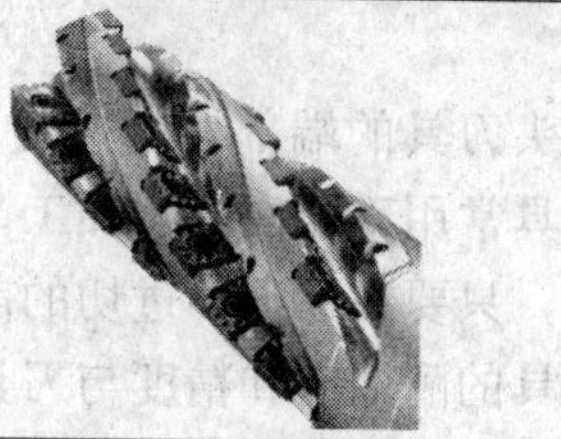	适用于重切削，机床刚度要足够大
可转位球头铣刀	普通形球头铣刀	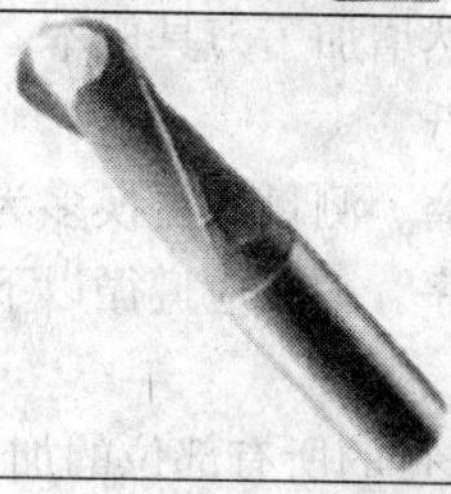	适于模具内腔及过渡 R 的外型面的粗加工、半精加工
	曲线刃球头铣刀	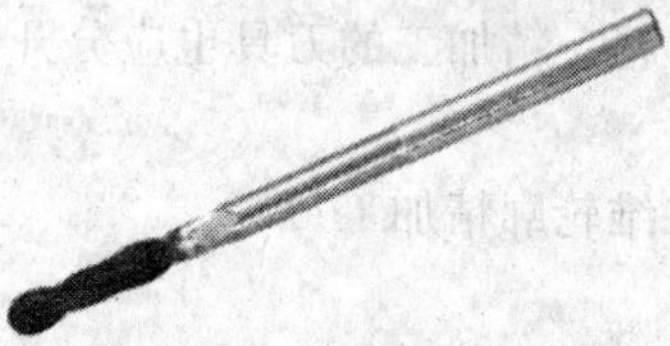	适用于模具工业、航空工业和汽车工业的仿形加工，用于粗铣、半精铣各种复杂型面，也可用于精铣
可转位浅孔钻		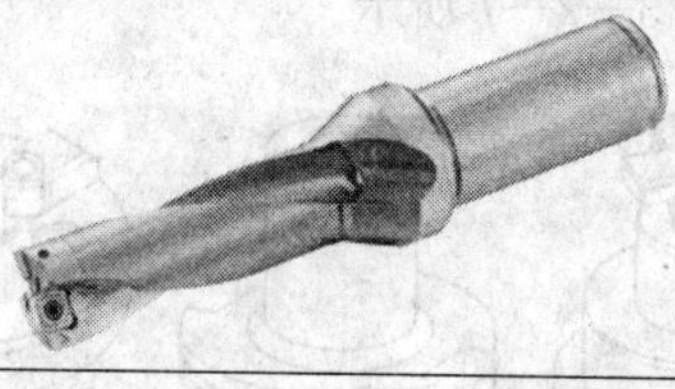	适用于高效率地加工铸铁、碳钢、合金钢等，也可进行钻孔、铣削等
可转位成形铣刀		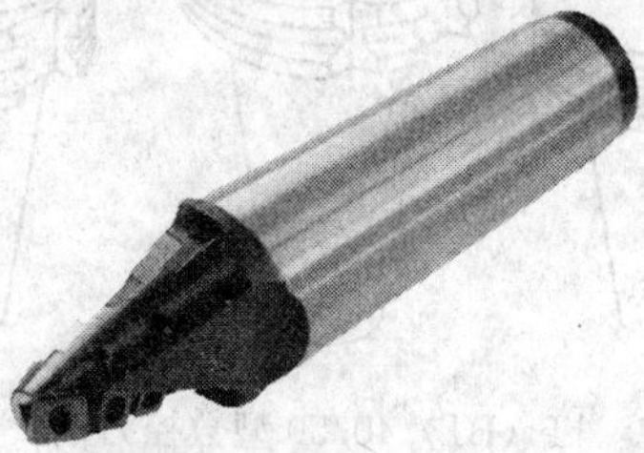	适用于各种型面的高效加工，可用于重切削
可转位自夹紧切断刀			适用于对工件切断、切槽

(2) 数控加工铣刀的选择

选取刀具时，要使刀具的尺寸与被加工工件表面的尺寸相适应。生产中，平面零件周边轮廓的加工常采用立铣刀；铣削平面时，应选硬质合金刀片面铣刀；加工凸台、凹槽时，选高速钢立铣刀；加工毛坯表面或粗加工孔时，可选取镶硬质合金刀片的玉米铣刀；对一些立体型面和变斜角轮廓外形的加工，常采用球头铣刀、环形铣刀、锥形铣刀和盘形铣刀。

在进行自由曲面加工时，由于球头刀具的端部切削速度为零，因此，为保证加工精度，切削行距一般能取得很密，故球头刀具常用于曲面的精加工。而平头刀具在表面加工质量和切削效率方面都优于球头铣刀，因此，只要在保证不过切的前提下，曲面的粗加工和半精加工都应优先选择平头刀具。另外，刀具的耐用度和精度与刀具价格关系极大，必须引起注意的是，在大多数情况下，选择好的刀具虽然增加了刀具成本，但由此带来的加工质量和加工效率的提高则可以使整个加工成本大大降低。

在经济型数控加工中，由于刀具的刃磨、测量和更换多为人工手动进行，占用辅助时间较长，因此，必须合理安排刀具的排列顺序。一般应遵循以下原则：

1) 尽量减少刀具数量。

2) 一把刀具装夹后，应完成其所能进行的所有部位的加工。

3) 即使是相同尺寸规格的刀具，粗、精加工的刀具也应分开使用。

4) 先铣后钻。

5) 先进行曲面精加工，后进行二维轮廓精加工。

(3) 数控刀柄柄部形式及尺寸

JT (BT) 40/50 型数控刀柄如图 3—2—7 所示。

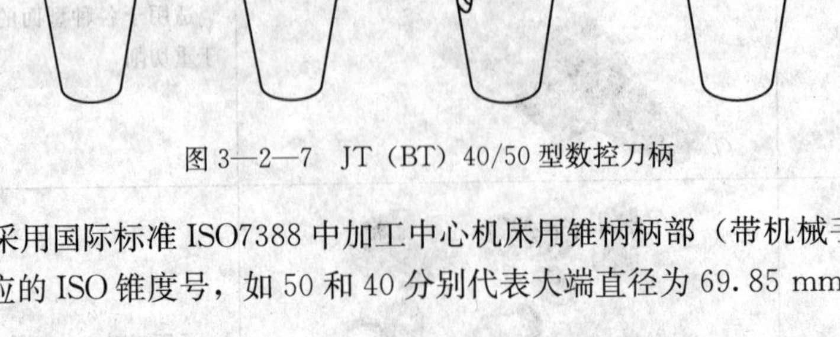

图 3—2—7 JT (BT) 40/50 型数控刀柄

JT：表示采用国际标准 ISO7388 中加工中心机床用锥柄柄部（带机械手夹持槽）；其后面的数字为相应的 ISO 锥度号，如 50 和 40 分别代表大端直径为 69.85 mm 和 44.45 mm 的 7∶24 锥度。

BT：表示采用日本标准 MAS403 中加工中心机床用锥柄柄部（带机械手夹持槽）；其后面的数字为相应的 ISO 锥度号，如 50 和 40 分别代表大端直径 69.85 mm 和 44.45 mm 的 7∶24 锥度。

2. 夹具

夹具具体内容参阅车削加工夹具部分。

四、数控铣削编程与操作

1. 编程

数控铣床的编程规则与数控车床相同。

准备功能指令（G 代码）的含义及格式见表 3—2—6，M 代码的含义见表 3—2—7。

表 3—2—6　　G 代码的含义及格式

<table>
<tr><th>代码</th><th>分组</th><th>含义</th><th>格式</th></tr>
<tr><td>G00</td><td rowspan="4">01</td><td>快速进给、定位</td><td>三轴联动时的指令格式为：
G00　X_ Y_ Z_；
其中　X_ Y_ Z_为目标点坐标值。
G00 只用于快速定位，不能用于切削加工</td></tr>
<tr><td>G01</td><td>直线插补</td><td>G01　X_ Y_ Z_ F_；
其中　X_ Y_ Z_为目标点坐标值，F 为进给速度，各轴实际进给速度是 F 在该轴上的投影分量</td></tr>
<tr><td>G02</td><td>圆弧插补 CW（顺时针）</td><td rowspan="2">指令格式一：
在 XY 平面上的圆弧：
G17 G02（G03）　X_ Y_ I_ J_ F_；
在 XZ 平面上的圆弧：
G18 G02（G03）　X_ Z_ I_ K_ F_；
在 YZ 平面上的圆弧：
G19 G02（G03）　Y_ Z_ J_ K_ F_；
G17、G18、G19 为圆弧插补平面选择命令，以此来确定被加工圆弧所在平面，G17 可以省略。F 规定了沿圆弧切向的进给速度
指令格式二：
G17 G02（G03）　X_ Y_ R_ F_；
G18 G02（G03）　X_ Z_ R_ F_；
G19 G02（G03）　Y_ Z_ R_ F_；
其中　X_、Y_、Z_表示圆弧的终点坐标，其坐标值采用绝对坐标还是增量坐标取决于 G90 或 G91 的状态，G91 状态下终点坐标为相对于圆弧起点的增量值
R_为圆弧半径值</td></tr>
<tr><td>G03</td><td>圆弧插补 CCW（逆时针）</td></tr>
<tr><td>G04</td><td>00</td><td>暂停</td><td>G04 指令可使刀具做无进给短暂的光整加工，一般用于镗平面、锪孔等场合。G04 指令为非模态指令，仅在所出现的程序段中有效
暂停有以下两种格式：
1. G04 X_；使用 X 时，必须用小数点且单位为秒，如 G04 X30. 0；表示在执行完上一程序段后，机床做 30 s 无进给的加工后才执行下一程序段
2. G04 P_；使用 P 时，不用小数点且单位为毫秒，如 G04P100；表示暂停 0.1 s</td></tr>
</table>

续表

代码	分组	含义	格式
G15	17	极坐标指令取消	G15；
G16		启动极坐标指令	G16；
G17	02	选择 *XY* 平面	G17；
G18		选择 *ZX* 平面	G18；
G19		选择 *YZ* 平面	G19；
G20	06	英制输入	G20；
G21		米制输入	G21；
G27	00	回参考点检查	G27 P _；
G28		回参考点	G28 P _；
G29		由参考点自动定位	G29 P _；
G40	07	刀具补偿取消	G40；
G41		刀具半径左补偿	G41/G42 D _；（一定在 G00 或 G01 后加入刀具半径补偿） D 为刀具偏置号地址
G42		刀具半径右补偿	
G43	08	刀具长度补偿＋	G43 H _；（一定在 G00 或 G01 后加入刀具长度补偿）
G44		刀具长度补偿－	G44 H _；（一定在 G00 或 G01 后加入刀具长度补偿） H 为刀具长度补偿地址
G49		刀具长度补偿取消	
G54	14	选择工件坐标系 1	G××；
G55		选择工件坐标系 2	
G56		选择工件坐标系 3	
G57		选择工件坐标系 4	
G58		选择工件坐标系 5	
G59		选择工件坐标系 6	
G65	00	宏程序调用	G65 P _；
G66	12	宏程序模态调用	G66 P _；
G67		宏程序模态调用取消	G67；
G68	16	坐标系旋转	G68 P _；
G69		坐标系旋转取消	G69；
G73	09	高速深孔钻固定循环	G98/G99 G73/G74/G76/G81～G89 X _ Y _ Z _ P _ Q _ R _ F _ K _； X、Y——孔位坐标 Z——孔的 Z 向钻深或坐标 P——孔底停留时间 Q——单次进给深度或让刀距离 R——安全平面坐标 F——进给速度 K——循环次数
G74		攻左旋螺纹固定循环	
G76		精镗固定循环	
G80		取消固定循环	
G81		钻孔固定循环	
G82		锪孔固定循环	
G83		深孔钻固定循环	
G84		攻右旋螺纹固定循环	

续表

<table>
<tr><th>代码</th><th>分组</th><th>含义</th><th>格式</th></tr>
<tr><td>G85</td><td rowspan="5">09</td><td>镗孔固定循环</td><td rowspan="5">1. 指定固定循环之前，必须用辅助功能指令 M03 使主轴正转，当使用了主轴停止转动指令 M05 之后，一定要重新使主轴旋转后再指定固定循环
2. 指定固定循环状态时，必须给出 X、Y、Z、R 中的每一个数据，固定循环才能执行
3. 操作时，若利用复位或急停按钮使数控装置停止，固定循环加工和加工数据仍然存在，所以，再次加工时应该使固定循环剩余动作进行到结束
4. 若程序中出现代码 G00、G01、G02、G03 时，循环方式及其加工数据也全部取消</td></tr>
<tr><td>G86</td><td>镗孔固定循环</td></tr>
<tr><td>G87</td><td>背镗孔固定循环</td></tr>
<tr><td>G88</td><td>镗孔固定循环</td></tr>
<tr><td>G89</td><td>镗孔固定循环</td></tr>
<tr><td>G90</td><td rowspan="2">03</td><td>绝对方式指定</td><td>G90；</td></tr>
<tr><td>G91</td><td>增量方式指定</td><td>G91；</td></tr>
<tr><td>G92</td><td>00</td><td>工件坐标系设定</td><td>G92 P __；</td></tr>
<tr><td>G94</td><td rowspan="2">05</td><td>每分钟进给</td><td>G94 F __；</td></tr>
<tr><td>G95</td><td>每转进给</td><td>G95 F __；</td></tr>
<tr><td>G98</td><td rowspan="2">10</td><td>返回初始平面</td><td></td></tr>
<tr><td>G99</td><td>返回安全平面</td><td></td></tr>
</table>

表 3—2—7 **M 代码的含义**

代码	含义	代码	含义
M00	停止程序运行	M08	切削液开启
M01	选择性停止	M09	切削液关闭
M02	结束程序运行	M30	结束程序运行并返回程序开头
M03	主轴正向转动开始	M98	子程序调用，其格式为： M98 P××nnnn； 调用程序号为 Onnnn 的程序××次
M04	主轴反向转动开始	M99	结束子程序，其格式为： Onnnn； …… M99；
M05	主轴停止转动		

T 功能用来选择刀具，它是把指令了刀号的刀具转换到换刀位置，为下次换刀做好准备。T 功能指令用 T××（××表示刀具号）表示，T××是为下次换刀使用的，本次所用刀具应在前面程序段中写出。

刀具交换是指刀库上正位于换刀位置的刀具与主轴上的刀具进行自动换刀，这一动作是通过换刀指令 M06 来实现的。

2. 数控坐标系

数控机床的坐标系规定已标准化，按右手直角坐标系确定，如图 3—2—8 所示，一般假设工件静止，通过刀具相对于工件的移动来确定机床各移动轴的方向。

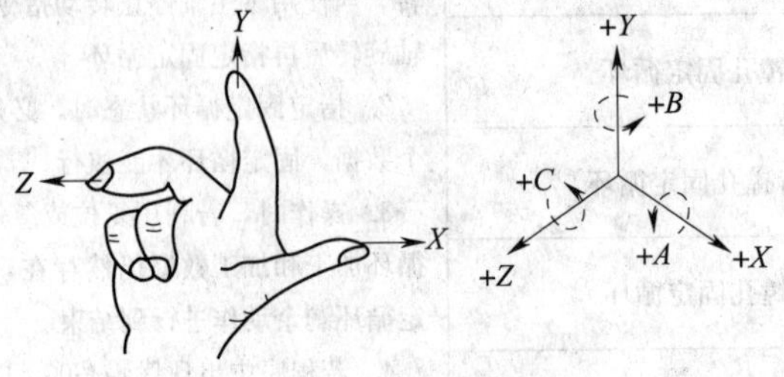

图 3—2—8　右手坐标系

（1）机床坐标系

数控铣床坐标系如图 3—2—9 所示。

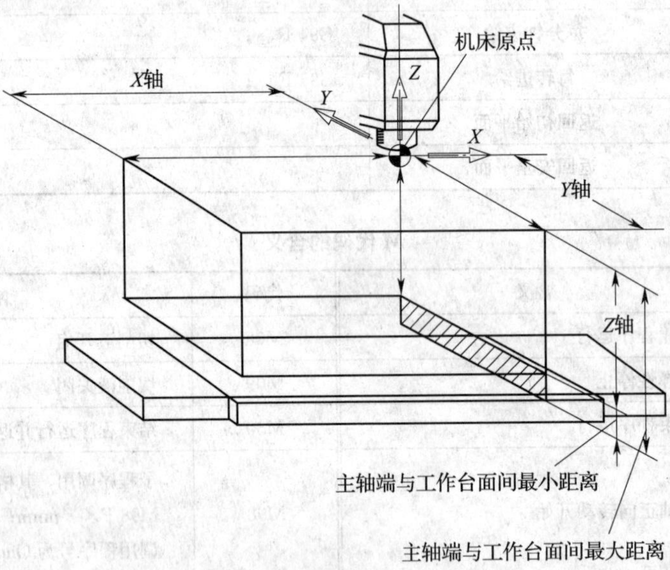

图 3—2—9　数控铣床坐标系

1）在标准中，规定平行于机床主轴（传递切削力）的刀具运动坐标轴为 Z 轴，取刀具远离工件的方向为正方向（$+Z$）。当机床有几个主轴时，则选一个垂直于工件装夹面的主轴为 Z 轴。

2）X 轴为水平方向，垂直于 Z 轴并平行于工件的装夹面。

3）在确定了 X、Z 轴的正方向后，可按右手直角笛卡儿坐标系确定 Y 轴的正方向。

4）机床原点是机床坐标系的原点，它的位置是在各坐标轴的正向最大极限处。

（2）工件坐标系

六个工件坐标系（见图 3—2—10）皆以机床原点为参考点，分别以各自与机床原点的偏移量表示，使用前需提前输入机床。

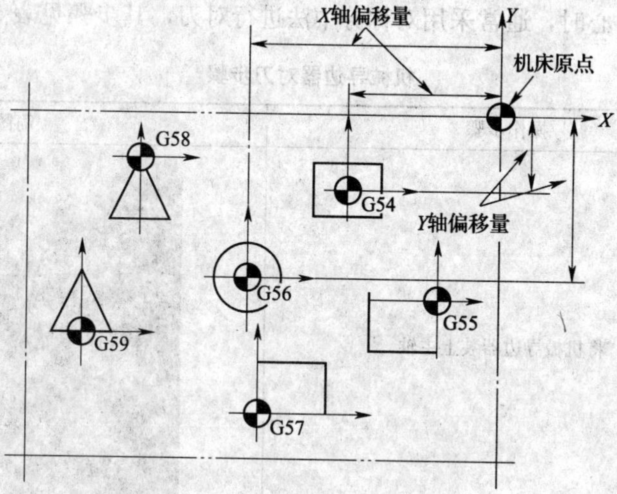

图 3—2—10　工件坐标系

3. 数控铣床对刀

（1）用寻边器对刀

寻边器对刀精度较高，操作简便、直观，应用广泛。采用寻边器对刀要求定位基准面应有较高的表面质量和直线度精度，以确保对刀精度。寻边器的种类及特点见表 3—2—8。

表 3—2—8　　**寻边器的种类及特点**

名称	简图	特点
标准棒	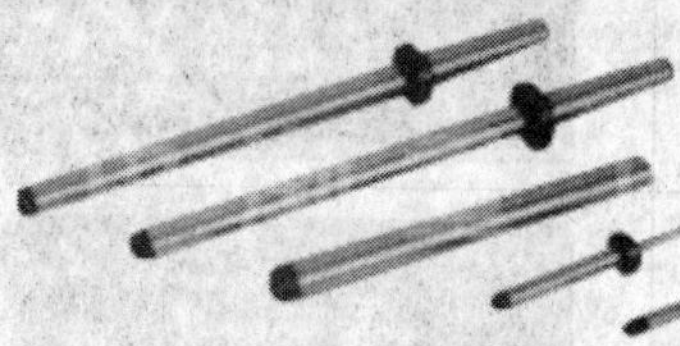	结构简单，成本低，校正精度不高
机械寻边器	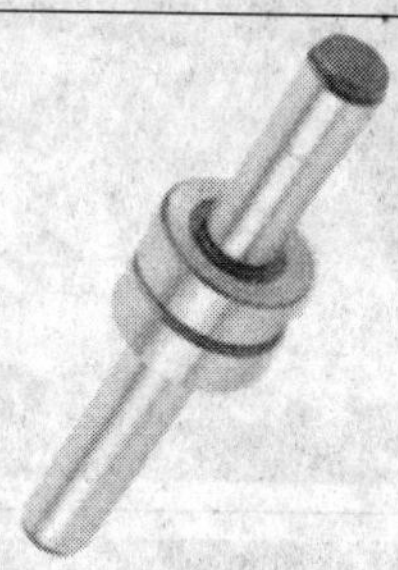	要求主轴转速设定在 500 r/min 左右，精度高，无须维护，成本适中
光电寻边器	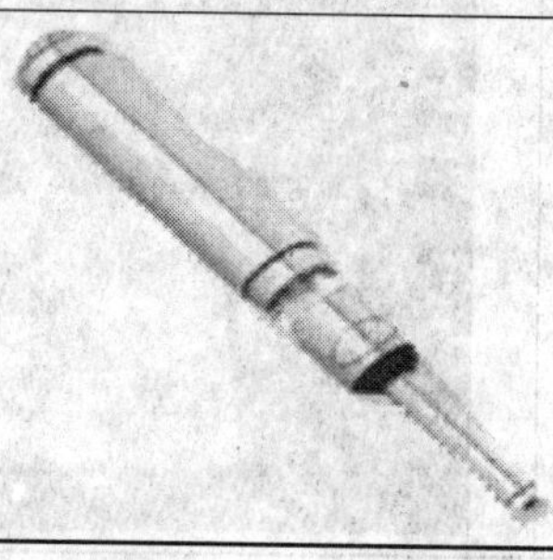	要求主轴不转，精度高，需维护，成本较高

当工件原点在工件中心时，通常采用对称分中法进行对刀，其步骤见表 3—2—9。

表 3—2—9　　机械寻边器对刀步骤

序号	操作步骤	简图
1	装夹工件，将机械寻边器装上主轴	
2	在 MDI 模式下输入“S500 M03;”并启动，使主轴转速为 500 r/min	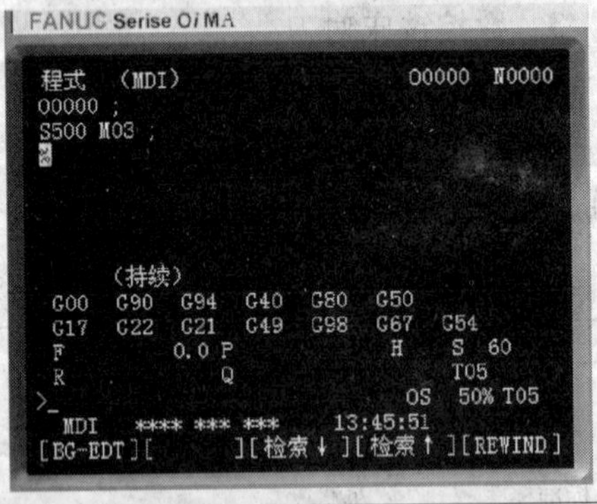
3	采用“手轮”方式，主轴正转，通过不断改变倍率使机械寻边器靠近工件 X 正向，在相对坐标系下，对 X 轴清零，测量后记录 X_1	
4	采用同样的方法，将机械寻边器移到另一侧，在相对坐标系下测量并记录 X_2	

续表

<table>
<tr><th>序号</th><th>操作步骤</th><th>简图</th></tr>
<tr><td>5</td><td>把主轴移到两次记录值的中间，即（X_2-X_1）/2 处，在 G54 坐标系下输入 X0，并按测量键</td><td>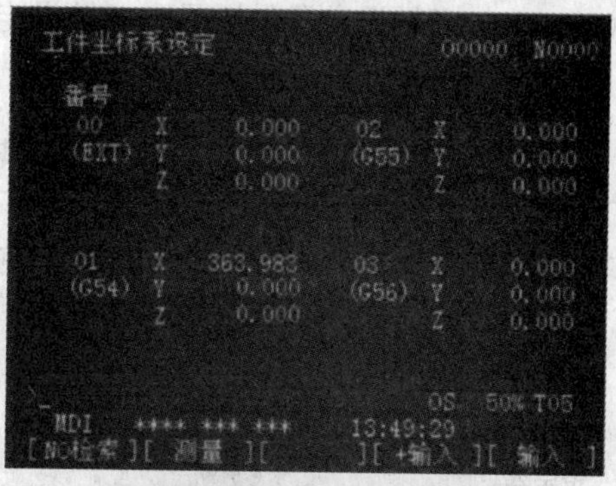
</td></tr>
<tr><td>6</td><td>采用同样的方法移到 Y 正向，在相对坐标系下对 Y 轴清零并记录 Y_1</td><td></td></tr>
<tr><td>7</td><td>采用同样的方法移到 Y 负向，在相对坐标系下测量并记录 Y_2</td><td></td></tr>
<tr><td>8</td><td>把主轴移到两次记录值的中间，即（Y_2-Y_1）/2 处，在 G54 坐标系下输入 Y0，并按测量键</td><td>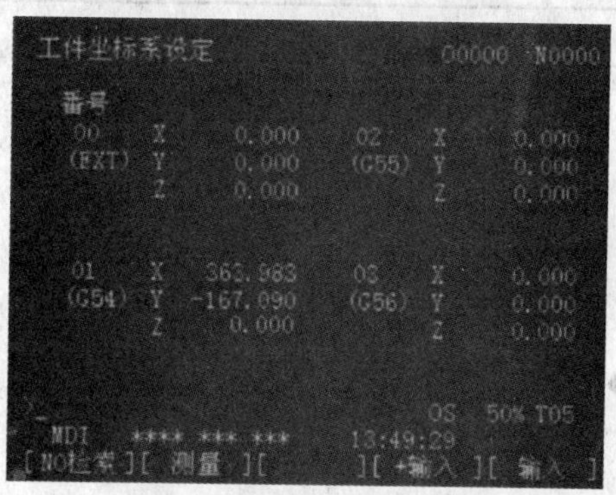
</td></tr>
</table>

(2) 用 Z 轴设定器对刀

Z 轴设定器是用于设定 CNC 数控机床工具长度的一种五金工具，其设定高度为（50.00±0.01）mm。Z 轴设定器包括圆形 Z 轴设定器、外附表型 Z 轴设定器、光电式 Z 轴设定器、磁力 Z 轴设定器等，其特点见表 3—2—10。Z 轴设定器对刀步骤见表 3—2—11。

表 3—2—10　Z 轴设定器的特点

名称	简图	特点
圆形 Z 轴设定器		1. 在数控铣床/加工中心上设定刀长用 2. 设定高度为（50.00±0.01）mm 3. 测量面大，操作容易 4. 弹簧力较小，可避免小铣刀或小钻头断裂 5. 用研磨过的平板即可设定 6. 平行度及各种参数测量灵敏，精度高（0.01 mm）
外附表型 Z 轴设定器		1. 可验证表面及拉杆 2. 低弹性，可避免钻削、铣削时刀具尖端的破损 3. 用检验棒或量块即可校正，使用方便
光电式 Z 轴设定器		1. 高度为 50 mm，容易计算 2. 底座的磁性设计可供侧面探测用 3. 红灯亮时四周都在可视范围内，没有盲点 4. 精准度为±0.005 mm

表 3—2—11　Z 轴设定器对刀步骤

序号	操作步骤	简图
1	将基准刀装上主轴	

续表

序号	操作步骤	简图
2	将 Z 轴设定器放在工件上表面上，不要有切屑或其他异物夹在 Z 轴设定器下面	
3	用 Z 轴设定器的检验棒检验 Z 轴设定器是否归零	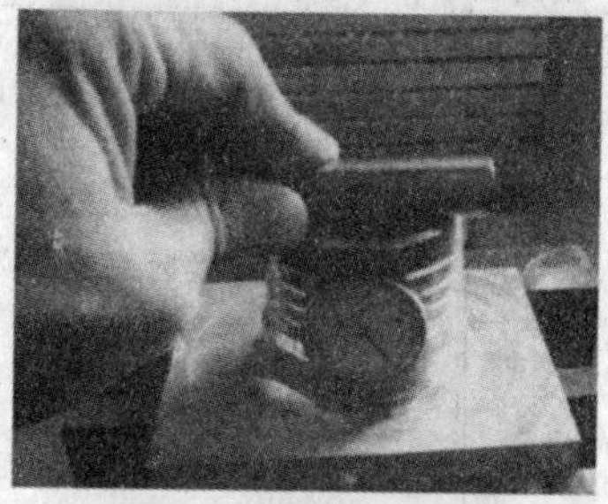
4	采用“手轮”方式，通过不断改变倍率使基准刀靠近 Z 轴设定器上表面，调整倍率，使基准刀缓缓压下 Z 轴设定器，使表针归零	
5	在 G54～G59 的坐标系中输入 Z50.0，然后进行测量	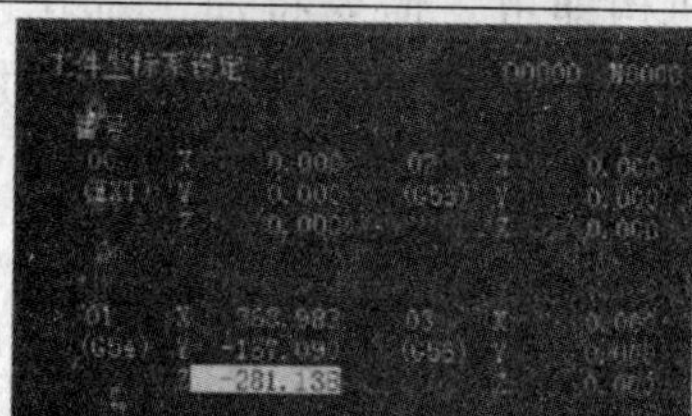
6	在不移动刀具 Z 向时，在相对坐标系下清零	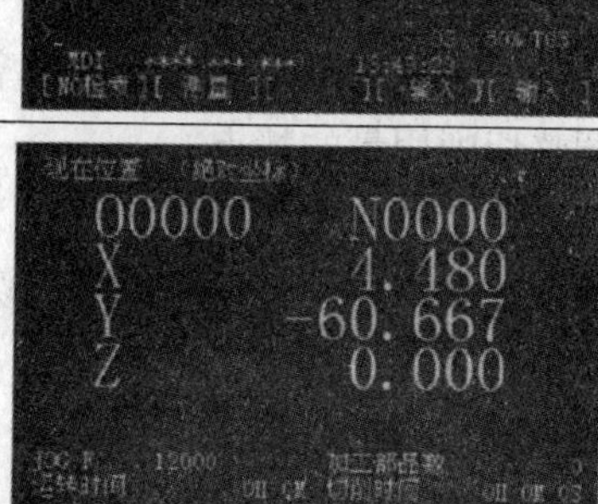

续表

序号	操作步骤	简图
7	装第二把刀，采用同样的方法压下 Z 轴设定器并使表针归零	
8	这时读相对坐标系上的读数，并且把读数输入刀补界面的第 2 号刀长里	
9	以后的刀都与装第二把刀一样	

五、铣削加工工艺

1. 夹具的选择

数控铣床上工件的装夹方法与普通铣床一样，所使用的夹具只要求有简单的定位、夹紧机构即可，但要将加工部位敞开。选择夹具时，应注意减少装夹次数，尽量做到在一次装夹中能把零件上所有要加工的表面都加工出来。具体的选用方法同第二章铣削加工。

2. 刀具的选择

对刀具的基本要求主要有以下几点：

(1) 铣刀刚度要高

其目的一是满足为提高生产效率而采用大切削量的需要；二是适应数控铣床加工过程中难以调整切削用量的特点。

(2) 铣刀的耐用度要高

除上述两点外，还要考虑铣刀切削刃几何角度的选择与排屑性能。具体的选用方法同第二章铣削加工。

3. 切削用量的选择

(1) 影响切削用量的因素

影响切削用量的因素主要有机床和刀具。常用刀具材料的性能比较见表 3—2—12。

表 3—2—12　　常用刀具材料的性能比较

刀具材料＼性能	切削速度	耐磨性	硬度	硬度随温度变化
高速钢	最低	最差	最低	最大
硬质合金	低	差	低	大
陶瓷刀片	中	中	中	中
金刚石	高	好	高	小

（2）切削用量的内容

切削用量的内容包括背吃刀量和侧吃刀量、进给量和进给速度、切削速度。

1）背吃刀量 a_p 和侧吃刀量 a_e。背吃刀量 a_p 是指平行于铣刀轴线测量的切削层尺寸，单位为 mm。侧吃刀量 a_e 是指垂直于铣刀轴线测量的切削层尺寸，单位为 mm。

背吃刀量 a_p 与侧吃刀量 a_e 的选取主要由加工余量和对表面质量的要求决定，具体如下：

①当工件表面粗糙度 Ra 值为 25～12.5 μm 时，若圆周铣削加工余量小于 5 mm，端面铣削加工余量小于 6 mm，粗铣一次进给即可达到要求。

②当工件表面粗糙度 Ra 值为 12.5～3.2 μm 时，应分为粗铣和半精铣两步进行。粗铣时 a_p 和 a_e 的选取同前，粗铣后留 0.5～1.0 mm 余量在半精铣时切除。

③当工件表面粗糙度 Ra 值为 3.2～0.8 μm 时，应分为粗铣、半精铣和精铣三步进行。半精铣时 a_p 和 a_e 取 1.5～2.0 mm；精铣时圆周铣削 a_e 取 0.3～0.5 mm，端面铣削 a_p 取 0.5～1 mm。

2）进给量 f 和进给速度 v_f

①进给量 f。是指刀具每转一周，工件与刀具沿进给方向的相对位移量，单位为 mm/r。

②进给速度 v_f。是指单位时间内工件与铣刀沿进给方向的相对位移量，单位为 mm/min。

③v_f 与 f 的关系式为 $v_f = nf$。

进给量与进给速度应根据工件的表面粗糙度、加工精度要求、刀具及工件材料等因素，参考切削用量手册选取或通过选取每齿进给量 f_z，再根据 $f = zf_z$ 进行计算。铣刀每齿进给量 f_z 的选取主要依据工件材料的力学性能、刀具材料、工件表面粗糙度等因素，具体选取时可参考表 3—2—13。

表 3—2—13　　铣刀每齿进给量参考值

工件材料	每齿进给量 f_z（mm/齿）			
	粗铣		精铣	
	高速钢铣刀	硬质合金铣刀	高速钢铣刀	硬质合金铣刀
钢	0.10～0.15	0.10～0.25	0.02～0.05	0.10～0.15
铸铁	0.12～0.20	0.15～0.30		

3）切削速度 v_c。切削速度 v_c 与刀具的耐用度、每齿进给量、背吃刀量、侧吃刀量以及铣刀齿数成反比，而与铣刀直径成正比。为提高刀具耐用度，允许使用较低的切削速度，但加大铣刀直径则可改善散热条件，提高切削速度。切削速度的选取可参考手册，也可参考表

3—2—14。

(3) 从刀具耐用度出发选择切削用量

从刀具耐用度出发，切削用量的选择方法是：先选取背吃刀量 a_p 或侧吃刀量 a_e，其次确定进给速度，最后确定切削速度。

表 3—2—14　　铣削加工的切削速度参考值

工件材料	硬度 HBW	铣削速度 v_c（m/min）	
		高速钢铣刀	硬质合金铣刀
钢	＜225	18～42	66～150
	225～325	12～36	54～120
	325～425	6～21	36～75
铸铁	＜190	21～36	66～150
	190～260	9～18	45～90
	260～320	4.5～10	21～30

六、数控编程实例——外轮廓零件的数控加工

1. 零件图分析

编制如图 3—2—11a 所示零件外轮廓的精加工程序，零件厚度为 6 mm。用刀具半径补偿功能完成零件的精加工。

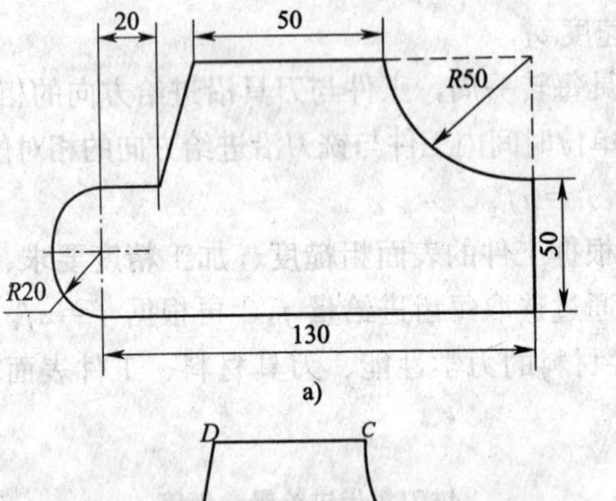

a)

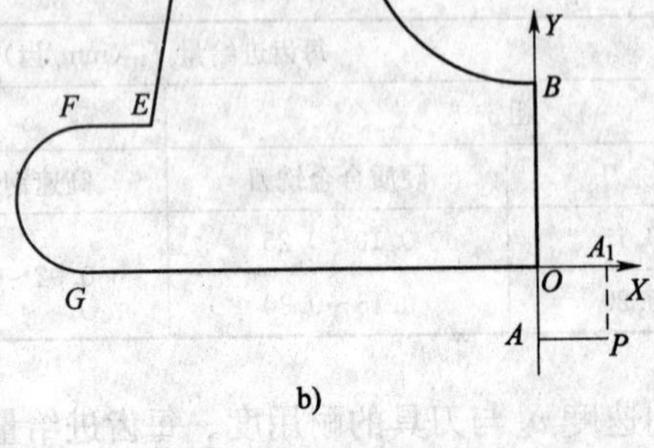

b)

图 3—2—11　外轮廓零件的数控加工

a) 零件图　b) 加工工艺路线

2. 工艺分析

（1）装夹方式的确定

用螺栓及两块压板固定工件的两侧，使工件处于工作台中心位置。

（2）刀具加工起点及加工路线的确定

如图 3—2—11b 所示，刀具加工起点位置应不接触工件，但不能使空行程太长。由于铣削零件平面轮廓时用刀的侧刃，为了避免在零件轮廓的切入点和切出点处留下刀痕，应沿轮廓外形的延长线切入和切出。切入点和切出点一般选在零件轮廓两几何元素的交点处。此外，应避免在零件垂直表面的方向下刀，否则会留下划痕，影响零件的表面粗糙度。所以，刀具加工起点位置可选为刀具中心在 X 向距零件右侧面 20 mm 的位置；Y 向距零件前侧面 20 mm 的位置，即 P 点坐标为（20，−20）。采用逆铣法，从 A 点切入，沿零件轮廓从 $A \to B \to C \to D \to E \to F \to G \to A_1$；通过建立右刀补，调用刀具半径补偿偏置量完成加工，从 A_1 点切出；最后取消刀补，刀具回到起点位置。

（3）加工刀具的确定

采用 ϕ12 mm 立铣刀。

（4）切削用量的确定

主轴转速为 600 r/min，进给速度为 100 mm/min。

3. 确定加工坐标原点

坐标原点选择 O 点，Z 向为零件上表面，使用 G92 指令建立工件坐标系，加工起点为 P（20，−20，10）。

4. 编写加工程序

程序	说明
O0008；	第 0008 号程序
N01 G92 X20.0 Y−20.0 Z10.0；	刀具起始点在（20，−20，10）
N02 G01 Z−6.0 F100.0 M03 S600；	下刀到 Z−6.0 处，进给速度为 100 mm/min，主轴正转
N03 G90 G00 G42 D01 X0；	绝对值编程，刀具半径右补偿
N04 Y50.0；	加工直线段 OB
N05 G02 X−50.0 Y100.0 R50.0；	加工圆弧 BC
N06 G01 X−100.0；	加工直线段 CD
N07 X−110.0 Y40.0；	加工直线段 DE
N08 X−130.0；	加工直线段 EF
N09 G03 X−130.0 Y0 R−20.0；	加工圆弧 FG
N10 G01 X20.0；	加工直线段 GA_1 段
N11 G40 G00 Y−20.0；	取消刀具半径补偿，回到 P 点
N12 Z10.0；	抬刀到零件上表面上方 10 mm 处
N13 M05；	主轴停转
N14 M30；	程序停止并返回程序开头

5. 程序输入

在编程（EDIT）状态下，按功能键 PROG，输入零件程序，每个程序段后要输入程序段结束符 EOB，再按插入键 INSERT，屏幕上会逐条显示输入好的程序。若在输入过程中有输入错误的地方，可在按插入键前按取消键 CANCEL。程序输入完毕还要输入刀补值，按功能键 OFFSET，在地址 D01 中输入刀具半径补偿值为 6 mm。

6. 程序校验及加工轨迹仿真

在自动运行（AUTO）状态下，按循环启动键（CYCLE START），此时，可按模拟显示键（GRAPH），观察刀具走刀路径是否正确，若正确可以进行下一步操作；若不正确，用程序编程键（更改键 ALTER、删除键 DELETE、插入键 INSERT）修改程序，直到正确为止。

7. 装夹工件

用螺栓和两块压板固定工件的两侧，使工件处于工作台中心位置。

8. 对刀操作

本实例用“G92 X20.0 Y－20.0 Z10.0;”建立工件坐标系，找到程序原点后，注意要移动刀具，要使刀具加工起始点在工件坐标系中处于（X20.0，Y－20.0，Z10.0）位置。

9. 首件试切

在自动运行（AUTO）状态下，按循环启动键（CYCLE START）进行首件试切。

10. 开始加工

加工完成后卸下工件，用千分尺测量，尺寸合格后准备加工下一个零件，只需重复步骤 7～10 即可。

任务 2　台阶件数控铣削加工

任务提出

铣削加工如图 3—2—12 所示的台阶件，包括端面、外轮廓、内轮廓和孔等多个加工部位。教学中既可按一个零件进行铣削加工，也可按多个零件分别按照不同的加工部位进行多次加工。

任务分析

本任务以铣削台阶件外轮廓、平底孔、钻孔及铰孔为主。对于该零件的外轮廓采用先粗后精的方法加工，若单件加工可以只编写精加工工序，粗加工时通过修改刀具半径的方法设置加工余量；若批量生产，应直接编写粗、精加工工序，以便提高效率。对于孔加工，根据被加工孔的精度要求安排钻孔（包括钻中心孔）和铰孔加工工艺，且应放在其他加工结束后进行。应该遵循先面后孔的原则，以免先钻孔、铰孔后在加工过程中降低了工件本身强度，容易在加工时产生振动。具体工艺路线如下：

1. 铣削毛坯上表面。
2. 用 $\phi16$ mm 键槽铣刀粗、精铣外轮廓和 $\phi25^{+0.1}_{0}$ mm 内轮廓。

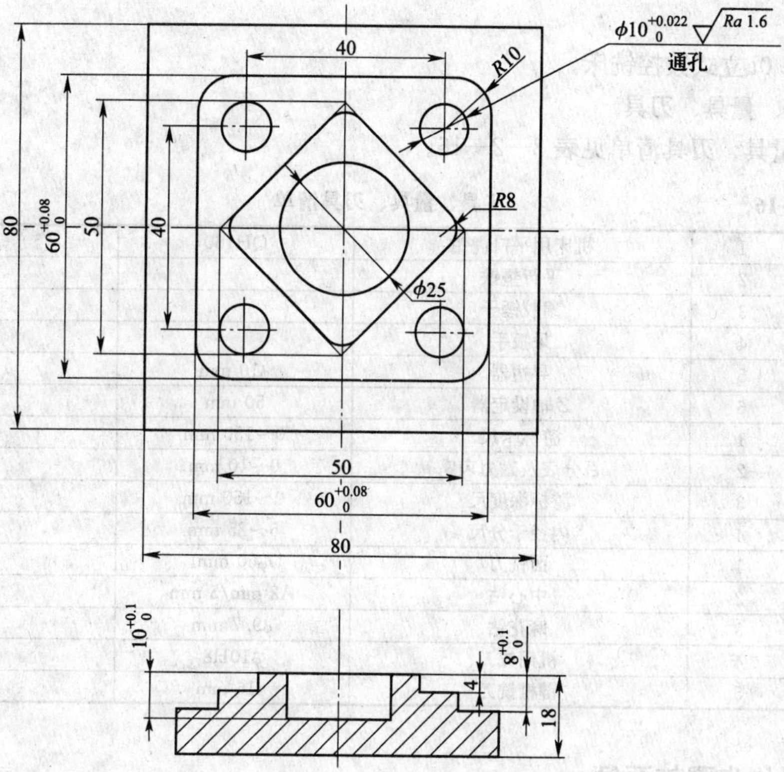

图 3—2—12　台阶件

3. 用中心钻在 4 个 $\phi 10^{+0.022}_{0}$ mm 的孔中心处钻中心孔。

4. 用 $\phi 9.7$ mm 麻花钻钻 4 个 $\phi 10^{+0.022}_{0}$ mm 孔。

5. 用 $\phi 10$H8 机用铰刀铰削 4 个 $\phi 10^{+0.022}_{0}$孔。

随后选择合理的切削用量。加工铝件时，加工深度一般可以一刀切完。切削速度可以提高，但垂直下刀进给量应小，切削用量详见表 3—2—15。

表 3—2—15　　切削用量

刀具号	刀具规格	工序内容	v_f（mm/min）	n（r/min）
T1	$\phi 60$ mm 面铣刀	铣上表面	400	800
T2	$\phi 16$ mm 键槽铣刀	粗、精铣外轮廓和内轮廓	500/400	1 800/2 000
T3	A2 mm/5 mm 中心钻	钻中心孔	250	2 500
T4	$\phi 9.7$ mm 麻花钻	钻 4 个 $\phi 10^{+0.022}_{0}$ mm 的底孔	100	1 000
T5	$\phi 10$H8 机用铰刀	铰 4 个 $\phi 10^{+0.022}_{0}$ mm 的孔	150	300

任务实施

一、加工准备

1. 材料

硬铝合金，尺寸为 80 mm×80 mm×20 mm。

2. 设备

FANUC 0i 立式数控铣床。

3. 工具、量具、刃具

工具、量具、刃具清单见表 3—2—16。

表 3—2—16　　**工具、量具、刃具清单**

工具	1	机床用平口虎钳	QH160	1 个
	2	平行垫铁		若干
	3	塑胶锤子		1 个
	4	呆扳手		若干
	5	寻边器	ϕ10 mm	1 个
	6	*Z* 轴设定器	50 mm	1 个
量具	1	游标卡尺	0～150 mm	1 把
	2	百分表及磁力表座	0～10 mm	1 个
	3	游标深度尺	0～150 mm	1 把
	4	内径千分尺	5～25 mm	1 把
刃具	1	面铣刀	ϕ60 mm	1 把
	2	中心钻	A2 mm/5 mm	1 个
	3	麻花钻	ϕ9.7 mm	1 个
	4	机用铰刀	ϕ10H8	1 个
	5	键槽铣刀	ϕ16 mm	1 个

二、操作步骤与要领

1. 操作流程

操作流程见表 3—2—17。

表 3—2—17　　**操作流程**

操作流程	操作说明	作业流程图解
通电	检查机床无问题后，打开铣床电控柜按钮	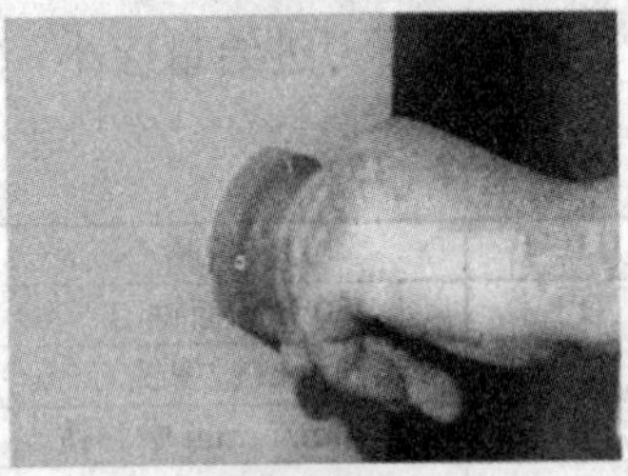
开机	按系统启动按钮 	

续表

操作流程	操作说明	作业流程图解
打开急停按钮	顺时针旋起急停按钮	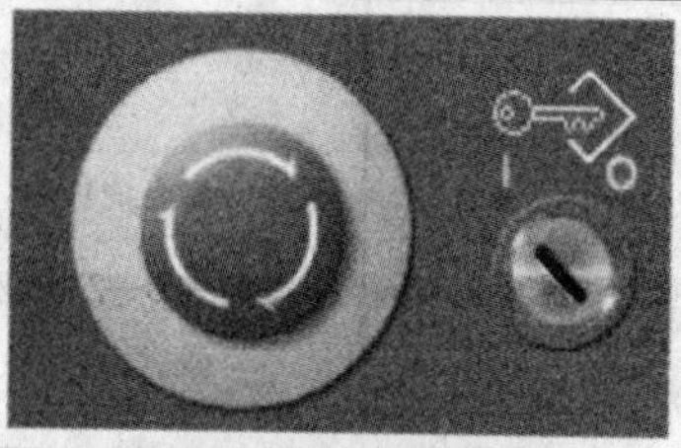
返回参考点	按下回参考点按钮后，分别按下和、和、和，各轴原点灯亮	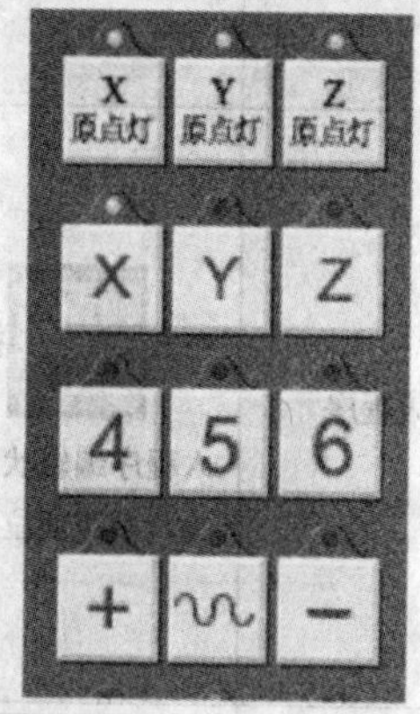
安装机床用平口虎钳	将机床用平口虎钳放置在机床工作台上，用T形螺钉将其固定在工作台上，并校正平口虎钳 松开平口虎钳旋转部位的螺钉，将百分表固定在机床主轴上，用百分表测头接触平口虎钳的钳口，手动沿 X 方向往复移动工作台，观察百分表指针，校正钳口对 X 方向的平行度，百分表指针变化范围应不超过0.03 mm，拧紧旋转部位的螺钉	
装夹工件	将工件装夹在平口虎钳上，下面用垫铁支撑，使工件高出钳口10 mm左右，将工件放置平稳并夹紧	
安装对刀仪	选用 ϕ10 mm 键槽铣刀（或立铣刀）以及8～10 mm弹簧夹头，把刀柄放置在卸刀座上，通过弹簧夹头把键槽铣刀（或立铣刀）放在铣刀刀柄中并夹紧，再把刀柄装夹到机床主轴上	

续表

操作流程	操作说明	作业流程图解
对刀	按照表 3—2—9 和表 3—2—11 对刀	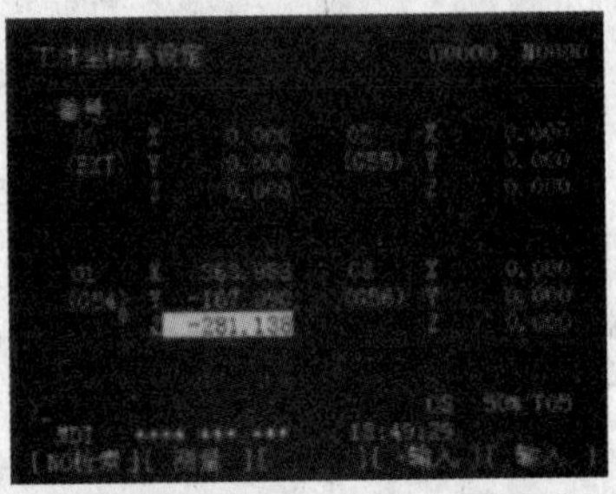
输入程序	按按钮，进入编辑状态，按按钮，进入程序编辑状态，输入新程序名，以大写字母“O”开头，后跟四位数字，如“O1234”	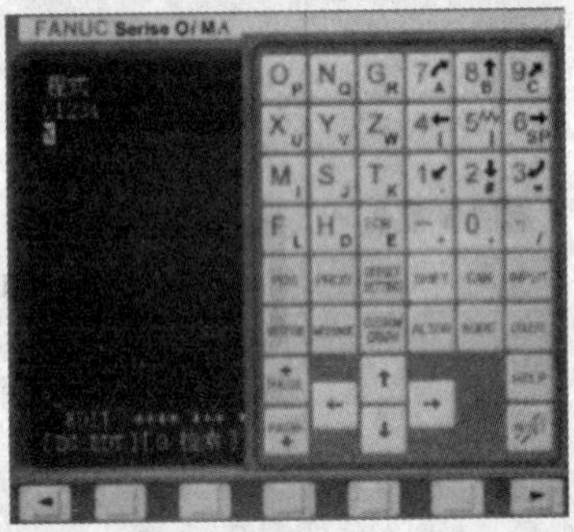
检查程序	按按钮，进入程序编辑状态，然后移动光标键和翻页键检查编写程序	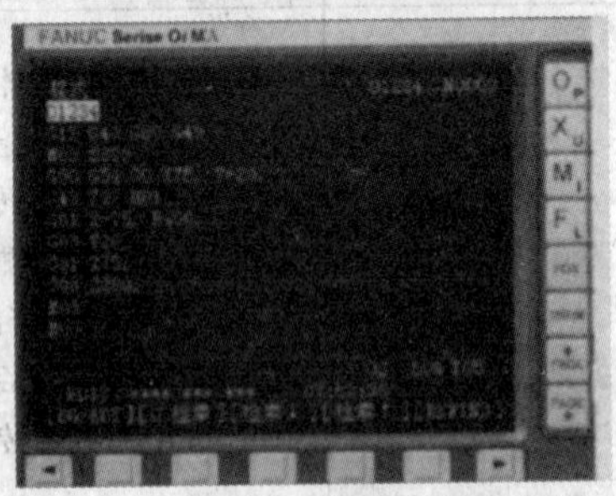
循环启动	先按自动加工按钮，然后按循环启动按钮，启动加工	
检验		

2. 参考程序

选择工件中心为工件坐标系 X、Y 轴原点，工件上表面为工件坐标系的 Z=1 面。外轮廓的铣削通过修改刀具半径补偿值进行粗、精加工。法那克系统（FANUC 0i MB/MC）参考程序（程序名为“O0623”）见表 3—2—18。

表 3—2—18　　参考程序

程序段号	程序	说明
N0010	G17 G40 G80 G49；	设置初始状态
N0020	M03 S800；	主轴顺时针方向旋转，转速为 800 r/min
N0030	G90 G54 G0 X75.0 Y－20.0；	绝对编程，建立工件坐标系，快速移到（X75.0，Y－20.0）处
N0040	G43 Z0 H01；	调用 1 号刀具长度补偿
N0050	G01 X－75.0 F400.0；	直线进给到工件 X－75.0 处，进给速度为 400 mm/min
N0060	G00 Y20.0；	快速移到 Y20.0 处
N0070	G01 X75.0；	直线进给到工件 X75.0 处
N0080	G00 Z200.0；	刀具快速抬起 200 mm
N0090	M05；	主轴停止
N0100	M00；	程序停止，安装 T2 号刀
N0110	G17 G40 G49 G80；	设置初始状态
N0120	S2000 M03；	主轴正转，转速为 2 000 r/min
N0130	G90 G54 G0 X0 Y－60.0；	绝对编程，建立工件坐标系，快速移到（X0，Y－60.0）处
N0140	G43 Z0 H02 M08；	加入 2 号刀具长度补偿，切削液开
N0150	Z－8.05；	Z 向下刀到 Z－8.05 处
N0160	G01 G41 D2 X15.0 Y－45.0 F400.0；	加入刀具半径左补偿
N0170	G03 X0 Y－30.0 R15.0 F320.0；	圆弧切入（X0，Y－30.0）处
N0180	G01 X－20.0 F400.0；	
N0190	G02 X－30.0 Y－20.0 R10.0 F320.0；	
N0200	G01 Y20.0 F400.0；	
N0210	G02 X－20.0 Y30.0 R10.0 F320.0；	
N0220	G01 X20.0 F400.0；	
N0230	G02 X30.0 Y20.0 R10.0 F320.0；	
N0240	G01 Y－20.0 F400.0；	
N0250	G02 X20.0 Y－30.0 R10.0 F320.0；	
N0260	G01 X－1.0 F400.0；	
N0270	G03 X－16.0 Y－45.0 R15.0 F800.0；	圆弧切出
N0280	G00 G40 X0 Y－60.0；	取消刀具半径补偿
N0290	Z－4.0；	Z 向提刀到 Z－4.0 处
N0300	G01 Y－33.0 F400.0；	

续表

程序段号	程序	说明
N0310	G02 J33.0；	
N0320	G00 Z5.0；	
N0330	G68 X0 Y0 R45.0；	坐标系顺时针旋转45°
N0340	G00 X0 Y−45.0；	
N0350	Z−4.0；	
N0360	G01 G41 D2 X15.0 Y−32.68；	加入刀具半径左补偿
N0370	G03 X0 Y−17.68 R15.0 F320.0；	圆弧切入
N0380	G01 X−9.68 F400.0；	
N0390	G02 X−17.68 Y−9.68 R8.0 F320.0；	
N0400	G01 Y9.68 F400.0；	
N0410	G02 X−9.68 Y17.68 R8.0 F320.0；	
N0420	G01 X9.68 F400.0；	
N0430	G02 X17.68 Y9.68 R8.0 F320.0；	
N0440	G01 Y−9.68 F400.0；	
N0450	G02 X9.68 Y−17.68 R8.0 F320.0；	
N0460	G01 X−1.0 F400.0；	
N0470	G03 X−16.0 Y−32.68 R15.0 F800.0；	圆弧切出
N0480	G00 G40 X0 Y−45.0；	取消刀具半径补偿
N0490	Z5.0；	
N0500	G69；	取消坐标系旋转
N0510	G00 X0 Y0；	
N0520	G01 Z−10.0 F100.0；	
N0530	G41 D2 X0.5 Y−12.0 F200.0；	加入刀具半径补偿
N0540	G03 X12.5 Y0 R12.0；	圆弧切入
N0550	I−12.5；	
N0560	X12.5 Y12.0 R12.0；	圆弧切出
N0570	G00 G40 X0 Y0；	取消刀具半径补偿
N0580	Z200.0 M09；	刀具快速抬起200 mm，切削液关
N0590	M05；	主轴停
N0600	M00；	程序暂停，换T3号刀
M0610	G17 G40 G49 G80；	设置初始状态
N0620	S2500 M03；	主轴正转，转速为2 500 r/min
N0630	G90 G54 G00 X20.0 Y−20.0；	绝对编程，建立工件坐标系，快速移到(X20.0，Y−20.0)处
N0640	G43 H3 Z30.0；	加入3号刀具长度补偿

续表

程序段号	程序	说明
N0650	G99 G81 X20.0 Y－20.0 Z－0.6 R2.0 F250.0;	钻孔并退到R平面
N0660	X－20.0;	
N0670	Y20.0;	
N0680	X20.0;	
N0690	G00 G80 Z200.0;	刀具快速抬起200 mm，取消固定循环
N0700	M05;	主轴停止
N0710	M00;	程序停止，安装T4号刀
N0720	G17 G40 G49 G80;	设置初始状态
N0730	S1000 M03;	主轴正转，转速为1 000 r/min
N0740	G54 G90 G00 X20.0 Y20.0;	绝对编程，建立工件坐标系，快速移到(X20.0，Y20.0)处
N0750	G43 H4 Z30.0 M08;	加入4号刀具长度补偿，切削液开
N0760	G99 G81 X20.0 Y20.0 Z－23.0 R2.0 F100.0;	钻孔并退到R平面
N0770	Y－20.0;	
N0780	X－20.0;	
N0790	Y20.0;	
N0800	G00 G80 Z100.0 M09;	*Z*向提起100 mm，取消固定循环，切削液关
N0810	M05;	主轴停止
N0820	M00;	程序停止，安装T5号刀
N0830	G17 G40 G49 G80;	设置初始状态
N0840	S300 M03;	主轴正转，转速为300 r/min
N0850	G90 G54 G00 X－20.0 Y20.0;	绝对编程，建立工件坐标系，快速移到(X－20.0，Y20.0)处
N0860	G43 H5 Z30.0 M08;	加入5号刀具长度补偿，切削液开
N0870	G99 G81 X－20.0 Y20.0 Z－28.0 R2.0 F150.0;	铰孔并退到R平面
N0880	X20.0;	
N0890	Y－20.0;	
N0900	X－20.0;	
N0910	G00 G80 Z100.0 M09;	*Z*向提起100 mm，取消固定循环，切削液关
N0920	M05;	主轴停止
N0930	G91 G28 Y0;	*Y*轴回零
N0940	M30;	程序结束并返回程序开头

3. 操作要领

(1) 安装机床用平口虎钳时要用百分表对钳口进行校正。

(2) 工件要装夹牢固。

(3) 程序输入后需要校验。

(4) 加工过程中要充分浇注切削液。

三、数控铣削常见质量问题与排除

数控铣削常见故障产生原因与排除方法见表 3—2—19。

表 3—2—19　　数控铣削常见故障产生原因与排除方法

序号	故障现象	产生原因	排除方法
1	出现过载报警和爬行现象	(1) 机床负荷异常，引起电动机故障 (2) 速度控制单元上的电路板设定错误 (3) 电动机的检测部件出现故障	(1) 排除电动机故障 (2) 更改设定参数 (3) 修理或更换检测部件
2	机床工作台运动时抖动，有时还有卡滞现象	(1) 外部三相电源缺相，造成驱动高压电源偏低 (2) 联轴器松动	(1) 检查外部供电电源、驱动电源 (2) 紧固联轴器
3	机床在运动过程中反向时有抖动现象，且加工精度不高	(1) 机床的反向间隙过大 (2) 控制机床的刚性参数偏低，加速时间过长	(1) 调整丝杠轴承的间隙 (2) 调整比例增益参数的值
4	开机工作半小时后检测器中部变白，后全部变暗，无显示	检测器箱内部温度过高，可能是冷却风扇停转	检查冷却风扇电路和冷却风扇，并排除故障

任务评价

评分标准见表 3—2—20。

表 3—2—20　　评分标准

序号	考核内容	评分标准	配分	得分
1	工件的装夹	装夹牢固、迅速、安全	6	
2	刀具的装夹	装夹位置准确、牢固、迅速、安全	8	
3	切削用量的调整	调整准确、迅速、安全	8	
4	对刀	调整准确、迅速、安全	8	
5	试切	试切过程正确，切削用量合理	8	
6	外轮廓	符合尺寸精度	10	
7	内轮廓	符合尺寸精度	10	
8	$4\times\phi10^{+0.022}_{0}$ mm 孔精度	符合尺寸精度	10	
9	表面粗糙度	表面粗糙度符合设计要求，每升高 1 级扣 3 分	12	
10	程序	程序正确、简单、明确，格式规范	10	
11	安全文明生产	按照国家颁布的安全生产规定进行评定	10	
	合计		100	

思考与练习

1. 数控铣削常见故障有哪些？
2. 什么是机床坐标系和工件坐标系？其主要区别是什么？
3. 数控铣床由哪几部分组成？数控装置的作用是什么？
4. 顺铣和逆铣有什么区别？